图书在版编目（CIP）数据

时间的质量 /（美）艾伦·柏狄克著；李英松译
. 一 贵阳：贵州人民出版社，2020.12
ISBN 978-7-221-16376-9

Ⅰ. ①时… Ⅱ. ①艾… ②李… Ⅲ. ①时间学 - 普及读物 Ⅳ. ① P19 - 49

中国版本图书馆 CIP 数据核字（2020）第 220737 号

著作权合同登记号　图字：22-2019-31
WHY TIME FLIES: A MOSTLY SCIENTIFIC INVESTIGATION by Alan Burdick

书　　名	时间的质量 SHI JIAN DE ZHI LIANG
著　　者	[美] 艾伦·柏狄克
译　　者	李英松
出 版 人	王　旭
出 品 人	一　航
选题策划	航一文化
出版统筹	康天毅
责任编辑	郭予恒
特约编辑	康天毅
封面设计	付诗意
版式设计	林晓青
出版发行	贵州出版集团　贵州人民出版社
社　　址	贵州省贵阳市观山湖区中天会展城会展东路 SOHO 办公区 贵州出版集团大楼（邮编：550081）
印　　刷	天津旭丰源印刷有限公司
开　　本	700×980mm　16开
印　　张	19.75
字　　数	270千字
版　　次	2020 年 12 月第 1 版
印　　次	2020 年 12 月第 1 次印刷
号	ISBN 978-7-221-16376-9
价	68.00 元

如发现图书质量问题，可联系调换。质量投诉电话：010-82069336

时间的质量

为什么时光飞逝

WHY TIME FLIES

（精装版）

[美] 艾伦·柏狄克 著

李英松 译

贵州出版
贵州人民出版社

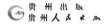

献给苏珊

主啊，我要向你忏悔，直到今天我依然不知道时间是什么。但同时我承认自己是处于时间之中在说这些话的，并且花了很长的时间来讨论时间，而这“很长时间”，如果不是因为时间在一如既往地流走，我也不会知道它的长度。

——奥古斯丁《忏悔录》
（St. Augustine, *The Confessions*）

有一名女工探索出一套贴邮票的实用方法，运用这种方法每分钟可以处理多达 100 至 120 个信封……具体的探索过程我们无从知晓，因为当女工在研究和实践的时候，作者一直在外度假。

——弗兰克·吉尔布雷斯
《动作研究：如何提高工人的工作效率》
（Frank Gilbreth, *Motion Study: A Method for Increasing the Efficiency of the Workman*）

目 录

有人问："能给我看看世界上最好的时钟吗？"阿丽亚斯会心一笑："好呀，给你，这就是世界上最好的时钟。"说着，她拿出一摞装订好的文件《T公告》，一份国际计量局时间研究所分发给各成员国的记载着上个月时间信息的通知。世界上最好的时钟就是这份业务通讯资料。

第二章　昼　夜

如果光照环境突然发生变化，你被迫调整至新的时间安排，你的外周生物钟不仅不会与当地时钟同步，还将临时变成"时间自治"的冲突区。这就是时差感的本质。虽然你的视交叉上核抵达了纽约，但肝脏还停留在新斯科舍时间，而胰腺可能处于冰岛的时区里。

我们没法觉察空白的时间，如同不能感知空白的长度或距离。100 米有多远？1 000 米呢？在没有地标作为参考的情况下，没人能给出确切答案。时间也是如此。如果我们能感知时间的流逝，那是因为我们感知到的是变化，为了能感知变化，时间就必须被填满。

第三章　现时 ◷“现在”的长度

第四章　现时 ◷ 刚刚发生了什么

“你始终生活在过去，”伊格曼说，“更深层次的问题在于，你所见的、意识所感知的大部分事物是基于‘须知’的要求。你只会关注对自己最有益处的事物。就像驱车行驶在路上，大脑不会持续问‘那辆红车现在在哪儿？那辆蓝车现在在哪儿？’而是关注‘能变线吗？能在那辆车驶来之前穿过十字路口吗？’”

我们来到这个世界时，五种感官是彼此隔绝的，只有通过体验——触摸、咀嚼、玩耍或与事物互动——才能逾越鸿沟，相互交流。慢慢地，我们明白哪些输入信号是相互关联的，并对特定物体的构成形成了丰富的认知。

第五章　现时 ◷ 时间开始的地方

第六章　时间的质量

记忆可以从多个角度对时间流速造成影响。情感经历常常在记忆中占较大比重，因此对于一位疲惫不堪的家长来说，你上中学的 4 年要比普通的 4 年显得漫长许多。我们似乎尤其会记得青春期和二十几岁的时光，且对这段时光的记忆比其他时期的更清晰，这种现象叫作“怀旧性记忆上涨”。

前　　言

时光为何飞逝

最近我夜里总是睡不着，耳朵里满是床边钟摆的声音。房间里伸手不见五指，黑暗中的我仿佛置身室外，头顶是浩瀚无垠的天空；同时我又好像坠入深不见底的地下洞穴。我感觉自己穿过了空间维度，恍若梦境，抑或死亡。只有那个时钟在摆动，发出从容不迫、冷酷无情的嘀嗒声。每当这个时候，我对时间的理解才最为清晰，同时也会感到不寒而栗：时间一去不复返。

最初，或者在最初之前，是没有时间的。按照宇宙学家的理解，宇宙起源于约 140 亿年前的“大爆炸”，一瞬间膨胀至现在的大小，并且仍在以超光速持续扩张。但在这之前，什么都没有：没有质量、物质、能量、重力、运动、变化，也没有时间。

也许有人能想象出当时的情景，但绝不包括我。因为我的思想非但不同意这种说法，还一直在追问：宇宙从何而来？从一片虚无中如何能出现物质？为了能继续讨论，我暂且接受“大爆炸”之前不存在宇宙的设定；但是，引发爆炸的是什么？在一切开始之前，存在着的又是什么？

提出这种问题等同于站在南极点上问哪边是南。天体物理学家史蒂芬·霍金曾说过：“早前的时间是无法定义的。”他说这话可能只是在寻求安慰，其蕴含的真正意义在于指出人类语言存在限度。人们（或至少是剩下的我们）只要谈论宇宙就会遇到这一问题。于是，类比和比喻成为我们想象的工具，把庞大的未知事物比作容易掌控的熟悉事物，比如把宇宙比作一座大教堂、一块怀表或一个鸡蛋。不过，与其平行的世界却千差万别，只有那个蛋还是那个蛋。这种比喻还算得上准确，因为这些事物都是宇宙中实际存在的元素。从术语角度看，虽然内容完整，却无法体现其所承载的物体。

时间也是如此。每当提及时间，我们总是用小得多的意象代替，仿佛一串钥匙能失而复得；又似金钱可留以后用。时间的流走或无声潜行，或风动雷鸣，时而又似静止不动。我们有时感觉时间很充裕，有时也会担心时间所剩无几，这样的思绪一直压在我们心间，久久不散。我们常说“钟声悠长”，就好像声音可以用尺子丈量一样。童年消逝、大限将至，都是一种距离上的感觉。当代哲学家乔治·莱考夫（George Lakoff）和马克·约翰逊（Mark Johnson）曾提出这样一个思维实验：静下心来，摆脱比喻，尝试从时间的角度解释时间，最终人们将不知所措。“如果我们不能去浪费或规划时间，那么对于我们来说，时间还是时间吗？”他们认为“答案是否定的”。

正如上帝是从一个字开始创造世界一样，奥古斯丁劝诫读者："言语造物！说话的同时，就造就了事物。"

时光倒流至公元 397 年，奥古斯丁 43 岁，处于人生中途的他是衰败的罗马帝国在北非的海港城市希波的一位干劲十足的主教。当时的他已经著作颇丰——多本布道集和对神学异己的学术批评等——而现在他正着手撰写《忏悔录》。这是一部"光怪陆离"的著作，耗时 4 年完成，共 13 章。在前 9 章中，奥古斯丁主要记述了自己从婴儿期（他的尽力回忆）到正式皈依基督教（公元 386 年）这个阶段中的重要事件，以及随后一年中（公元 387 年）其母亲的去世。他还在文中历数了自己的罪行，其中有盗窃（偷过邻居树上的梨子）、婚外情、占星术、算命、迷信、着迷戏剧和淫欲。（事实上，奥古斯丁终身坚守一夫一妻制，与首任妻子育有一个儿子；后来通过包办婚姻与第二任妻子结合，从此忠贞不渝。）

后面 4 章的内容则截然不同，转为对记忆、时间、永恒和创造物的冥想，并且程度逐渐加深。奥古斯丁承认自己只埋头于追求清晰的陈述，忽视了神和自然秩序。他冥想所得的结论以及自省的方法启迪着随后几个世纪中出现的无数哲学家：从笛卡儿（名言"我思故我在"是对奥古斯丁"我疑故我在"的直接模仿）到海德格尔，再到维特根斯坦。奥古斯丁对"原始"（Beginning）有这样的见解："我乐于回答那些提出'天父创造天地前在做什么？'这样的问题的人，并且，我不会采用那种打趣式的答语来解决这类深刻问题，说：'天父正在为放言高论者准备地狱。'"

奥古斯丁的《忏悔录》被视为历史上第一部自传——讲述有关自身成长和岁月沧桑的自述故事集。但笔者认为这是一本"逃避"回忆录，因为在前几章中，奥古斯丁面对神的召唤，并没有做出回应。他不仅收养私生子，还在罗马研习修辞学期间结识了一群他称之为“拆迁队”的说客。他的母亲一心归主，对他这种放荡不羁的生活表示很担忧。然而，奥古斯丁后来将这段生活描述为“单纯为了缓解焦虑”。《忏悔录》所证实的是一种非常现代的思想，任何深谙心理疗法的人都很熟悉，即琐碎的过往能转化成有意义的现在。记忆属于个人，人们通过记忆能从不同的角度来审视和定义自己。“正是那些散落各地的漂泊岁月让我归顺于主。”奥古斯丁在书中这样写道。故此，自传就是“自助”。《忏悔录》涉及诸多方面，但字里行间最为突出的内容便是“救赎”。

在相当长的一段日子里，我非常善于躲避时间。例如，在我步入成年人行列的最初几年里，我很抗拒佩戴手表这件事。具体的原因却说不出，只隐约记得小野洋子从不戴表，因为她讨厌将时间系在手腕上的感觉。这说得通，因为在我看来，时间是一种外在的现象，它强加于人并且毫无情面——所以我主动采取“眼不见、心不烦”的战略。

最初，这一举动就像青春叛逆一样，给我带来莫大的轻松和愉悦。但同时，也意味着我前往某地或约见某人时，并没有在时间之外，而是被时间甩在了后面。我在逃避时间方面是老手，这导致我花了很长时间才认清这一行为的本质。醒悟后，又一个真相接踵而至：逃避是因为害怕时间。我把时间视作外在事物——比如一条可进可出的河流或是可以避开的电线杆——进而获得可控的安全感。然而，心底却不得不承认：无论过去还是现在，时间，就在我的身体里面，流淌在我们的身体里。从清晨起床到夜晚入睡，时间始终弥漫在空气中，浸染在我们的思绪里，游走在各个细胞间，从生命到死亡，无始无终。我感觉自己患上了一种传染病，不知道它源于何处，更无从知晓以后会怎样，只是这样一点点消逝。正如人类的很多恐惧一样，我不知道时间到底是什么，逃避也只能让我在探索答案的路上与时间的真相背道而驰。

因此，为了弄清真相，我决定在时间的世界里走一遭（这一决定比我预想中来得早）。我要像当年的奥古斯丁一样发出质问："时间从哪儿来？它经历了什么？要去哪儿？"宇宙学家对时间的物理性和数学性一直没有定论，而我感兴趣的，同时也是科学研究刚刚有所成就的方面，即时间如何在有生命的生物中证实自己：细胞与亚细胞机制如何演绎出时间？这种演绎又如何进入神经生物学、心理学以及人类的意识中？随着我对时间探索的逐步深入，并通过拜访多位专家后，我终于找到了答案，揭开了长久困扰我（可能也包括你）的谜团，例如，为什么童年时间似乎更加漫长？经历车祸时，所体验到的时间真的会慢下来吗？为什么时间越紧，我们的效率越高；而时间充裕时，我们又开始变得无所事事？我们体内是否存在像电脑时钟一样计算着每 1 分、每 1 秒的时钟？如果有，那么它可以调节吗？我们能将它提速、放慢、停止或是倒退吗？时间如何飞逝？又为何飞逝呢？

我说不清自己在追寻什么——可能为了心安，或是我妻子苏珊曾说的"对时间流逝的任性否认"。在奥古斯丁看来，时间是通向灵魂的窗；而现代科学更注重对意识的框架和本质的探索，同样也是一个较为抽象的概念。〔威廉·詹姆斯（William James，1842—1910 年，被誉为美国心理学之父。美国机能主义心理学派创始人之一，亦是美国最早的实验心理学家之一。）摒弃"意识"概念，视其为"一种虚无之名……一种纯粹的附庸，是被哲学界范畴内消失的‘灵魂’所遗弃的谣言”。〕无论名称如何变化，我们能从中大致悟出，个体一直徜徉在多重自我的海洋中，热闹而又孤独。这种感觉，或者说是深切的、共同的愿望，即在某种程度上，“我”属于“我们”，而“我们”则归属于一个更为广阔、更难理解的范畴。这种反复出现的想法，在日常琐碎和人生规划面前不堪一击，更不能面对世界真正的危机——我们的时间无比珍贵，因其终归要结束。

我曾设想进行一次冥想，然后侥幸悟到些什么。这里有必要提一下我的上一本书，撰写过程比我预期久得多。因此，我向自己发誓，我不会再写新书，除非自己能完全保证按时写完，并且耗时长短在合理范围内。按理说，《时间的质量》是一本有关时间的书，应按时完成，而实际当然事与愿违。起初是一次旅行，随后徘徊于消遣与困扰之间。它伴着我走过了一个又一个工作岗位；见证了我孩子的出生、幼儿园和小学时期；经历了多个假期、截稿期限和聚会晚宴。在它的影响下，我看到了世界上最准确的时钟，矗立在北极圈的极昼中，深深坠入地球引力的怀抱里。而包裹其中的是一位饥肠辘辘的访客，诡异而又老到，仿佛时间一样。

一个基本事实让我几乎停滞不前：关于时间，其实是没有真相的。不过，笔者发现，时间研究领域的诸多学者对自己狭窄领域内的“波段”研究振振有词，却无人能解释清楚如何累积成“白光”或对此做出详细描述。“就在你以为自己弄明白的时候，”有人曾向我诉苦，“就会出现另一项改变了某一实验要素的实验，导致一切又要重来。”如果科学家之间存有共识，那这个共识就是没人彻底了解时间。在时间遍布我们生活各个角落的事实面前，这种知识的匮乏显得有些意外。另一位学者曾坦言："我可以想象，有一天外星人从外太空来到地球，告诉我们'喏，时间其实是这么回事'，大家听后都纷纷点头称赞，仿佛答案一直显而易见。"如果把时间比作任何事物，我认为它更像天气：每个人都在谈论，却从未对此做任何事情。而我，想要打破这个僵局。

第一章

小 时

有人问："能给我看看世界上最好的时钟吗？"阿丽亚斯会心一笑："好呀，给你，这就是世界上最好的时钟。"说着，她拿出一摞装订好的文件《T公告》，一份国际计量局时间研究所分发给各成员国的记载着上个月时间信息的通知。世界上最好的时钟就是这份业务通讯资料。

哲学家之间可以比钟表之间更快达成一致。

——塞涅卡《圣克劳狄乌斯变瓜记》

（Seneca, *The Pumpkinification of Claudius*）

— 1 —

秒何以成为生活的基础

我滑进巴黎地铁的座位，揉搓惺忪的双眼，漂泊感顿时涌上心头。时值冬季的尾声，但窗外已经温暖如春，树叶纷纷萌芽，城市洋溢着生机。我昨天从纽约赶来，和几个好友畅谈到凌晨，现在头昏脑涨，身体还停留在前几个时区。我看了眼手表：上午 9∶44。和往常一样，我又迟到了。

这是我的岳父杰瑞佩戴多年的手表，最近他把它作为礼物送给了我。苏珊和我订婚时，她的父母曾主动要求给我买一块新手表，但被我婉言谢绝。在那之后的很长时间里，我一直担心由此带来的负面印象——什么样的女婿能不重视时间呢？故此，等杰瑞后来提出把自己的手表送给我时，我立刻收下了。金色的表盘配以银色宽表带，品牌名字 Concord 为黑色，小写的 quartz，刻度统一采用竖杠表示。手腕上新添的分量没那么令人讨厌，反倒让我觉得很兴奋。我谢过岳父，言语间向他表达了这份礼物将有助于我对时间的研究，尽管自己当时并没那么深的认识。

在我的认知里，时钟、手表和列车时刻表这些“外在”的时间，与流淌在我思绪中、身体里、细胞间的“体内”时间在数量上是不同的。我对这两种时间知之甚少，既说不清特定钟表的工作原理，又讲不明各钟表间如何保持步调一致。如果“体内”时间和“外在”时间真的存在不同——如同物理学与生物学间的差别——那么我想一探究竟。

某种程度上，使用这块二手“新表”就是一次实验。试问，有什么方法比戴手表更能与时间建立关系？而效果更是立竿见影。戴上后的前几个小时，我的注意力全在这块表上，因为手腕已经出汗，整条胳膊也被拉得不舒服，仿佛时间真的在拖着我走。不过我很快就忘了这事，直到第二天晚上我给孩子洗澡时，才想起它来，因为手表已经泡在了水里。

我曾暗自希望佩戴手表能解决迟到的问题。比如，如果经常看表，就能按时抵达位于巴黎郊外赛夫勒的国际计量局，赶上 10 点钟的约会。计量局的宗旨是努力确保国际度量衡基本单位在世界各地的标准化。随着经济全球化，国际度量衡标准的统一也势在必行：斯德哥尔摩的 1 千克等于雅加达的 1 千克，巴马科的 1 米与上海的 1 米相同，纽约的 1 秒也是巴黎的 1 秒。计量局就是单位联合国，国际标准的制定机构。

计量局始建于 1875 年，依据《米制公约》设立，旨在促进世界各国使用统一的度量衡基本单位。（公约颁布的第一条法案是让计量局制定米原器：由 30 个经过精确测量的铂铱合金棒，确立“1 米”的国际标准长度。）计量局成员国最初有 17 个，而现在已达到 58 个，一些重要的工业化国家均为其成员国。目前，由计量局监管的标准单位已增至 7 个：米（长度单位）、千克（质量单位）、安培（电流单位）、开尔文（温度单位）、摩尔（物质的量）、坎德拉（发光强度单位）和秒。

在计量局的诸多下属部门中，有一个管理全球时间的官方机构，名叫“协调世界时”（Coordinated Universal Time），缩写为 U.T.C.。（此说法于 1970 年首次提出，因机构各方在英语缩写 C.U.T. 与法语缩写 T.U.C. 间争执不下，最终互相妥协为 U.T.C.。）从全球定位、轨道运行卫星上的超精准时钟，到借助齿轮运转的腕表，世界上所有的计时器都直接或间接同步于 U.T.C.。无论你身处何地或前往何处，只要询问时间，答案的最终来源都是计量局的计时员。

有位时间研究员曾这样对我说：“时间就是大家共同遵守的约定。”那么，迟到就是相对于约定时间而言的违约。由此可见，计量局的时间不仅仅是世界上最准确的时间，还是精准校正的时间。这意味着，当我再次看了下手表，发现自己“一如既往”地迟到，同时又“史无前例”地晚到了。很快，我将明白自己到底被时间抛弃了多远。

时钟有两个动作：摆动和计数。漏壶或水钟的“摆针”是下落的水滴；而在较为先进的设备中，则由一系列齿轮带动的指针和一套数字或符号标志来代表时间的流逝。水钟已有至少 3 000 年的历史，最初被罗马参议员用来约束彼此间的谈话时长。（据西塞罗的记载，“看钟点”表示肃静，“给钟点”意为随意讨论。）水钟的水滴下落汇集成时间。

不过，对于历史上的大部分时钟来说，地球才是钟摆。由于地球绕着自己的地轴转动，才有太阳划过天空以及太阳照射出移动的影子。阳光照射在日晷上，产生的影子的位置代表一天中所处的时间段。1656 年，由克里斯蒂安 · 惠更斯（Christiaan Huygens）发明的摆钟依靠的则是地心引力（受控于地球自转）实现来回摆动，从而带动表盘上的两个指针。钟摆摆动一次等同于振动一次，按固定的拍子进行，而地球的自转则为拍子提供节奏。

实际上，摆钟摆动的单位为“天”，即从第一天日出到第二天日出间的转动间隔。介于其中的所有要素——小时和分钟——都是人为创造出来的，便于将每一天分解成可管理的小块时间，供人们工作和娱乐。现在我们的时间越来越多地被秒所主导，秒成为现代生活的基础，是计算时间的细小单位。它无处不在：在紧急关头可谓一刻千金（比如赶火车），而闲暇时又能被毫无顾忌地浪费掉。不过，在相当长的一段时期里，秒只是一种按照时间关系计算出来的抽象数字：1 分钟有 60 秒，1 小时有 3 600 秒，而 1 天有 86 400 秒。虽然 15 世纪的德国曾出现一些设有秒摆的钟表，但直到 1670 年由英国钟表匠威廉 · 克莱门特（William Clement）在惠更斯的摆钟上添加秒摆后，秒才被赋予固定的物理形式，或者至少是声音形式。

直到 20 世纪，伴随着石英表的兴起，秒才被全面普及。科学家研究发现石英能像音叉一样共振，如果置于振荡电场中，每秒可振动数万次，具体的频率取决于石英石的大小和形状。1930 年，论文《石英钟》（*The Crystal Clock*）中提到，此属性能带动时钟，依靠的是电场而非地心引力，所以在地震带、飞驰的火车上或潜水艇中仍能提供可靠的时间。现代典型的石英钟和腕表均采用激光处理过的晶体，每秒振动 32 768（或 2^{15}）次，即 32 768 赫兹。秒的定义也就应运而生：石英晶体振动 32 768 次。

到 20 世纪 60 年代，科学家发现铯原子每秒进行 9 192 631 770 次量子振动，秒的准确性才得到进一步精确。原子秒的概念从此诞生，而时间系统也发生了翻天覆地的变化。被称为“世界时间”的旧时间模式是从上至下的：秒是一天的一部分，由地球在天体中的运动衍生出来。而现在，一天的时间则从小单位算起，是秒的累积。哲学家曾对原子时间是否具备旧时制的自然性产生过辩论，但还有一个更严峻的问题：两种时间存在着差别。随着原子钟表不断提升时间的准确性，人们发现地球自转速度在逐渐放缓，而每天的时长在缓缓延长。每隔几年，这种点滴变化就会累积成 1 秒钟。自 1972 年起，为保持与地球同步，国际原子时间已经增加约半分钟的闰秒时长。

过去，任何人都可以通过简单的减法算出专属的秒钟。现在，秒钟则由专业人士进行发布，官方将此称为“对时”（dissemination）。全世界大部分国家层级的计时机构均设有约 320 台铯原子钟，每个都如同行李箱大小，还有 100 余个大型脉冲设备，近乎不间断生成或“实现”高度精准的秒钟。（铯钟遵循的则是铯喷泉钟产生的频率标准——在真空中用激光冲击铯原子。）这些环节共同作用以展现每天的时间。正如美国国家标准与技术研究所（N.I.S.T.）前小组负责人汤姆·帕克（Tom Parker）曾对我这样说："秒是钟摆，时间是摆动次数。"

N.I.S.T. 是一个联邦机构，为美国制定由官方公布的民用时间。该机构下设两个实验室，分别位于马里兰州的盖瑟斯堡和科罗拉多州的博尔德。实验室中配有 12 个以上的铯钟，这些无时无刻不在运转的钟表之间存在毫微秒的差异，每隔 12 分钟就会做一次快慢对比，所得数据汇聚成帕克所说的"平均值"，作为官方时间的基础。

接收这种时间的途径取决于所使用的计时设备和所处位置。通常，笔记本电脑或台式机中的时钟会定期查看互联网上其他时钟来进行校准；其中的部分（也可能是全部）时钟最终会经过由 N.I.S.T. 运行的服务器或其他官方时钟，从而变得更加准确。每天，N.I.S.T. 的服务器会在全球范围内注册 130 亿台请求对时的计算机。假如你身处东京，连接的可能是由日本计量研究所管理、设在筑波的时间服务器；如果在德国，那么时码讯号则来自德国物理技术研究院。

无论你身处何地，只要看一眼手机上的时钟，接收的可能就是来自全球定位系统（GPS）的时码讯号。该系统拥有大量导航卫星，与华盛顿附近的美国海军天文台保持同步，并且使用 70 余台铯钟来精确秒钟。而许多其他类型的钟表——挂钟、座钟、腕表、旅行闹钟和车载时钟等——内部均设有一个小型无线电接收器。在美国，这种接收器会永久性接收来自科罗拉多州科林斯堡市的 N.I.S.T. 无线电台 WWVB 发射的时码讯号。（讯号频率很低，仅为 60 赫兹；由于脉宽较窄，时码需要 1 分钟才能完成接收。）虽然这类时钟能自行运转，但它们实际的角色更像是"中间人"，将处于指挥链顶端、更精确的时钟发布的时间传达给你。

然而我的手表没有无线接收器，无法与卫星通信，几乎与世隔绝。为了与外界同步，我需要借助一个准确的时钟来调整我的手表。如果需要更高的精准度，则需要定期去商店，使用石英振荡器进行校准，而振荡器则通过接收N.I.S.T. 监管的频率标准来保持准度。如若不然，我的手表就只能独自运转并最终被世界抛弃。我曾以为戴表就拥有了准确的时间，但事实上，除非我还随身携带校准时钟，否则就会像帕克说的那样“自由运行”了。

— 2 —

全世界最准确的时钟

从17世纪末到20世纪初，英国格林尼治皇家天文台拥有全世界最精准的时钟，由皇家天文学家根据天体运动来定期调整准度。但好景不长，问题随之出现。在1830年前后，经常有市民上门询问天文学家：“打扰了，能告诉我现在几点了吗？”

后来询问的人越来越多，市政方面请求天文学家提供报时服务。1836年，他安排自己的助手约翰·亨利·拜耳威尔（John Henry Belville）专门负责此项工作。每周一早晨，拜耳威尔先把自己的计时器与天文台时间进行校准，这是一块高度精确的便携钟表，最初是著名的钟表匠约翰·阿诺德（John Arnold）及其儿子专门为苏塞克斯公爵打造的。完成校准后，他便出发前往伦敦拜会各位客户——钟表匠、修表店、银行以及已经付费的普通市民——让他们的时间与自己的时间（也就是天文台的时间）保持同步。（拜耳威尔最终把精密计时表的金色外壳换成了银色，避免在“城市某些区域”引来太多关注。）1856年拜耳威尔离世，他的遗孀接管此项工作，直至1892年退休。此后，他们的女儿露丝

（Ruth）开始负责，并以“格林尼治时间夫人”闻名于世。她沿用同一个计时器，并起名叫“阿诺德 345”（Arnold 345），行走路线也与父辈保持一致。当时，她发布的时间已经被称为“格林尼治标准时间”，即英国官方时间。电报出现后，与格林尼治时间进行远程校准成为可能，并且费用更低，这使得拜耳威尔小姐逐渐退出历史舞台，但并未完全退身。直至 1940 年退休时，80 岁高龄的她仍有 50 多位客户。

我来到巴黎拜会现代的“格林尼治时间夫人”、世界的拜耳威尔小姐：国际计量局时间实验室主任埃莉莎 · 菲利克塔斯 · 阿丽亚斯博士（Dr. Elisa Felicitas Arias）。阿丽亚斯身材苗条，一头棕色长发，带着一种温和的贵族气质。她是位训练有素的天文学家，拥有 25 年的工作经验，足迹遍布祖国阿根廷的多个天文台，其中后 10 年一直就职于海军气象天文台。她的专业是天体测量学，即准确测量外太空中各天体间的距离。近期，她携手国际地球自转和参考系服务局，共同监测地球运转的细微变化，并探索下一个闰秒的产生时间。我们的见面地点是她的办公室，她递给我一杯咖啡，说：“我们有一个共同的目标，”她指的是自己的部门，“就是提出一个合适的时标作为国际参考系。”而这一目标，她补充道，“具备绝对的可追溯性。”

服务局拥有 58 个成员国，管理数百个时钟和钟组，其中只有 50 个左右——“母钟”，每个国家设有一个——正常运转并提供官方时间，保证所有地区在任何时间都可以精确到秒钟。但它们彼此间存在毫微秒或十亿分之一秒的微小差异。这对电力公司（仅需要精确到毫秒）或通信行业（微秒传输）并不构成影响；但对于不同导航系统（比如由美国国防部管理的 GPS 和欧盟的新伽利略定位网络）的时钟来说，则需要同步到毫微秒才能保证服务的一致性。全球的时钟至少应该在一定程度上保持同步，而协调世界时就是这个既定目标。

协调世界时通过比较所有成员国同时摆动秒针的时钟，分辨出快、慢时钟以及彼此间的差异。这是一项艰巨的技术挑战。这些时钟相距数百甚至上千英里，考虑到电子信号——实际上就是“开始计时”的命令——穿过这么长的距离所需的时间，很难明晰“同时”的含义。为规避这一问题，阿丽亚斯负责的部分选择使用 GPS 卫星来传输信息。这些卫星的位置明确，时间也与美国海军气象天文台保持同步。借此，国际计量局在接收到全球范围的时钟发送的时间信号后，便能够进行精准计算。

即使这样，仍存在不确定性因素，比如无法确定卫星的准确位置；恶劣天气和大气层会阻碍或改变信号的传输路径，影响真实的传播时间。此外，设备产生的电子噪声对测量的精确性也有影响。为了形象说明，阿丽亚斯走到办公室门旁边。“如果我问你现在几点了，你回答了我，然后我再对比自己的时间，”她说道，“这是面对面的情况。但如果我说‘出去，关门，然后告诉我几点了’，我就会和你说‘不不不，再说一遍，我们中间’”——接着她用嘴唇发出奇怪的“噗啊”声——“‘有噪声’。”为确保国际计量局接收到的消息能够准确反映全球时钟的真实情况，已经投入大量的人力、物力来处理噪声现象。

“我们在全球共设有 80 间实验室，”阿丽亚斯说，“其中有些国家还不止有一间，这些时间需要系统化整合。”她的语气温和又不失活力，仿佛名厨茱莉亚 · 蔡尔德阿姨在耐心讲解奶油浓汤的秘诀。首先，阿丽亚斯管辖的巴黎团队收集所有必要“佐料”：各成员国时钟间存在的毫微秒差异，配上当地关于各时钟的历史情况数据。这些信息随后会经过阿丽亚斯所说的“运算法则”的“发酵”，“倒入”运转中的时钟数量（任意一天，某些时钟可能因维修或校准而停止运转），“撒上”一些统计学的“风味”让时钟更准确，最后把整道“菜”搅拌均匀。

整个过程并未全面计算机化，有些细小却重要的因素仍需要人为控制，比如：不是所有实验室都使用同一套方法计算时钟数据；特定的时钟一直莫名延后，需要对其所起的作用重新加权；由于软件错误，电子表格中的某些“-”信号无意中变成了“+”信号，需要纠正；等等。“公式运算也是一种充满个人色彩的数学艺术，其中会涉及人事因素。”阿丽亚斯说。

最终的结果就是阿丽亚斯所说的“平均时钟”，其最大的意义在于，与单个时钟或国家钟组相比，其所产生的时间更具生命力。从定义角度和全球协议角度看，或至少从58个签约国协议出发，此时间是无可挑剔的。

制定协调世界时是项耗时的工作。单将不确定因素和噪声从GPS接收器中消除就需要2 ~ 3天，按此推理，持续计算协调世界时将是“不可能的任务”。因此，各成员国时钟每5天在协调世界时的零点读取一次当地时间，然后在下个月的第四或第五天，各实验室会将计算好的数据发送给国际计量局，以便阿丽亚斯及其团队进行分析、求平均数、核对并发布。

“我们在不忽视核对检查的基础上尽量缩短时长，”她说，“整个过程需要大约5天，每月4日、5日接收，7日开始计算，8日、9日或者10日公布。”严格来讲，产生的时间是国际原子时间；而加入准确数量的闰秒后得到的便是协调世界时。“当然，没有能真正提供协调世界时的时钟，”阿丽亚斯说，“有的只是当地版的协调世界时。”

我恍然大悟，世界时钟只存在于纸上，只面向过去。阿丽亚斯会心一笑：“有人问‘能给我看看世界上最好的时钟吗？’我会说‘好呀，给你，这就是世界上最好的时钟’。”说着，她递给我一摞装订好的文件，是一份月度报告，或者说是要分发给各成员国时间实验室的通知。这份报告叫《T公告》(Circular T)，是国际计量局时间研究所的主要作用和成果。“每月发布一次，记载上个月的时间信息。”

世界上最好的时钟就是这份业务通讯，我大概翻看了一下，里面全是表格和数字。左侧列出的是成员国时钟名称：IGMA（布宜诺斯艾利斯）、INPL（耶路撒冷）、IT（都灵）等；顶部几列则每隔5天显示上一个月的日期——11月30日、12月5日、12月10日等。每个小格中的数字代表某一天某一实验室测量的协调世界时与当地版之间的差异。例如，12月20日这一天，中国香港时钟的数值为 98.4，表明香港时钟在测量时比协调世界时延迟 98.4 毫微秒。而布加勒斯特时钟当天的数值为 -1 118.5，即比全球平均值提前 1 118.5 毫微秒（较大的差异）。

正如阿丽亚斯所说，《T 公告》旨在帮助各成员国实验室监测、完善与协调世界时的相对准确度，这一过程俗称“引导”（steering）。通过了解上个月中时钟与协调世界时间的差别，成员国实验室能够对设备进行调整，以期在下个月缩小差异。从来没有时钟能实现分秒不差的准确度，但在一致性方面却表现不俗。“这个过程作用显著，因为各实验室掌舵着自己的协调世界时，”阿丽亚斯说道，仿佛时间是航道中扬帆行驶的船，“他们得弄清楚当地协调世界时的运转情况，因此，需要检查当地时间是否已按照《T 公告》进行精准设置。这就是他们不断查看电子邮件和互联网的原因——为了掌握上个月自己与协调世界时间的差异。”

要想拥有最精准的时钟，“引导”是关键一环。“可能你拥有的时钟很不错，它有自己的时间步长（time step）——一种跳动间隔。”阿丽亚斯说。在最新一份《T 公告》的副本中，她给我指出了代表美国海军气象天文台的一组数字，数值非常小，都是两位数以内的毫微秒。阿丽亚斯说“这是对协调世界时不错的呈现”，这是理所应当的，她接着补充道。因为在世界范围内，美国海军气象天文台拥有的时钟数量最大，大约占协调世界时 25% 的权重。因此，美国海军气象天文台负责引导 GPS 卫星系统所采用的时间，必须严格遵守协调世界时。

但引导工作并非面向所有人，“掌舵”（Piloting）时钟需要大量资金支持，不是所有实验室都能负担得起。“他们让时钟自由运转。”阿丽亚斯说。比如白俄罗斯实验室就很随性，他们无视标准。我问：“国际计量局会不会因为数值太过离谱而拒绝某些实验室呢？”“从未有过，”阿丽亚斯回答，“我们一直都是来者不拒。”只要一个国家的时间实验室配备合规的时钟和接收器，我们就会把其所提供的数值计算到协调世界时中。“建造时间，”她接着说，目标之一就是“广泛传播时间”——因此无论有多离谱，只有将所有人都囊括其中，协调世界时才能具备普世性。

但协调世界时的本质仍让我纠结不已，汤姆·帕克后来说他花了好几年才明白。就纸上时钟而言，因为是由上个月收集的数据衍生而来的，其存在的意义仅限于过去时。阿丽亚斯将协调世界时称为“后真实时间过程”，是一种动态过去时。再次，纸上时钟的数值表更像是真实时钟的向导或标记，帮助它们朝正确的方向运行——仿佛协调世界时属于未来，宛如地平线若隐若现的海港。当你为了博尔德、东京或柏林发布的官方时间而查看腕表、时钟或手机时，得到的仅仅是非常接近准确的预估时间——下个月可能就不准了。很显然，完全同步的时间确实存在——只是不再有，也尚未到，它一直处于一种无限接近的状态。

我来到巴黎，想象着世界上最准确的时间是来自一个看得见、摸得着的无比精密的设备：一座有表盘和指针的漂亮时钟，无数台计算机，或是耀眼的小型铷喷泉。然而现实却令人大跌眼镜，世界最准确的时间——协调世界时——源自一个委员会。该委员会借助高端计算机和运算法则以及原子钟，但运算过程以及对各时钟数值的选择，则最终由资深科学家们通过讨论决定。原来时间就是一群人的谈话结果。

阿丽亚斯提到，她的时间研究所也是运转在由咨询委员会、顾问团、特别研究组和监控机构组成的庞大组织中，会定期接待国际专家访团、举办会议、撰写报告和分析反馈。一切工作都处于被检查、监督和调整中。权威机构“时间频率咨询委员会”（C.C.T.F.）偶尔也会介入。“我们的同事遍布全球，”她说，“一些小事儿，我们能自己做主。但重大事件则需要上报给 C.C.T.F.，然后由高端实验室的专家做最后定夺。”

所有这些繁文缛节都在掩盖一个无法避免的事实：没有任何时钟、委员会或个人能独立代表准确时间，这可能是时间的普世性。有很多科学家从事对时间在身体和精神中运行原理的研究，随着对他们的深入接触，我发现他们普遍把研究工作描述为某种会议或社交行为。时钟遍布在我们的各个器官和细胞中，它们彼此沟通以保持步调一致，我们对时间流逝的认知（可以有多重解释）并非植根于头脑的某个区域，而是记忆、注意力和情绪，以及其他无法单独定位的大脑活动的共同作用。与外界相同，时间在头脑中也是一种集体行为，我们故此也喜好假设存在某种组织——集合各种筛选和分类机构的组织，就像体内的国际度量衡局一样，由某一位棕色头发的阿根廷天文学家管理。不过，我们体内的阿丽亚斯博士在哪儿呢？

有一次，我让阿丽亚斯说说她自己和时间的关系。

“很糟糕。”她答道。她办公桌上放着一个小电子钟，她拿起来把数字朝向我：“现在是几点？”

我看了一眼数字，说道：“下午 1∶15。”

接着她示意我看看手表：“几点？”

中午 12∶55，阿丽亚斯的电子表快了 20 分钟。

“我家里的表都是不一样的时间，”她说，“约会时我经常迟到，所以闹钟都是快 15 分钟。”

这话既让我欣慰，又让我不解。“可能因为您一直在思考时间，才会这样。”我宽慰道。如果你的工作是调整全球时钟，从地球昼夜变化中创造出均衡、统一的时间，那么家可能就是你的避风港，躲开时间，放松身心，享受真正属于自己的时间。

“我说不清，”阿丽亚斯来了个巴黎式耸肩，“我从未错过航班或者火车，但如果有这类小自由摆在我面前，我是不会放过的。”

通常，我们会把时间比作敌人，如小偷、暴君和统治者。1987 年，一本关于时间的著作《时间战争》（*Time Wars*）在数字时代来临之前问世，社会活动家杰里米·里夫金（Jeremy Rifkin）在书中哀叹：人类已经接受了“人造的时间生态”，由“机械发明和电子脉冲掌管，是可量化、快节奏、高效率和可预见的时间平面”。里夫金非常不理解以毫微秒为单位运算的计算机，“这个速度超出了意识范围”。这个他称其为“计算机时间”的新概念，“是时间的最后一个抽象化概念，标志着其与人类体验和自然规律的彻底分离”。相比之下，他赞成“时代叛逆者”，泛指宣扬选择性教育、可持续性农业、动物权利、妇女权利和裁军等的庞大人群。他们“强调人造的时间世界只会恶化我们与自然规律的关系”。在这里，时间变成了统治的工具，以及自然和自我的公敌。

30年过去了，里夫金的作品再次进入人们的视线（在当时也是超时代的），他的担忧确实激起了普遍的关注。如果不是出于寻找理性生活途径的目的，难道还有什么理由能解释我们为什么着迷于生产效率和时间管理吗？“计算机时间”并非罪魁祸首，而是我们对笔记本电脑和品牌手机的依赖，导致工作如滔滔江水连绵不绝。尽管我从未正眼看过它，但不戴表是我抵抗的方式。

此外，把责任都推给“人造”时间也有偏袒自然规律之嫌。历史上可能存在某一阶段，把时间划为私事，但很难追溯那是多久以前的事了。在中世纪，农民的劳作休息遵循于村中的钟声；再往前推几个世纪，和尚起床、念经和打坐则依赖于编钟的节奏。公元前2世纪，罗马剧作家普劳图斯就曾这样感叹日晷的流行：“我的时日被活生生地切割成了碎片。”古代印加人采用一种复杂的日历来安排播种和收获，并找出良辰吉日来献祭。〔日历反复使用“模糊年”（Vague Year），即一年365天，分为18个月，每个月20天，还有5天因为凶兆而成为“无名日”（nameless days）。〕即便是早期的人类，也需要在洞穴墙壁上记录昼夜，以便提高捕猎效率，保证在天黑前安全返回。虽然这些习俗更接近于当今所指的“自然规律”，但让全球几十亿人口都依此作息谈何容易？

我再次拿起阿丽亚斯递给我的那一沓纸，望了一下她的电子表，又瞥了一眼我的手表，该走了。几个月来，我一直在研读社会学家和人类学家的著作，这些著作均宣称时间是一种“社会建构”(social construct)。我曾把时间理解为某种“人造产物”(artificially flavored),但现在我理解了,时间是一种社会现象(social phenomenon)。这一属性不是时间的附属品,而是时间的基础。无论对于单个细胞还是全体人类而言,时间都是交互的引擎。只有当一个时钟直接或间接、或迟或早地与周围其他时钟建立联系时,这块时钟才算真正运转。这一点让人懊恼,我们也确实怒火中烧。但如果抹掉时钟和时间平台,我们也只能在怒火中各自燃烧。

第二章

昼 夜

如果光照环境突然发生变化，你被迫调整至新的时间安排，你的外周生物钟不仅不会与当地时钟同步，还将临时变成“时间自治”的冲突区。这就是时差感的本质。虽然你的视交叉上核抵达了纽约，但肝脏还停留在新斯科舍时间，而胰腺可能处于冰岛的时区里。

永不日落的一天就这样拉开了大幕。事无巨细地记述固然乏味，当天也没发生什么惊天大事，却是我生命中最值得纪念的一天。我仿佛度过了1 000年，除了痛苦就是苦痛。战绩寥寥，却伤亡惨重。当那天结束时——如果存在节点的话——我只能说我还活着。就当时的情况而言，我无权奢求更多。

——海军上将李察·伯德《身无旁人》

(Admiral Richard Byrd, *Alone*)

— 1 —

与阳光隔绝的生活会变慢

夜里我醒了，想看看闹钟，其实我知道现在几点，因为我总是在凌晨4：00或4：10这个时间醒来，也有一次因为长夜漫漫，醒来时是4：27。甚至不用看闹钟，仅通过观察冬天里卧室暖气片累积的蒸汽或是窗外街道上穿行的车辆数，我就能推断出具体时间。“人入睡后，他的周围会有一圈时间链、年代序列和天体次序围绕着他，”普鲁斯特（Proust）写道，“等醒来时，就会本能地进行参考，并迅速找到自己所处的位置，算出自己的睡眠时长。”

我们一直在有意或无意地这样生活着。心理学家称此为“时空定向”，有人或许会认为这是成年人对时间的认知：一种不借助钟表或日历而推断出时间、日期或年份的能力。无数的研究试图厘清其中的原理。其中有一项试验，研究人员走上街头向来往行人提出一个简单的问题“今天星期几？”或者给出一个判断题（“今天是星期二”），然后记录答案。研究人员发现如果当天是周末或者临近周末，那么行人会很快给出答案。有些人通过回忆算出答案——“昨天是X，那么今天肯定是Y。”——还有人往前算。但具体的定向选择取决于哪边离周末最近，即已经过去的周末还是即将到来的周末。如果今天是周一或周二，那么人们更倾向于根据“昨天”算出“今天”；如果临近周五，参照点则会朝向“明天”。

我们可能会通过时间标记定位自己：我们会朝向周末，仿佛它是位于前方或后方地平线处的海岛一样，然后推算出我们处于时间海洋中的位置。（就此而言，值得注意的是我们经常使用空间词汇来谈论时间，例如距离明年还有“一段距离”；19世纪是“遥远”的过去；我的生日“快到了”，仿佛一辆即将进站的火车。）还有可能，我们在头脑中罗列出今天可能的日期，然后划掉不合格的选项，直至剩下最后一个。（“今天可能是周四，但绝不是周三，因为我总是周三上午去健身，而今天我没拿健身包。”）但任何一种方法都未能明确解释为什么我们的时间参照点会转为周三，即为什么随着日期的前移，我们追溯的想法会削弱。不管借助哪种方法，不变的是我们始终处于几乎永不停息的定向运动中，穿梭于秒钟、分钟、日期和年份中。每当我们从梦中醒来、看完电影后或是从阅读中跳出来时，就会忍不住思考：自己在哪儿？现在几点？此刻我们忘了时间，那么就需要一段时间来慢慢恢复。

那么，我半夜醒来不看闹钟便知道是几点，这可能是一种简单的感应现象。我昨天和前天都是在凌晨4：27醒来，所以现在也应该是这个时间。问题在于我为什么能如此连贯？威廉·詹姆斯曾这样写道：“我穷尽一生都在追求精准的起床时间，能够每一天都准时在相同时刻醒来，要是恰好自己能养成习惯就再好不过了。”每次我起床的时候，在那一刻我都非常确信是有股力量在帮助我——可能是我体内有台机器，或者我本身是机器中的幽灵。

不管怎样，一旦幽灵开始思考，就面临诸多问题——摆在最前面的就是我如何在短时间内做完所有要做的事，以及我已经拖延到什么程度了。“我日历上有你的书稿计划，”我的编辑写道，“我想知道进展如何。”我是几周前着手这个项目的，那时苏珊即将产下双胞胎，这是我们的第一胎。现在回想，这样的时间安排确实欠缺考虑。我的家人和朋友都笑我太不稳重，如果我能够努力把握时间，那么请放松，我的时间很快就都属于孩子们了。

尽管这些醒来的时刻让人不安，但也让人心安，甚至心旷神怡。对我来说，拥有这些如同置身于鸡蛋中。这是某晚入睡前想到的，于是我记在了枕边的笔记本上，等我在凌晨 4：27（我猜测）醒来时，惊奇地发现这个比喻真是恰如其分。因为入睡如同掉进同一个鸡蛋中，醒来时宛若蛋黄，慵懒地躺在“漫无边际的此刻”中。我知道这种感觉不会持久。进入清晨后，一切时间将会恢复正轨，这种“漫无边际的此刻”也随之幻化为遥不可及的泡影。此时我会跳出蛋壳，让自己清醒。这是现代生活的基本节奏，无限的时间梦，也只能实现在鸡蛋大小的空间里，但这都不是现在应该思考的。此刻我听到枕边钟的摆动，如同厨房里传来的煮蛋器计时音，又像隐约的心跳声。

从前，有个人来到一个山洞，然后独自在那里待了些时日。那里没有自然光，也看不到日出和日落，所以无法判断一天的开始或结束，而他也没戴手表记录时间。他记录着这里的一切，读着柏拉图，思考着未来。他与时间独处了很久，尽管时间长度与他所预料的有很大出入。

这是迈克尔 · 斯佛尔（Michel Siffre）在 1962 年首次进行的时间实验。这位 23 岁的法国地质学家当时在法国南部一处洞穴中发现了名叫斯卡拉森（Scarasson）的地下冰川。当时正是冷战和“太空竞赛”时期，放射性物质掩蔽室和太空飞船都是热门的话题。和许多科学家一样，斯佛尔想知道在与他人以及太阳隔绝的情况下，一个人将如何在这类空间中生存。他最初的想法是花费两周的时间研究山洞，但他随后决定将时间延长至两个月，希望去探索他所说的“生命的意义”。他接受艺术杂志《柜橱》（*Cabinet*）采访时说，他会像“动物一样”生活，“身处黑暗之中，忘却时间”。

他搭起帐篷，里面有小木床和睡袋。作息时间随意安排，但都有文字记录。那里有一个小型发电机用来为电灯发电，方便其阅读、研究冰川、行走和坐卧。帐篷里面很冷，导致他的脚始终冰凉。他与外界唯一的沟通方式是电话，他会定期打给同事——同事均严格遵守要求，不能透露任何时间或日期信息——汇报自己的身体状况和工作进展。

斯佛尔于7月16日进入山洞，计划于9月14日返回地面。但在8月20日（按照他的日历）当天，同事便打电话通知他周期已经结束。据他估算，刚刚35天——行走、坐卧、游荡——但外面的世界已经过去了60天，可谓时间飞逝。

无心插柳柳成荫，斯佛尔偶然间发现了人类生物学方面的重大课题。科学家早已注意到动植物具备一种与生俱来的本领，能模糊辨识24小时周期或生理节奏。（24小时周期“circadian”源自拉丁语Circa diem，意为“大约一天”。）1729年，法国天文学家让-雅克·道托思·德梅朗（Jean-Jacques d'Ortous de Mairan）发现一种向阳植物的叶子会在黎明时张开，黄昏时闭合，即使放置在黑暗的密室中也会展现出相同的行为，仿佛天生便能把握昼夜节律。为了伪装，招潮蟹会在一天中按照一定规律变换其外表颜色：从灰色逐渐变成黑色再到灰色，即使见不到阳光也会如此反复。严重缺失光照的果蝇会在黎明时分集体破茧而出，此时空气湿度达到峰值，可防止新生羽翼干枯。但是，这种内在的生理节奏并非与外界完全吻合，某些物种的生物钟要长于24小时，而有些则相反。喜光植物如果长期处于黑暗环境中，将最终与自然的时间周期脱轨。这一点类似于我的手表，如果不接收无线电和卫星信号来获取准确的世界时，那么就需要我每天手动调整。

到20世纪50年代，研究明确表明人类也拥有生物钟。1963年，生物节律与行为科（当时归属位于联邦德国的马克斯·普朗克生物物理化学研究所）的科长尤金·阿绍夫（Jürgen Aschoff）将一处隔音仓库改造成了实验站，实验对象在里面停留数周，清除所有机械钟表，由他监控实验对象的生理机能。斯佛尔在斯卡拉森开展的实验是首个揭示人类生物钟并非24小时长的项目。斯佛尔每天清醒的时间长短不一，短则 6 小时，长则 40 小时。但平均来看，他养成了 24 小时 30 分钟的睡眠周期。这导致他与外界脱节，而实验本身——怀揣理想、与世隔绝——也未能让他找到答案。随后他放弃以极端隔绝的方法研究人格，却误打误撞成为人类时间生物学的先锋，后来他概括自己为“半疯癫的脱线木偶”。

美国英语中最常用的名词是“时间”。但如果你让一位研究时间的科学家解释说明什么是时间，那么他或她几乎总会反问：“你说的时间指的是什么？”

现在，你已经对此有些入门了，你可能会像我一样借助“时间知觉”来分辨外部时间和内部时间。但这种二分法会衍生出真理层级。其中最重要的是手表或挂钟的时间，这是我们一般认为的“真正的时间”或是“确切的时间”。其次是我们对该时间的理解正确与否取决于它与机械钟的接近程度。不过，如果要说这种二分法存在任何意义，它对于人类理解时间起源和去向仍起不到太大作用。

因此，我开始追溯科学文献中最老生常谈的话题，即时间是否可以被“感知”。大部分心理学家和神经系统学家给出否定答案，因为人类的 5 种感觉——味觉、触觉、嗅觉、视觉和听觉——均需要某个器官捕捉某种现象。例如，听觉是空气分子振动触发耳朵内的耳膜运动；视觉是光子照射眼底的特定神经细胞。相比之下，人体没有哪个器官专门用来感知时间，普通人能分辨出 3 秒长音和 5 秒长音，而狗、老鼠和大部分实验室动物也有这样的能力。科学家仍在努力探索动物大脑如何精准衡量时间。

从生理学角度理解时间，需要明晰的关键是，当我们讨论时间时，所指的可能是任意一种或几种不同的体验，其中包括：

持续时间——判断两个特定事件之间跨越的时长，或准确预估下一事件的发生时间。

时序——厘清事件发生的时间顺序的能力。

时态——辨别过去、现在和将来的能力，并理解过去和将来有不同的时间朝向。

“对现时的感受”（feeling of nowness）——“现在”（right now）对时间流逝的主观感觉。

可以说，对时间的讨论之所以很混乱，是因为我们在用单个词来描述多层次的体验。对于专家而言，“时间”（time）如同“酒”（wine）一样，是类别名词。大部分时间体验——持续时间、时态和同时性——由于过于常见，致使不易觉察其中的差异。但这点仅适用于成人。发展心理学的观点认为人类对时间的认知是逐渐形成的，人类在刚出生的前几个月里，需要学习的一项基础观察力是分辨“现在”（now）和“不是现在”（not now），虽然这一能力可能早在母体中就已经学会了。到了 4 岁左右，儿童才能够准确辨别“前”（before）和“后”（after）。随着年龄的增长，我们越来越关注“时向”（arrow of time）及其单向性。我们对时间的了解很难达到康德所说的程度，不仅因为我们身处时间的河流中，还在于这是个日积月累的过程。

— 2 —

人体生物钟就像一曲交响乐

我们无时无刻不在思考着时间：估算着它的长短，追忆往昔、畅想未来，厘清事情的前后顺序。我们活在时间里，在分秒流逝间都有我们的身影、记忆和思考。大体上，这些属于意识体验，并且只有人类才有，至少这是到目前为止我们所知道的。但基本层面则不需思考，并且早在40亿年前就潜入所有物种中，即昼夜节律。作为一种生物学现象，最重要的一种机能是可靠性，并且在过去的20年中，科学家在基因和生物化学基础方面取得了诸多研究成果。就人类体内所有时钟而言，生物钟是迄今为止最易接受的概念。如果将人体时间的科学探索视为一段旅程，那么起点由坚实的生理节奏作为基础，那里充满阳光，但前方道路却延伸至灰暗之地。

人们通常认为生理节奏就是一个人的作息规律，不过这里存在一种误解：虽然睡眠规律受生物钟的影响，但同时也受控于意识控制。你可以选择早睡早起，也可以选择成为黑白颠倒的“夜猫子”，甚至还能连续几天不睡觉。不过，生物钟没那么容易屈服，否则就没有任何价值了。

对于人类而言，至少有一种更为准确的方法来记录生理节奏，即通过记录体温来记录生理节奏。一般普遍认为人类平均体温是 98.6 华氏度 /37 摄氏度（实际为 98.4 华氏度 /36.888 89 摄氏度），但这仅仅是平均数。在一天中，人的体温会上下浮动 2 摄氏度左右，中午至下午时达到峰值，并在黎明（醒来前）时分降至最低。我们按照温度峰值和时间来区分每个人，当然身体活动或疾病也能升高体温。但是，所有人的体温都会呈现一种顺时针、从高到低的变化规律，并且天天如此。

其他身体动能也严格遵循着一定的生理周期。在一天中的不同时间里，人类的心跳速率浮动范围是每分钟 24 次。血压也有变化规律：凌晨 2 点至 4 点间最低，白天会逐渐升高，并在中午左右达到峰值。此外，与白天相比，人类在夜间排尿量较低，不单因为夜间喝水少，还在于激素活动（同样遵循一定的生理周期）使得肾脏能存留更多的水分。因此，在安排日常活动时我们可遵循生物钟。比如身体协调性和反应速率在下午 3 点左右处于最佳状态；下午 5 点至 6 点，是心脏最强劲、肌肉最有力的时刻；人在早晨对痛感最迟钝，因此最适宜进行口腔手术；晚上 10 点至第二天 8 点间，酒精的新陈代谢速度最慢，饮酒量相同的情况下，夜间存留在体内的时间要长于白天，所以会增加醉酒感；人的皮肤细胞在午夜至凌晨 4 点间会进行最快速的分裂活动，而男人的面部毛发的日间生长速度要快于夜间，所以晚上剃胡须，效果会延续至第二天。

这些生理规律对人类身体健康产生了重要影响。由于血压在清晨急速上升，导致这一时段是脑卒中和心脏病的高发期。由于在一天时间里，激素分泌水平呈现自然摆动，所以药物会根据具体的摄入时间产生程度不一的药效，这一点逐渐被广大医生和医院所接受。相同的情况也适用于其他所有动物，在一次实验室的研究中，给相同数量的老鼠注射相同致命剂量的肾上腺素，由于注射时间的不同，老鼠的致死率最低为 6%，最高则达到 78%。所以，某些杀虫剂在下午时分能杀死更多的目标昆虫。此外，生理节奏还影响着一个人的情绪和大脑的灵敏度。一项研究中，参与对象被要求在30分钟内划掉尽可能多的字母E，结果显示，参与者们上午8：00的效率最低，而晚上8：30效率最高。

警觉性也有较强的生理节奏，会随着体温的升高而达到峰值，随着体温的下降而进入谷值。数学家史蒂芬·斯托加茨（Steven Strogatz）曾将谷值阶段称为“僵尸地带”（The Zombie Zone），对大多数人来说，它出现在黎明前。导致的结果之一是夜班工人的工作效率没有想象中那么高。研究表明，在凌晨3点至5点间，工人们接听电话或应对警报的速度最慢，甚至有可能发生误判。切尔诺贝利核电站事故（编者注：事件实际发生时间为凌晨1点23分左右）、博帕尔事件、三里岛核泄漏事故以及阿拉斯加港湾漏油事件均发生在这一时段，并全部归咎于人为失误。作为一个物种，我们人类始终期望接纳这个“僵尸”，并努力揭露其背后的恶果。

时钟是一个摆动并记录的事物，而摆动本身可以是任何一种持续而稳定的事物，如原子振动、摇摆的重物、自转或围绕太阳转动的星体等。一个小炭块也符合要求。碳由原子组成，通常包括6个质子和6个中子（碳-12），万亿分之一的情况下会出现6个质子、8个中子（碳-14）。在生物体内，碳-14会持续衰变为碳-12，但在无生命体中的衰变速度将变慢，因为碳-14原子会逐渐衰变为氮-14。一般来说，此种情况的发生周期为57 000年。掌握此衰变周期以及碳-14至碳-12的衰变率之后，便可计算碳物质的年份，通常以万年为单位计算。碳，或任何碳化石，都是永世的时钟。

时钟（星体、钟摆、原子、矿石）能否计数是个老生常谈的哲学话题。日晷跟踪石盘上移动的阴影，利用刻印的数字显示具体时间。但负责计数的是时钟本身还是人类？时间是否独立于计数机构而单独存在？“经常有人问，如果人的灵魂不存在，那么时间是否存在？”亚里士多德思索着，“因为如果没人去负责计数的话，那么就没有任何事物可以被数算。”这就如同森林中倒掉的树木，如果没有科学家去测量碳 -14/ 碳 -12 的衰变率，那么还能说碳是一种时钟吗？奥古斯丁曾断言，时间存在于对它的测量中，所以时间只属于人类思想的一部分。后来，物理学家理查德 · 费曼（Richard Feynman）在此基础上指出，字典对时间的定义颇为取巧：时间是一个周期，即时间的长度。费曼又进一步说：“真正重要的不是时间的定义，而是时间的测量方法。”

生物钟的“钟摆”是细胞——包括基因和蛋白质——以及细胞间的通信。每个活细胞都包含DNA，即一种呈螺旋状紧密排列的基因物质。在真核细胞中，对于包括所有动物和部分植物在内的众多生物体而言，DNA 均存在于细胞核薄膜中。每条 DNA 链（人类有 23 对）实际是中间连接的两条链形成的双螺旋。链条由核苷酸基组成，形成不同长度的基因。DNA 的活动性极强，会定期断开连接以露出一段（或多段）基因，生成活的副本，然后释放出细胞核，进入细胞质，不同种类的蛋白质会在此根据进入的模板进行结构。它俨然一位身处岛屿的建筑师，繁忙之中将蓝图发给陆地上的生产商，让其按要求制造不同的机器人。

活动于细胞其他部分的蛋白质中的大部分基因编码会组成分子、催化代谢反应、修复内部损伤。但是，生物钟的基因——包含两大类——则有所不同。它们为一对蛋白质编码，这对蛋白质堆积在细胞质中并最终渗透回细胞核，在这里，它们会附着在原始基因的激活物上并将其终结。简短来说，“生物钟”不只是一对基因，它会通过各种中介组织最终“关闭”自己。我们的建筑师没有简单地只发送蓝图，她也会发送漂流瓶给未来的自己。当海中的漂流瓶累积到一定程度后，她就会看到，上面写着“睡一会儿吧”。

建筑师入睡后，生物钟基因也处于休息状态，蛋白质生产也停了工。现有的蛋白质会降解进入细胞质，并停止进入细胞核，关闭并释放基因，使其再次“发号施令”。如果此过程记为一个循环，那么这便是自然选择的结果。其中重要的不是所生成的产物（总之不是物质），而是生产周期：从生物钟基因首次被激活，到关闭，到再次被激活，平均花费 24 小时。收获当然有：不是分子，而是间隔的时长。在心脏内部，生物钟是一场对话——发生在细胞 DNA 和蛋白质生产机构之间——耗时一天。即使拥有它的人类、老鼠、果蝇或花朵连续几天处于黑暗之中，这种内源性时钟仍会坚持完成自己的周期。不过，由于周期并非完全与昼夜节律吻合，所以最终将会与太阳日脱节。定期暴露在太阳光中会重置生物钟，并让它保持一致性。阳光是这场对话的仲裁人，开展日常调节，但非事事都干涉。

假设细胞中的大部分生化反应都以几分之一秒计算，那么认为生物钟周期约为 24 小时则可谓壮举。事实上，细胞核中的生物钟基因和细胞质中的蛋白质对话，是由大量附加分子进行调节的，这些分子利用自身基因进行编码。因此，这种对话更像是疯狂的电话游戏。我们的建筑师给自己发送通知，还必须对付大量的中间人——承包人、交付人和门卫。最终通知送达时：正好过去 24 小时！

科学家对生物钟的大部分知识来自对动物的研究。20 世纪 50 年代，西莫尔·本泽尔（Seymour Benzer）和罗纳德·科诺普卡（Ronald Konopka）通过一系列经典试验，发现果蝇在 24 小时里呈现出或兴奋或安静的周期性变化。不仅如此，某些种类的苍蝇展现出的周期则在 24 小时基础上浮动，程度不一。通过对苍蝇进行杂交繁殖，调整 DNA 后，生物学家确定了相关基因，并发现生物钟工作的基本模式。一对基因，绰号为“per”（“period”）和“tim”（“timeless”），编码生成“PER”和“TIM”的蛋白质。两种蛋白质组合形成单个分子，当这种分子在细胞质中累积到一定数量时，会渗透回细胞核，并关闭“per”和“tim”这两种基因。

后续的研究在老鼠身上发现一种非常类似的生物钟，成分也几乎相同。不过老鼠的生物钟存在主要基因和蛋白质的附加变种，相同的基因成分在人类细胞中也得到证实。故此，从蚂蚁、蜜蜂，到驯鹿、犀牛，所有动物的生物钟都有着相似的结构。植物也有生物钟，大部分物种用来激活化学防御系统以便抵抗清晨昆虫的袭击。如果生物钟运转良好，植物的抵御能力会增强。来自莱斯大学的细胞生物学家珍妮特 · 布拉姆（Janet Braam）和同事发现，卷心菜、蓝莓和其他果蔬在被收割之后，它们的生物钟仍会运转。不过，在商店的持续光照或冰箱长期黑暗的环境中，植物的生理周期会开始消失，重要化合物的周期性生产也开始停止，使得植物逐渐失去抵御昆虫的能力，可能还会损失一部分口感和营养成分。最终，我们的蔬菜还是蔬菜。

即便是我们熟悉的低等级生物脉孢菌（一种生长在面包上的霉），也有自己的生物钟。动植物的生物钟存在共同点是毋庸置疑的，一些生物学家怀疑 7 亿年前出现在地球上的首批多细胞生物就已经拥有了与我们相同版本的生物钟。凌晨 4 : 27 思考着意识和死亡的我，觉得这个观点很有说服力。人类可能是唯一能预见死亡的物种，而我是其中一员。享受着日光的小草，并不知道等着它的是我的割草机。和我一同成长的，有蜜蜂，有即将为我的咖啡机提供原料的茂盛植物，还有厨房角落里面包片上的霉菌。我们都继承着相同的钟摆来告诉我们时间，至于时间的计数，则留给那些有能力的群体。

通常当我们想知道时间时，会找闹钟、看手表、问他人：能告诉我几点了吗？

一切都很完美，直到我们遇到另一块表，它所显示的时间总是与第一块不一样。这时候哪个是对的？于是我们又找来另一块表做比对，如城市广场上的大钟、门口的打卡机或是教导处墙上敲响放学铃的闹钟。如果我们想让自己准时，就必须彼此约定一个时间，好让大家同时在一个时间点上，而且还要保持同步。生命，其实就是一个适应他人时间的过程。

这种情况也适用于细胞。20 世纪 70 年代，研究明确发现哺乳动物的重要生物钟是一种叫作“视交叉上核”的脑结构，是由大约两万种特定神经元组成的双簇神经细胞，位于下丘脑中、靠近大脑底部，产生昼夜节律。因其位于视交叉（左右眼视神经交叉的位置，方便接收外界信息）上而得名，它每天控制着体温和血压的升降、细胞分裂的速率以及其他重要的生理活动。虽然它会根据日照进行重置，但仍会保留自己的节律。无论置身于黑暗洞穴或是日光浴中，它都会每隔 24.2 小时（或长或短，因人而异）重复一次节律，与 24 小时日夜交替并不完全吻合。如果将实验室鼠类或松鼠猴的视交叉上核摘除，那么它们就会呈现出异步性，即体温、激素分泌和身体功能将失去昼夜节律，并且在共享生物钟缺失的情况下，这些过程彼此间也失去了同步性。仓鼠在这种情况下会患上糖尿病，变得无法入睡、失去方向感、行动混乱。但将视交叉上核细胞移植回原位后，动物会再次获取生物钟——尽管生物钟是被提供的。

不过，这簇细胞并不是我们体内唯一的生物钟。过去 10 年间的研究表明人体内的每一个细胞都有自己的昼夜节律生物钟。肌细胞、脂肪细胞、胰腺细胞、肝脏细胞、肺脏细胞以及心脏细胞，甚至全器官也都有自己的昼夜节律时间。通过对 25 位肾移植病人的研究发现：其中 7 位，移植的肾脏忽视了接受人的昼夜节律，仍遵循着捐赠人的排泄规律。另外 18 个移植肾脏虽同步于接受人的身体节律，但步调却大相径庭——移植肾脏最活跃的时候，却是现有肾脏最不活跃的时候，相反亦然。甚至生产蛋白质、供养细胞、管理内部能量网并最终定义我们的基因，也能影响昼夜节律。直到大约 10 年前，只有少数哺乳动物的基因被认为能够随昼夜节律一同运动。但如今，这种节律是所有基因的一项基本属性。我们体内被塞满了不计其数的生物钟。

这些生物钟具备潜在的自主性，可以自动运转。如果被孤立起来，也会大致按照每天的节律自由运转。此外，一部分生物钟走动的步调极其统一。一项对老鼠心脏和肝脏中上千种基因的研究表明，各基因的活动昼夜节律并不相同，但整体却步调一致。设想一支管弦乐队：弦乐部分——小提琴、中提琴、大提琴和低音提琴——会展现出多层主题。铜管乐器和木管乐器会以旋律配合的方式加入其中，打击乐器则在后排隆隆作响，偶尔发出锣声。但没有指挥的话，将会变得一团糟。对于人类以及许多脊椎动物来说，这位“指挥”就是视交叉上核，它坐拥原始节奏，并通过激素和神经化学物质将其传输至外周生物钟，使其彼此间保持一致。为了发挥作用，一个生物钟必须把自己的时间传达给周围的生物钟，至少需要倾听并吸收其他生物钟的信息。一个生物钟就是一场音乐会、一次小组讨论、一则交互性故事。你不单单是携带这些生物钟，其实整个的你就是一个生物钟。

然而，整体生物钟也不是一个精准的时钟，至少靠自己是无法实现的。为了与 24 小时昼夜周期保持同步，最好每天都借助外部世界进行重置。目前，最有力的暗示就是日光。对于人类和所有哺乳动物以及大部分动物来说，感知光照的门户是眼睛。如果说视交叉上核是身体的指挥，那么眼睛就是节拍器，将物理时间转译为生理功能可以理解的“语言”。一种叫作“视网膜下丘脑束”的离散神经通路从眼底延伸至视交叉上核内，当光线进入眼睛时，信号会传给身体的指挥，提示其再次从上至下地演奏交响乐。

这个过程叫作“节律同步”（entrainment），是身体保持体内众多生物钟步调统一的关键环节。任何时间或光线都无法重置“指挥”。多年以来，科学家已深入学习研究何种波长的光线最高效，以及最佳暴露光程和时间。在睡眠实验室中特殊光照设备的帮助下，人可被重新“编程”，适应不同长度的一天——26 小时或 28 小时——或午夜起床、中午睡觉。然而，如果除去外部设备，我们还会同步于昼夜周期和地球的转动。为了与世界同步，我的手机需要发送信号至载有超级精准时钟的轨道卫星，并等待回复。而为了让我的头脑与世界同步，我只需要睁开双眼，感受光线。

— 3 —

婴儿对时间的认知来自光线

很久以前，一个细胞走进山洞，在里面住了很多个昼夜。是我，也是你，是 9 个月后出生的利奥和乔舒亚——我们的异卵双胞胎儿子。

是我们出生在时间里，还是时间生于我们体内？当然，答案取决于时间的含义，以及“我们”的含义和出现的时间。一切从单细胞开始，这是一座喧闹的半封闭式工厂，里面上演着生物化学反应和相互作用、能量串跌、离子交换和反馈环路以及基因定期的节律性表达。这些活动的总和可通过对细胞电位的轻微起伏进行判断，一个细胞变成两个，然后成百上千，最后形成可见的胚胎。怀孕后的 40 ~ 60 天，出现的细胞会形成视交叉上核，它们作为新生大脑的一部分，漫无目的地移动。到第 16 周时，它们会固定在下丘脑中。狒狒的幼崽发育类似于人类的胎儿发育，其视交叉上核细胞在妊娠期结束时已经开始自主振动，细胞的新陈代谢活动起伏周期大约为 24 小时。在缺乏日照的情况下，会出现接近于日变周期的现象，即昼夜节律。

人类胚胎早在妊娠期间就已经展现出明显的、有组织的日变活动迹象。此时大约是第 20 周，视交叉上核固定入位的一个月之后。心率、呼吸率和某些神经类固醇的生产均以 24 小时为变化周期。不过，胚胎在内源性时间里并没有像一些法国洞穴学者那样“随意奔跑”，其日变活动是与子宫外部明暗交替的自然周期保持同步的。不过，胚胎一直处于黑暗之中，并且视网膜下丘脑束（日光抵达视交叉上核的通道）尚未形成。那么，这一切是如何实现的呢？

这是由于母体的功劳。在流入胎盘的营养成分中有两种神经化学物质——神经递质多巴胺和褪黑素——在胎盘主时钟与外部昼夜同步过程中起着关键性作用。这些神经化学物质的神经末梢位于子宫中形成初期的视交叉上核中。每当我从夜里醒来，躺在黑暗中，我经常会想象生命在子宫中的情形——大概就是这样，但肯定更好——没有嘀嗒的时钟，甚至连这方面的想法都没有。胎儿漂浮在一个超越时间的空间中，不慌不忙、无忧无虑。这当然纯属虚构，因为胚胎始终被灌输着准确的时间，它在“借来的”时间里完成生长。

“二手时间”对胎儿有何益处呢？科学家认为，其中一种可能的优势体现在离开子宫后的最初几天。生活在地洞中的哺乳动物——鼹鼠、老鼠、地松鼠——在出生后的几天或几周内一般不会直接暴露在阳光下。如果新生幼崽最终来到地面后，仍需要额外花费几天时间来适应日光规律的话，可能很快就变成了捕食者的盘中餐。因此，对它们而言（对人类也是如此），在子宫中形成对昼夜节律的经验，提供了如同“预备课程”一样帮助它们迅速适应外部世界的开始。

生物钟对体内环境的秩序也起着重要的作用。动物（甚至是胚胎）是微型生物钟的集合体，数以亿计的生物钟遍布在细胞、基因和处于发育状态的器官中，它们每天大约工作 24 小时，完成着指定的任务。如果没有中枢生物钟——来自母体的子宫，最终变成个人的视交叉上核——这些繁杂的系统将无法正常发育，彼此间也无法协调运转。如果胃想要在 1 点的时候进食，而胃酶在一个小时后才出现，那么消化过程将难以进行。母体的生物钟不仅会为胚胎提供基础的组织——一篇期刊论文称之为“体内时序状态”（a state of internal temporal order），直至个体生物钟能够承担所有任务；同时，也会整合胚胎和母体的生理功能，使得两者能同时进食、消化和新陈代谢。毕竟直到分娩前，胎儿都是母体的一部分，即另一个需要管理和调整的外部生物钟。

母体的生物钟也是胎儿的闹钟。研究者发现，对于大部分哺乳动物而言，分娩发作带有一种节律要素。比如，老鼠在白天和夜晚的分娩率持平，在实验室中，可通过增加或缩短母体在光线中的暴露时长来切换分娩发作的时间。美国女性中，绝大部分家庭分娩是发生在晚上的，集中在凌晨 1 点至清晨 5 点之间。（然而在医院中，大部分婴儿都出生在周末上午 8 点至 9 点之间，大概是因为诱导分娩和剖宫产情况的增加，方便医护人员优化护理。）多项动物研究显示，胎儿在分娩时间安排方面也起着一定的作用。在妊娠期的最后一天，早已与太阳日同步的胎儿大脑中的主时钟，会触发神经化学信号串级达到分娩峰值。至此，这个曾经处于黑暗和外周的年轻生物钟宣布独立，获得自由。

利奥和乔舒亚出生于 7 月 4 日清晨，早产了 6 周半，彼此相差 4 分钟。新生儿是种奇怪的生物——他们浑身覆盖着胎脂，不停地战栗啼哭。现在想来，我可以坦白地讲，当我的孩子降生在产房时，我看到的是两个半疯的脱线木偶——这是很自然的反应。在那个时刻之前的几个月里，他们就已经非常熟悉时间了，这源自胎盘中的神经化学物质。现在，两个鲜活的小生命正在拼命寻找闹钟，又没抱太大期望能立刻找到：现在几点了？

当然，他们的新时钟——也是最重要的时钟——正在以光的形式照着他们。（当然，这是零点医院里的灯光，不过几个小时后，他们就能感受到真正的光了。）当斯佛尔首次摆脱内源性洞穴时间进入昼夜周期时，成熟的生物钟系统起了巨大的作用。在他重返文明社会后，仅用了几天时间就基本恢复了正常的睡眠周期，与家人、朋友和外界建立了同步的时间。相比之下，新生儿的生物钟尚未充分运转，他们虽然出生时与母体同步，但随着充足的日照，会进入长达数周的时间混沌期，并“殃及”新生儿的家人。

这就解释了孩子出生后最初几周发生的大部分情况。我努力回忆着，那时我们很少睡觉，时间也不规律，导致我的记忆力大幅下降。记得有几次是午夜之后，我边看《法国贩毒网》（*The French Connection*）边给孩子喂奶，但至今我也说不清剧情，只记得有个留着胡子的男人、地铁追逐戏以及戴着卷边帽的吉恩·哈克曼。这一点和斯佛尔差不多，我根本记不清前一天做了些什么，也不知道前一天持续了多久或者是否已经结束。那段时期可以说是清醒和困倦的拉锯战，几个月之后，苏珊和我终于如梦初醒，不约而同地发出“时间太慢了”和“时间太快了”的感叹，并且觉得都很对。

在出生后的前 3 个月左右里，婴儿一天要睡 16 ~ 17 个小时，但时间比较分散。休息的时段平均分布在 24 小时的周期中。初期是白天多于夜晚，12 周之后变成夜晚多于白天。导致这种混乱的根源是体内通信不畅。尽管婴儿在出生时，下丘脑中已有运转着的生物钟，但神经系统和生物化学通路尚未全部连接，导致无法将节律传遍大脑和全身。“虽然生物钟在运转，”耶鲁大学小儿内分泌科医师的斯科特·莱维奇（Scott Rivkees）告诉我，“但生物钟和生物体间有可能出现不匹配的情况。”这就如同美国海军天文台无法将报时信号发送给 GPS 卫星网络，或者是 N.I.S.T.（美国国家标准与技术研究所）忘记打开报时专用的无线电信道。婴儿的大脑意识到正确的日变时间，但无法进行有效传输。

在不久之前，这种不匹配现象曾引发广泛的临床研究。20 世纪 90 年代末期，莱维奇找到了视网膜下丘脑束，这是早产儿和新生儿体内负责连接眼睛和视交叉上核的神经通路。同时也发现该通路在妊娠末期才投入使用，即便在早产几周的婴儿体内也可以响应光照。莱维奇告诉我，这一发现及其可能导致的结果让他大为震惊。现在早产儿会被安排在新生儿重症监护室中，直至足够健壮才会被送回家。进入20世纪90年代后，新生儿监护室的常规做法是不开灯，因为子宫里面是无光的。按此推理，早产婴儿的住院环境也应当如此。莱维奇对此产生怀疑，婴儿在早产时会立即失去母体的生物钟信号传输，此信息对于新生器官和生理系统间的相互同步至关重要。但是，早产婴儿已经拥有活动的视网膜下丘脑束，因此具备自主吸取昼夜节律信息的潜在能力。莱维奇怀疑医院看上去在给予“保护”，实则阻碍了婴儿获取必要的时间数据。

他和同事做了一项实验，将新生儿对照组置于典型的新生儿重症监护室的环境中，一直亮着昏暗的灯光，直至两周后离开医院。第二组暴露在周期性变化的环境中：灯光从早晨7点亮至晚上7点，其余时间关闭。两组婴儿回家时，脚踝均绑有活动监视器，持续记录心率和呼吸的细微变化。所得数据表明，到家的第一周过后，两组宝宝的睡眠规律基本相同。不过，在医院期间暴露于循环灯光下的婴儿，白天的活跃度比夜晚高20% ~ 30%，他们的母亲也更容易参与互动。而对照组却在6 ~ 8周之后才表现出相似的情况。早些接触光线，早些形成对时间的认知，不仅有助于身体健康，还能造就全新的家庭纽带。

现在，婴儿监护室普遍采用循环灯光，这正是由此项研究起到一部分推动作用的结果。不过，莱维奇提到，家长仍执迷于神秘的子宫。儿科护士进行家访时，经常会发现新生儿被安置在长期黑暗或弱光的环境中。他说：“你以为这些孩子回家后住在宽敞、明亮的房间里，实际情况却并非如此。”（儿科医师一般会建议使用遮光窗帘，但时间是黄昏到黎明，而不是婴儿午睡的时候。）婴儿出生之后，母亲的昼夜节律仍会继续影响婴儿。最近的几项研究发现母乳中含有色氨酸，这种分子被摄取后会转化成褪黑素，一种能够诱发睡眠的神经化学物（成年人的褪黑素由大脑中的松果体生成）。当然，色氨酸是按照母体的生物钟进行生产的，一天中特定时间内的含量要高于其他时段。定期按时喂食有助于巩固婴儿的睡眠周期同步于母体和自然规律。近期的几项研究表明：与非母乳喂养的婴儿相比，母乳哺育更容易让婴儿形成正常的睡眠规律。对于新生儿来说，时间是“吃”出来的。

我被黑暗中的哭声吵醒，是利奥，他应该是饿了。现在几点？我胡乱抓到了闹钟，拿到眼前一看：凌晨 4：20。今天是 6 月 21 日，夏季的第一天，也是白昼最长的一天。不用问，我肯定不会睡着度过的。

在视网膜中两万多个生物钟细胞和特定神经细胞的帮助下，利奥和乔舒亚能够在出生后的第一年中代谢日光。现在，他们能在数周内睡个通宵，但起得却非常早，基本天一亮就醒了，比小鸟还早。朋友总是说让孩子晚些睡觉，这样早晨就能多睡会儿。不过，我们一直在研读有关昼夜周期变化的书籍，还是倾向于相信科学。

光线虽然能重置生物钟，但并非任何光线都可以，否则生物钟只要遇到日光就会被重置。实际上，生物体对光线——更准确说是光线的强弱变化——最敏感的时刻是一天的开始。比如蝙蝠等夜行动物的生物钟在夜晚比白天更容易觉察光线的强弱变化，而昼行性动物（包括具备昼行属性的儿童）则在黎明时比黄昏时更容易感知光线。所以，我们可以设想，无论孩子在前一天晚上的 6 点还是 8 点入睡，第二天都会起得很早。

没等我和苏珊（她也醒了）讨论完我脑中的这些想法，外面的小鸟就开始歌唱了。首先是一只独唱的低音知更鸟，接着是大合唱。此时是凌晨 4：23。苏珊起身去喂利奥，20 分钟后，他睡着了，妻子回到床上。不到 1 分钟，乔舒亚大哭着醒来。一道白光穿过百叶窗照了进来，鸟鸣开始变得杂乱无章，乔舒亚肯定是被它们吵醒的。研究昼夜节律的科学家使用术语“授时因子”（zeitgeber）——源自德语 *Zeit*（时间）和 *Geber*（给予者）——来描述能重置生物钟的活动。日光是功能最强大也最常见的授时因子。如果光照时间短，那么人类就会无意识地寻找其他线索来重置昼夜节律，如闹铃、钟声，甚至是单一但有规律的社交活动。知更鸟的授时因子是日光，孩子的授时因子是知更鸟，而一个男人的授时因子就是他的孩子。

“别叫了，小鸟。”苏珊喃喃着说。

我们慢慢意识到，所谓为人父母，就是一系列“得寸进尺”“惨无人道”的妥协和让步。最初，我们告诫自己：我们不是新手爸妈，而是创业公司的老板。所以，我们的生活会和往常一样，只是多了两名可爱但表现欠佳的员工而已。我们的工作就是向他们灌输一个时刻表——何时吃饭、何时睡觉、何时起床——并且完全迎合我们此前二人世界的安排。但渐渐地，我们的公司被所谓的员工给霸占了。

我开始疯狂期待孩子们午睡，因为在这段 2 ～ 3 个小时的时间里，我能做回从前的自己，做以前爱做的事情，比如写作或睡觉，仿佛那仍然是现在的我。但这也是“痴人说梦”，因为我要负责把孩子们哄上婴儿床，才能悄悄溜走。他们安静一会儿后，很快其中一个就会乱叫着让我出现。如果我不去，他便开始大喊大叫、上蹿下跳，完全不顾在自己旁边酣睡的兄弟。此情此景燃起了我的怒火，这是对我苦心经营的新家长独裁统治的公然冒犯，更破坏了我的独立人格。我想郑重地向孩子宣告：“这是我的时间。”

我开始对他软硬兼施，这让他反倒更兴奋了，真是让人忍无可忍。我狰狞的表情并没有起到震慑作用，他好像还很享受用胡闹来刺激我。突然间，我吃惊地发现，我可能变成了“老大哥”，而他在反抗。不过，后来我恍然大悟：他并不是想反抗“老大哥”，而只是想让“老大哥”和他一起玩。于是，我投降了。不再妄想着要工作，而是和他一起愉快地对抗着“老大哥”。有天下午，他指了指卧室墙上的挂钟，原来是钟摆的嘀嗒声让他睡不着。他说想仔细看看，于是我把挂钟取下，拿到他面前，让他看时钟后面装电池的塑料盒和内部机械构造。然后又翻回正面，我们俩就这样一起呆呆地看着指针摆动。

— 4 —

微生物存亡的“马尔萨斯主义”

我在位于哈得孙河沿岸山脚下的一栋旧建筑里上班，此处前身是啤酒厂，现在遍布规模不一的当地企业，有承包公司、钢琴修理所、儿童舞蹈工作室以及各色艺术家和音乐家。墙壁不厚，地面铺着油地毡，整个建筑可谓每况愈下。晚上，我会用塑料布盖上电脑，以防天花板突然出现裂痕或有沙砾掉落。一天早晨，我注意到一只泥蜂正在我的天花板上筑巢；还有一天，透过砖墙，我听到隔壁公司的老板正在训斥一名员工，而这名员工恰巧还是老板的母亲：“如果期限已到，而我需要延期，那么我要做的第一件事就是计算需要延期多久！”

楼前停车场的旁边是一处人造池塘，我有时会坐在那里的长椅上发呆。池塘不大，大约有 30 米远，周围是水泥台。池中的水源自郊区的溪流，从远处杂草丛生的河沟流入，到近处的排水管流出。初春时节，池水清澈见底，连水下的金鱼都看得见。到 5 月中旬，池塘水面会覆盖一层绿色薄膜。6 月底时，池塘便满是污物。美景没有了，却留出了思考的空间。

地球上的污物很少能得到应有的关注，我们所说的污物其实是藻青菌或蓝菌门，即生活在水中的大量单细胞原核生物——它们缺少细胞核，光照会使其迅速生长。藻青菌不是通常意义上的细菌（日常的细菌不进行光合作用），也不是真正的藻类（即拥有细胞核的单细胞真核生物）。但它们无处不在，不但是地球生物的主力军，还是食物链的重要根基。在这个有着45亿年历史的星球上，藻青菌是最古老的生命形态之一。它们至少出现在28亿年前，最远可能是38亿年前，比地球大气层出现氧气还要早。实际上，它们被认为是制造氧气的单细胞生物，氧气是它们光合作用的副产物。在某一时刻，不知何种缘故，时空的本质开始被内在化，即用生命呈现出来。如果问有生命的历史源自何处的话，很可能就是藻青菌，而这一切也可能随着它们的灭亡而结束。

拥有内源性时钟是一种有益的环境适应。一方面，生物钟是一种必要的备份。从理论上看，器官可以不需要生物钟而满足自己对时间安排的需求，比如直接并持续地遵循24小时日变规律，来组织自己的内部环境——只是夜晚和阴天的时候会出现脱节现象。（想象一下，电波钟经常连续几个小时接收不到电波信号，并且无法自主保持时间。）尽管如此，直到20世纪80年代末，大部分生物学家仍以为诸如藻青菌一类的微生物不具备生物钟，原因很简单：微生物的存活时间普遍较短，不需要生物钟。通常情况下，藻青菌每隔几小时就会分裂成两个新的藻青菌——太阳照射时会更加快速、旺盛，夜晚会稍有下降。在24小时的周期里，母细胞能繁育6个或更多的后代，产生大量的新细胞。来自范德堡大学的微生物学家卡尔·约翰逊（Carl Johnson）曾这样对我说："如果你第二天就会变成另外一个人，你还要时钟干什么？"

过去的20多年间，约翰逊一直从事着最前沿的科学研究，他发现细菌是有生物钟的，并且准确度还非常高。不仅如此，细菌的生物钟几乎完全不同于动物、植物和真菌细胞中的生物钟。那么问题来了：为什么生物钟会进化？以及后续不同类型的生物钟之间是什么关系？

藻青菌在光合作用过程中制造氧气，许多种类还会固化氮气，将氮气从空气中分离，并将其转化进可以被植物吸收利用的混合物中。这两种过程同时进行颇具挑战性，因为氧气会扼杀参与捕捉氮气的酶。但更不可思议的是，丝状藻青菌能通过分离细胞中的活动来应对这一挑战。不过，藻青菌为单细胞生物，不具备内部隔间。因此，藻青菌会对时间进行分割：它们白天进行光合作用，夜晚固化氮气。

这种日节律的存在证明微生物存在某种生物钟。在几位同事的协助下，约翰逊通过探究细长聚球菌（藻青菌的一种，常用于实验室试验）解密了生物钟的结构。这种生物钟广泛出现在不同种类的藻青菌中，其他微生物也有类似的生物钟，但完全不同于高等生物的生物钟。其核心有 3 种蛋白质，俗称 KaiA、KaiB 和 KaiC（根据日本文字 Kaiten 命名，指的是天体运行周期）。起关键作用的蛋白质是 KaiC，其外形看似是两个叠放在一起的甜甜圈，更形象一点，仿佛钟表内部的齿轮。KaiC 不定期与另外两种蛋白质进行互动，稍微更改自己的外形，捕捉或释放磷酸根离子。最终，3 种蛋白质汇聚形成一个叫“时段混合物”（Periodosome）的临时性分子。位于加利福尼亚大学圣迭戈分校的微生物学家苏珊 · 戈尔登（Susan Golden）将这一相互作用叫作“集体拥抱”（a group hug），整个过程大约需要 24 小时。

“这和时钟里运转的齿轮差不多。”戈尔登告诉我。这种组织有多重意义，但最令人吃惊的是其独立性。高等生物的生物钟受控于 DNA 节律性表达，细胞核中的主要基因触发细胞质中蛋白质的合成，这些蛋白质又关闭细胞核中的这些基因。藻青菌没有细胞质，它们的生物钟仅是蛋白质间的通信。这些蛋白质由特定基因生产制造（淘汰基因，生物钟最终由于缺少成分而故障），但蛋白质生物钟的摆动频率并不依附于基因的表达频率。蛋白质生物钟的摆动频率完全独立于细胞的 DNA，当将主要的蛋白质从细胞中移除并隔离在试管中，它们仍会连续几天进行以 24 小时为周期的“拥抱”活动。

"在动植物和真菌体内，生物钟是一种极为模糊的存在，"戈尔登说，"是一系列事件的总和，里面涉及众多角色。而藻青菌生物钟的出众之处在于它是一个确切的事物：是一种装置，可以将其分离到试管中，然后继续运转。"

细胞的某些成分（比如生产能量的线粒体和进行光合作用的叶绿体）曾被认为是独立的原核生物，只能被摄入而无法被新陈代谢，基本上是内部共生体。我猜想是否蛋白质生物钟也有类似的历史——是否曾经存在，也可能仍存在着，在自然环境中独立，并被藻青菌吸收，像一块借来的手表。戈尔登表示否定：科学家只有在实验室中借助精准的技术，才能在活细胞外复制生物钟，但存活概率取决于设备的耐用性和简易度。假设有恰当的载体和足够的切片，很快就会通过自然选择生成准确的时钟，同时还可以代代相传。

事实上，一个藻青菌分裂时，生物钟也会一分为二，成为两个分秒不差的生物钟。这样二变四、四变八，直至成千上万——全部完全相同，内含相同的生物钟，有着相同的原始时间，并且完全同步。生物钟的细胞膜内有大量相互作用的蛋白质，当细胞膜分裂时，蛋白质也随之分裂，所以机理保持完整，使得原始的节律进入两个新的载体。由于机理独立于生物体的 DNA，生物钟可超越任何单个细胞的生命周期。单凭肉眼可能很难看出，在我的办公室外面的池塘水面上，覆盖着的厚厚一层实际是数亿个藻青菌细胞，呈现了一块统一的时钟。

在其他几十种藻青菌中发现了这种生物钟的其他版本。"可能是其他生物体和另外一些生物钟类型，"戈尔登说，"我们并不清楚具体有多少种。"有这么多种生物钟在运转——在动物、植物、真菌和细菌体内——生物学家渐渐开始探索它们之间的关系。现已有两种思路，一种是"多数"派（Many Clocks school），宣称由于 24 小时日照节律是一种无处不在的自然选择之剑，并且生物钟是适应环境的关键，因此进化出无数的生物钟类型。"不同的生物体有着不同的情况，"戈尔登说，"如果恰巧能运转，就存活了下来。"

另一种思路是"单一"派（Single Clock school），采取反向论述：日光节律普遍存在选择之力，一旦生物钟开始进化，就必须保持进化。这一论点有些站不住脚，生物钟类型间的差异非常大，比如人类与植物间、植物与真菌间，或真菌与藻青菌间，这种差异很难调和。但是约翰逊主张最终是可以实现调和的。他认为，多细胞生物体的生物钟内部对话活动中——基因转录并转译为蛋白质——蕴藏着类似于藻青菌生物钟的物质，驱动着对话的进行。“我一直认为转录—转译可能不是核心模式，”他告诉我，“藻青菌可能把我们带入了全新的思维方式中。”

长时间盯着一池“污物”的生物钟，问题就冒出来了，比如：生物钟是进行了多次进化，还是只进化一次？为什么要开始进化？当然，现在没有确凿的答案，一切都是自然选择。尽管如此，几乎可以肯定的是，阳光对生物钟的出现起了一定的作用。生物钟的节律与太阳日的长度如此接近，这种一致性又突破了生命的界限，就不能简单地概括为巧合了。

假设你是个微生物，你会如何利用自己的 24 小时节律生物钟？如果见不到太阳，生物钟就是一个得力的助手；同时，它也是“先知神器”，或者说是闹铃，准确预估明天日出的时间，好让你做好准备。如果你要进行光合作用，那么就可以提前准备好能量收割机，还有可能上演“近水楼台先得月”的戏码，最终成功繁衍更多后代，并把你的生物钟代代相传。但在赤道附近，这一优势可能就不这么明显了，因为那里的昼夜时长相同，日出和日落时间也不会变。不过，如果要北上或南下前往地球两极的话，每天的昼夜节律会随着时间的推移而发生变化。此时，生物钟将对此做出预判。早期的生物体可能就是借助生物钟来扩大自己的行动范围的，如同 17 世纪时，经度和机械表的出现帮助英国探索世界海域和海外殖民。

但是，由于阳光具有选择性力量，这让它成为一把双刃剑，利弊参半。紫外线辐射能给细胞 DNA 带来毁灭性打击，在细胞分裂过程中，即 DNA 分解复制时，基因组最为活跃。但大约40亿年前，外界环境可能极度危险，那时地球尚未形成臭氧（O_3）保护层，防止生命体遭受来自太阳的最有害的射线。而藻青菌已经开始为地球制造氧气和臭氧层——一个耗时至少10亿年的壮举——它们的处境可能最危险。由于没有鞭毛，它们无法移动，因此可能无法下沉至水层深处。那么，它们娇嫩的身体是如何避开紫外射线而成功繁衍的呢？

生物钟可能起了一定的作用。有了它，微生物可以把细胞分裂安排在一天中辐射程度最低的时段。生物学家称之为"避光"假说（escape from light hypothesis）。尽管藻青菌在光线照射下似乎从未停止分裂——毕竟它们依靠太阳能生存——但繁衍活动可能存在时间限制。有一项研究将野外环境中的3组微生物群作为对象：两组为藻类，另一组为一种藻青菌。研究发现：虽然光合作用会持续一整天，但新DNA的生产活动会在中午时暂停3～6个小时，随后在日落前恢复。它们在最容易受到紫外线辐射的时间段会选择在阴凉处休息一会儿。

当今的动植物细胞可能刻有这场革命性事件的印记，这个印记就是一种叫"隐花色素"的专属蛋白质。它对蓝光和紫外线非常敏感，是生物钟的组成部分，帮助生物体同步于自然日变节律。这种蛋白质的结构与DNA光裂合酶非常相似，即借助蓝光的能量来修复被紫外线破坏的DNA。有些生物学家认为，这种酶的作用可能随着时间而发生了进化。最初可能只是修复紫外线破坏的工具，随后被"收编"进入生物钟成为隐花色素，承担管理职责，共同帮助生物体远离太阳辐射。从此，医师变成了中介体。

如果"避光"理论正确，那么生物钟就是世界上首部预防法，是安全性行为的化身。那些能够预判并避免在阳光最毒的时段进行繁衍的生物体，享受着"人丁兴旺"；而那些不会把握正确时机的基因最终被淘汰。生存或死亡——坦白地说，就是马尔萨斯主义。当我看着办公室外面的池塘，并没有直接想到这是弥漫着性和杀戮的邪恶之地，不过我想这就是它的本来面目吧。它们可能是污物，但时间却是它们给予人类的馈赠。

— 5 —

至暗时刻

1972年2月14日，斯佛尔开始了自己的第二次大型实验，这是人类历史上为期最长的一次时间隔离实验。地点是位于得克萨斯州德尔里奥附近的“午夜山洞”（Midnight Cave），在NASA的资助下，他为自己建造了地下实验室。一处木质平台上摆放着一个大型尼龙帐篷，内设有床、桌椅、各类科学设备和用于保存食物的冷冻机，以及3 000升的饮用水。没有日历，没有时钟。他微笑着面对新闻镜头，亲吻新婚新娘，拥抱自己的母亲，然后消失在30米深的立井中，进入隔离状态。如果一切顺利，他将在那里度过6个多月，直至9月。“绝对的黑暗，绝对的安静。”他后来写道。

斯佛尔按照起床周期计算自己的时间。早晨非常忙碌：起床后，他先给地面上的研究团队打电话，让他们点亮之前安装在山洞里的电灯。随后他记录下自己的血压，在健身车上骑行5 000米，用弹丸枪进行5回合射击练习。他的胸部和头部连着电极，记录心率和睡眠质量，还利用直肠探针测量体温。每次剃须后，他都把胡须保存以便用于研究激素分泌变化。他也会打扫卫生，他周围的岩石覆盖着一层厚厚的尘土，尘土中混合着此前蝙蝠群落遗留下来的粪便，所以每次“尘土飞扬”时，他都屏住呼吸。

斯佛尔想要了解一个人与时间的长期隔离会对身体自然节律产生什么样的影响。尤金 · 阿绍夫和其他研究人员进行的诸多实验表明，某些研究对象在隔离一个月之后，开始形成了 48 小时节律，睡眠和清醒的时间比正常人长两倍。可能航天飞船或者核潜艇上的工作人员能受益于这样的生活规律。不过，所有这些测量工作（比如佩戴、摘除电极和探针，筛选胡须）很快让斯佛尔感到厌烦。第一个月还未结束，他的唱片机（主要的消遣工具）就坏了。“现在，我只能看书了。”他在笔记中写道。霉菌开始泛滥，连科学仪器的刻度盘都未能幸免。

实验和测量的结果显示：在进入地下的前 5 周内，斯佛尔建立了 26 小时昼夜节律。尽管他自己没有意识到，不过他的体温浮动周期为 26 小时，而睡眠和起床的周期也是如此，每天晚起两小时，一天有三分之一的时间为睡眠时间。像斯卡拉森山洞里的情形一样，他变得无拘无束。这是卢梭主义（Rousseauian）所向往的生活，即完全按照内源性时间表，过着远离阳光和社会的生活。

到进入地下第 37 天时（斯佛尔的记录是第 30 天），前所未有的情况发生了，连他自己都毫无觉察。早已脱离日变节律的体温和睡眠周期，却彼此脱节了。斯佛尔清醒的时间远远超过睡眠时间，然后他会连续睡上 15 个小时，是以往睡眠时长的两倍。在那之后，他的时间表开始前后跳动，睡眠周期有时会达到 26 小时，有时会达到 40 ~ 50 小时。而他的体温周期却一直保持在 26 小时。而斯佛尔对此一无所知。

至此，科学家发现我们的睡眠习惯只部分受控于昼夜节律。在一天之中，神经化学物质腺苷酸在体内累积，引发睡眠行为。这种累积过程叫作“内衡压力”（homeostatic pressure）。如要消除这种感觉，可以小睡一会儿，消耗部分腺苷酸，把睡意推至夜晚；也可以喝咖啡保持清醒，咬牙坚持挺过去。然而，一旦入睡之后，昼夜节律便掌管一切。入睡的初期阶段是深度睡眠，但随着夜越来越深，便进入做梦阶段。做梦或快速眼动睡眠最容易发生在体温最低的时段。对于大部分人来说，这种情况一般发生在醒来的前几个小时里。因此，由于体温按照昼夜节律时间表上下浮动，所以人很容易在黎明前从梦境中醒来，并且每天都在同一时间重复这一动作——比如凌晨 4 : 27。

换言之，在你允许的情况下，腺苷酸会让你入睡，睡眠的深度取决于你之前清醒的时长，即抵抗内衡压力的时间。但黎明前体温升高受控于昼夜节律，这也是唤醒你的原因。在某种程度上，你可以操控第一种因素，但对第二种因素却无能为力。睡眠时长取决于你入睡时与最低体温的距离。距离越近，睡眠越短，即便清醒的时间比以往都久。

坐在干净实验室中进行隔离实验的科学家以及受限程度远不及斯佛尔的志愿者，到最后终于明白了上述这些道理。“我正经历人生低谷。”他偶尔写道。到第 77 天时，他的双手已经活动不便，头脑也开始混沌，记忆力显著下降。“昨天的事情我一点都想不起来，连今天早晨的也都忘了。如果我不立刻写在纸上，很快就忘了。”他擦了擦发霉的杂志，上面写着：“蝙蝠的尿液和唾液能通过空气散播狂犬病。”这让他紧张不已，终于在第 79 天，斯佛尔拿起电话。“J’en marre！”他喊道，“我受够了！”

但是时间“没够”，他在地下的时间连计划的一半都没达到。他坚持测量、监控、剃须、打扫、骑车、打靶以及佩戴和摘除电极，直到有一天无力继续。他扯掉身上所有的仪器导线，心生懊恼：“这该死的研究就是浪费时间！”但转念又想，自己的冲动会造成同事丢失重要的数据，于是又恢复原样。他想过自杀（可以安排得像一场事故），接着又想到自己的父母要支付巨额的实验费用。

在第 116 天，斯佛尔听到有老鼠的声音。在进入午夜山洞的第一个月里，由于受不了老鼠夜间的搅扰，斯佛尔曾成功捕获并消灭了一大群老鼠。而现在，他急需伙伴，哪怕一个也好。于是他给这只老鼠起名叫 Mus，天天研究它的习性，期待能将其捕获。终于，在第 170 天，他在砂锅里用果酱做诱饵设下陷阱，并看着自己的“小伙伴”慢慢接近。只要再往前走一步……斯佛尔迅速盖住砂锅，心跳不已：“自从进入山洞以来，这是我第一次感到开心。”他这样写道。但是，情况有些不妙，他抬起砂锅后，发现自己无意间把老鼠给压死了。他看着老鼠挣扎着死去。“等我哭完，它已经一动不动了，这让我感到无比孤寂和忧伤。”

9 天后，也就是 8 月 10 日，电话突然响起——实验结束了。虽然斯佛尔还需要在洞穴中住上一个月，从事其他研究，但至少有人陪伴了。9 月 5 日，在地下生活了 200 多天之后，他最终重返地面，迎接他的是盛大的迎接仪式和草地的清香。斯佛尔积累了几大箱录音带，绵延数英里长，等待后续的分析工作。他还患上了弱视和慢性斜视，并背负了50万美元的债务，不知何时才能还清。

— *6* —

体验北极的永恒阳光

7月份去北极，最不需要携带的物品可能就是手电筒了，可我还是带了两只。

到现在我也弄不清为什么。北极圈以北起始于北纬66度，地处阿拉斯加州费尔班克斯以北125英里处。从5月中旬到8月中旬，这里的太阳是不落山的，最低点也会徘徊在地平线以上。即便在凌晨2点，洁白的日光也会照射着绵延数英里的起伏冻原。这里的夏季是长长的一天，整个生态系统已进化到能够充分利用不间断的日光，肆意生长、孵化后代、捕猎进食、游水嬉戏、交配繁衍，并赶在8月末太阳“消失”前再次躲藏起来，等待长达数周且日照渐少的寒冷冬夜。以上这些到达前我全都知道，但还是莫名假设可能用到手电筒的情况：要探索的山洞、北极地松鼠的洞穴或是在黑黑的帐篷里小床的下面。

我来到北极是要见驻扎在阿拉斯加北坡的Toolik营地科考站的生物学家。这处科考站建于1975年，地处Toolik湖岸边，是一片繁忙的宿营地，簇拥着高科技拖车实验室和抵御恶劣天气的活动房屋。除此之外，就是个荒无人烟的地方。南面是一望无际的布鲁克斯山脉，北面130英里处是死马镇，位于普拉德霍湾中，地处北冰洋沿岸、阿拉斯加输油管道的北端，需要在道尔顿公路上驾车颠簸5个小时才能抵达那里。道尔顿公路是一条宽敞的碎石路，由拖拉机挂车扬撒拳头大小的石子铺成。

在两地之间横卧的，是一望无际的冻原和数百个如Toolik营区大小的浅湖。尽管冻原外表看起来有些枯燥乏味，但它实际上是一个极富生命力的生态系统，生长着藓类、地衣、地钱、莎草、真禾草和矮灌木。而在未冰冻的顶层，栖息着田鼠、野兔、地松鼠、大黄蜂、筑巢鸟和其他生物。每年夏季，数百名科学家和研究生都会汇集于此探测冻原，从浅湖和溪流中收集样本，供测量、称重和记录之用。这里的景观并不脆弱，只是很少发生变化而已。在其他地方，由于资金和重视程度等问题，类似的生态学研究一般只能持续短短几年就被迫中断。而Toolik营区的情况则彰显了科学界的决心，是一个要跨越数十年研究环境的运行机制。

而我感兴趣的课题是时间。在驻扎科考站的申请表里，我阐述了自己对昼夜节律的好奇心，以及跟随生物学家所要进行的研究课题。“光照制度如何影响微生物和浮游植物的机理和节律？这些影响如何通过种群分布和增长率、氧气和营养素的可用量以及其他途径呈现在更广泛的食物链中？”意思是说，昼夜节律如何面对极地夏季严酷的条件，在最友善的生态环境中展示自己？生物时间在最简单的情况下是什么样的？

不过，我真正的想法是体验那里的生活。1937年4月至7月，探险家理查·伯德（Richard Byrd）独自一人在简陋的小屋中度过4个月黑暗的南极寒冬，以便收集气象学数据。“首先，有一点需要明确，”他在对这一时期的回忆录《身无旁人》（*Alone*）中写道，“在其他所有事情以外，抛开在南极洲的无人之境观察天气和极光的现实意义，也不提我对这些研究的热爱，其实，我来到这里只是为了体验……没有任何重要目的或者说根本没有目的，毫无原因。纯粹是一个男人对某种体验的渴望，想要与时间独处，品尝安宁、平静和孤独，然后发现其中的美好。”

我想是时候“亮剑”了。此前读过的实验，不是在山洞里就是在黑暗、寒冷的小屋内。而阿拉斯加宽阔的空间，加上两周不间断的夏日阳光，简直是不可多得的新环境。对于即将消失的“从前的我”来说，可谓是一场完美的探险。我不用担心我的两个孩子会打扰我，在我出差的这段时间里，他们会度过自己的两岁生日。而这边，永恒的阳光正等着我的到来。

1 万年前，距今时间最近的冰河时期结束了，最后一批冰川从阿拉斯加北坡消失，留下漫延交织的河流以及相互连通的小浅湖。这些湖几乎都可以通过陆路抵达。1973 年，生物学家来到了这里——他们从马萨诸塞州伍兹霍尔的海洋生物学实验室而来，来研究当时在建的输油管道对环境的潜在影响。他们在砾石公路旁看到了 Toolik 湖——在它的附近有一处输油管道建筑营地。于是生物学家们就近搭上帐篷，迅速开展了研究工作。他们偶尔会拜访建筑营地，借用洗衣机或从冰箱里拿些食物。最终，他们把营地转移至湖的另一侧，并在那里扎了根。如今的科考站绵延数英亩，已经成为世界上最前沿的北极生态系统实验室。

一天早上，我跟着来自格林斯博罗的北卡罗来纳大学的淡水生物学家约翰 · 奥布莱恩（John O’Brien）前往他的一处实验场，实际是位于 Toolik 营区正南方数英里外的三处小湖。由于距离的原因，不宜步行前往。加之冻原遍布大块湿润苔藓和茂密的羊胡子草，步行穿过如同跋涉于沼泽之中，会让人筋疲力尽，并且极易扭伤脚踝。幸好科考站配备一架小型直升机，用于进行路途较远的科学研究。奥布莱恩为我们安排好架次，并带上 3 名研究生，以及一艘充气橡皮艇、船桨和装满取样设备的背包。我们低空飞过其中一处小湖，宽度不足 100 米，勉强算是个池塘。等直升机停稳、青草恢复平静后，蚊子便展开了攻势。而当天风和日丽，天气异常温暖。

1973年建立Toolik营区时，奥布莱恩就是团队成员之一。此后，他每年夏季都会离开家人返回营地，花上数周时间研究淡水微生物与体积略大的捕食者——淡水浮游动物之间的相互作用。通常，我们会从有生命的成分入手研究生态系统，比如桡足动物、地衣、雪跳虫、虎蛾、灰噪鸦和北极茴鱼等。但是，这些生命形式存活时间较短，只是永恒营养链的短暂载体。来到Toolik营区的科学家虽然从事不同的学科领域研究，如植物学、湖泽学和昆虫学，但他们最终探测的是埋在地下的相同的生物地球化学物质——碳、氮、氧、磷，以及从土壤到溪流、从叶子到空气、从雨水到土壤再重复循环的其他元素。这些化学成分经过长时间、跨区域的仔细测量，所得出的生长率、呼吸率和生物量权重等数值，能够准确呈现整个生态系统的运转和变化机制。

我来到Toolik营区的第一天，便明显发现这里没人研究北极或者其他地区的生理节律生物学。但是渐渐地，所有的研究人员都开始从不同方面研究同一问题——全球气候变暖。得益于相对单一的生物成分，北极可作为一种基础的研究模型，用于探索更为复杂的生态系统如何应对全球变暖。就自身而言，该地区也有着举足轻重的地位。在广袤的冻原下面，暗藏着至少10%的全球陆地碳。随着温度上升，有多少陆地碳会被释放？其中多少能被植物重新吸收促进自身生长？又有多少会进入大气层，导致全球变暖进一步恶化？长期以来，Toolik营区一直在荒野之中默默存在；而如今，它俨然成为世界的焦点。

“从前，后面的山脉是被积雪覆盖的，而且整个夏季都是如此，”奥布莱恩感叹道，“这种温暖的气候真是让人讨厌。”他站在湖边，靠着一只橡皮艇船桨，仿佛那是他的同事，和自己一同眺望着南方的布鲁克斯山脉。奥布莱恩今年66岁，身体健硕、思维敏捷，有着蓬乱的白发和坚硬的白胡子，威严的形象如同靠山一样让人安心。我喜欢他讲故事的爱好，经常就这样开始了：“从前……”从前，阿拉斯加北坡不会出现雷雨天气；从前，实验现场是不可能穿T恤的，但此刻他正穿着；从前，没有笔记本电脑、GPS 定位器和专门的机械车间，所有工作都要自己完成。

“从前，人体刚需是件大事，会唤醒你体内的动物本性。”他说。在他驻扎阿拉斯加的第一个夏季里，他和几位同事投入 3 个月时间调查诺阿塔克河谷，这是美国广袤土地上又一处人迹罕至的瑰宝。他们每天工作 14 个小时，一周 7 天不间断。太阳从不下山，他们也从未停歇。很快，他们就开始厌烦彼此，不再说话。厨师做饭时敷衍了事，还拒绝洗碗。于是大家在没有盘子和餐具的情况下，开始在油布上吃饭。作为一种解脱，奥布莱恩开始阅读《永不让步》（*Sometimes a Great Notion*），这是肯·克西（Ken Kesey）的一部关于伐木工家庭的小说。故事情节和周围环境导致他开始确信自己是小说中的一个人物，并且会一直这样生活下去，而自己原来的家庭生活变成了虚构的小说。“我们彻底疯了。”他说。

来到 Toolik 营区的两周里，我一直住在 WeatherPort（一个美国帐篷品牌）小屋内，里面铺有木质地板和赭色帆布墙。我睡在配有床垫的弹簧床上，顶部挂着蚊帐。和其他住在科考站的人员一样，我被告知一周只能洗两次澡，每次两分钟，目的是节省淡水。其他的配套设施有高速无线网络和 24 小时开放的餐厅，能吃到金玉罗非鱼和香蕉芭乐酱，可以远眺 Toolik 湖平静的湖面；还有一处用雪松木搭建的桑拿间，夜间常常人满为患。

不过，这里没有的，是黑暗。最初几天，感受着照射在小屋墙壁上的阳光，我会从睡袋中一跃而起，但看过手表后发现才凌晨 3：30。夜晚（或者我想象中的“晚上”）来临时，我需要戴上眼罩，就像在越洋航班上一样。等到我的手表时间进入早晨，我才会走出小屋，脑中闪过同一个莫名其妙的暗示：下次别忘了关灯。

在进化过程中，极地生态系统中的“居民”早已习惯于这种每天都有的混乱。在南极，帽带企鹅遵守着一成不变的活动规律，摇摆着从聚集地出发，前往岸边跳水捕食。它们对行动时长有着严格的要求，一般会在一天开始的时候出发，在24小时里按时行动，无视温度和光照（一天结束后，它们回巢的时间相对宽松）。芬兰北部有一种蜜蜂，在夏季24小时的连续光照下，它们选择间歇性活动。中午是它们最活跃的时段，这种活跃一直持续到午夜之前，这可能是为了在相对凉爽的时段保持巢穴的温度，抑或通过休息来巩固对当天辛苦觅食的记忆。从这些行为活动中至少可以得出，动物能忽略太阳规律，而严格遵守自身的生物钟。

然而，北极驯鹿却采取了相反的策略。2010年，来自英国曼彻斯特大学的研究员安德鲁·劳登（Andrew Loudon）与同事发现，北极驯鹿体内的两种主要生物钟基因的昼夜节律振动方式与其他动物不同。其他大部分复杂生物体均以24小时左右为周期，进行作息和激素分泌。它们的生物钟对日光不太敏感，即便遇到不间断的夏季日照，它们也会遵循物理时间，并保持行为同步。驯鹿则不然，这种动物不会在体内生成昼夜节律信号。相反，它们的行为直接受控于阳光，可谓“日出而作，日入而息”。如同山洞里的斯佛尔，或是我的手表，驯鹿可以不受限地“自由奔跑”。“进化已经产生一种关闭细胞生物钟的方法，”劳登曾这样说，“细胞里可能还有运转的生物钟，只是我们还没有找到。”

同样，驻扎在Toolik营区的生物学家对不间断光照也产生了多种反应。最普遍的行为就是收集数据，于是研究员开始真正“夜以继日”的忙碌，他们分散在这片区域的各个角落，无时无刻不在收集、测量、合成、对比和逆推。7月4日当天，我赶往死马镇去看北冰洋，回到营地已是凌晨2：30，我发现有人正在餐厅里吃着龙虾和菲力牛排，谈论着自己那个失眠的朋友。据说有人把营地的床垫搬到了拖车实验室里，以便在任何“奇怪”的时间睡觉。在整个夏季里，他通过延长清醒的时间，手工制作了一个桌上足球机和一艘帆船。还有人在Toolik营区驻扎期间收起了自己的手表，忽视所有和时间有关的信息，吃饭和睡觉任由自己安排，并且不间断地工作。等季节结束回到家后，他向我透露，夜晚让他有点害怕。另一位同事讲到自己最近一次远足——她是晚饭后出发的，结果忘记了时间，等返回营地时，她吃惊地发现厨房的伙计正在准备早餐。

但是，其他人则认真遵守时钟。“到了该睡觉的时间，我就会睡觉。”奥布莱恩的一名研究生这样和我说。我们给橡皮艇充气，然后在湖中心收集水样，而奥布莱恩则站在岸边，用小网捕捉浮游生物。“如果我一直等到自己累为止，”一名学生说，“可能一夜就过去了，餐厅估计只剩下蛋糕可以吃。”奥布莱恩严格按照时钟行事，还带领（或者说是强迫）学生一起遵守自己的时间安排，并因此成为这里的名人。他期望自己的学生每天能准时出现在餐厅吃早餐，但学生们也有对策：熬夜做功课，然后直接去吃早餐，和奥布莱恩汇报研究进展、讨论当天的任务，随即回去睡觉。等到奥布莱恩发现这件事，已经是20年后了。

在这片阳光的海洋里，如果说有一个共同的“时间灯塔”，那就是早餐。除去个别几位，营地中的所有人都会围绕这个点安排一天的行程。早晨正式用餐时间是6：30，到6：45，食堂就已坐满了人，交谈话题既娱乐又学术：实验现场计划、数据运行、职位空缺，以及谁能以最快速度给Sevylor 66橡皮艇充气。从理论上看，一个人真的可以在Toolik营区忽视所有时钟，按照自身的内在节律生活，或者连内在节律也可以抛弃。但实践起来非常困难。因为任何一个需要多人完成的项目，都有起到纽带作用的时间约定：中午在码头集合；直升机9点整准时起飞，前往阿纳克图沃克站点；周五晚上8：30，在食堂举办萨尔萨（一种拉丁风格的舞蹈）舞会。

随着在Toolik营区消逝的每一天，手表上的数字慢慢失去意义。就连“消逝的每一天”也丢掉了应有的含义。这里有的只是漫长的一天，我偶尔小憩，醒来时看看手表，惊讶地发现已经过去了几个小时。睡眠不再是每天的“分隔符”，更像是一种选择。我发现自己在科考站的电话亭里逗留的时间越来越长，类似于此前提到的山洞实验，T1 电话线就是我的“生命线”，联结着家人和“地面”。

我越来越多地梦见时间。梦见孩子们打碎了我的手表，碎片散落一地；梦见自己在沙丘中穿行，突然掉进了峡谷里，怎么也爬不出来，没人知道我在哪儿，也听不见我的呼救。于是我开始往峡谷深处走，真切地感受着沙丘的重量，日光在身后渐渐消失，担心头顶随时会发生塌落，自己就此葬送于沙石之中。

所谓“日有所思，夜有所梦”。我在家的时候，曾在图书馆读过一本关于登山者的书。这位登山者掉进岩缝中，摔断了一条腿。向上爬出岩缝无望之后，他转而朝着漆黑的大山深处匍匐前进。为了支撑下去，他舔舐苔藓里的露水。最后他奇迹般找到了出口，来到阳光明媚的山坡，却发现营地在数英里之外。于是他继续前行：穿过险象环生的冰川、巨石错落的河沟和铺满沙石的湖滨。他写道：是那块手表让自己坚持了下来。他在雪地里抬起头，在前方 100 米左右的位置选择了一个地标，看看手表，告诉自己：“20 分钟内必须赶到那里。”然后继续爬行。但是，他听到的声音不是自己的，而是来自远古的至上之音，回荡在他的脑海里，助他一臂之力。最后，他在营地附近被朋友发现时，已是半昏迷状态。但在获救前的夜里，他躺在地上仰望星空，身体脱水、意识模糊，感觉几个世纪就这样过去了。

在类似 Toolik 地区这种地方，静止不动很容易被误解为一种脱离时间的存在。其实，时间一直都在，是头顶掠过的云，是浮游生物的蠕动，是冻原世代上演的冰封与融化。现在，越发明显的变化令人不安。Toolik 地区乃至整个北极圈的平均温度始终在稳步上升。30 年前，在阿拉斯加北坡极为罕见的雷雨天气，现已不足为奇。科学家怀疑北冰洋海上浮冰的消融引发了天气模式的变化，导致该地区干涸加剧、雷电增多。在 2007 年——当时科考站史上温度最高、最干燥的一年——雷电袭击了距 Toolik 营区 20 英里外的阿纳克图沃克河沿岸的冻原，并引发了持续 10 周的大火，烧毁近 400 平方英里的区域，相当于整个鳕鱼角所占面积。这是阿拉斯加甚至可能是全球史上规模最大的一次火灾。我入住 Toolik 营区的那个夏季，研究人员正忙于评估火灾影响。起到隔热作用的泥炭层已消失不见，越来越多的热量进入土壤。在一些地方，地下永久冻土已部分融化，致使山体出现滑坡，土壤和营养物质渗入溪流中。

一天早晨，我随着来自伍兹霍尔的水生物学家琳达 · 迪根（Linda Deegan）来到库帕勒克河，这条河沿着阿拉斯加北坡，从布鲁克斯山脉一直流入普拉德霍湾。从 20 世纪 80 年代开始，她就致力于在 Toolik 湖研究北极茴鱼。这种鱼的迁徙路线是春季顺流而下，到夏季末再逆流而上。作为河里唯一的鱼类，它们变成迁徙路上某些鸟禽和体形较大的湖红点鲑的重要猎物。经过年复一年的跨季节跟踪，迪根试图了解气候变化如何影响它们的数量和迁徙习性，包括影响的发生时间、进展速率和程度，以及这些转变所带来的更广泛的冲击。

和许多迁徙性动物一样，北极茴鱼也受到基因影响，习性受控于太阳活动。在北极的春季里，日照时长每天都会增加 8 ～ 10 分钟。动物的昼夜节律系统感知到光照周期的延长，并触发一系列生理变化，使茴鱼顺流而下进行繁衍。迪根想了解茴鱼赖以生存的昆虫，它们的生命周期不受光照的影响，但受控于水温。随着温度逐年升高，这些昆虫在本季节的孵化行为可能会提前，或许早于按照光照规律行动的茴鱼来到这里的时间，导致茴鱼错过最佳捕食时机。两种生命周期，一个受控于温度，另一个则由光照制约，两者存在脱节的危险。但她尚未对此进行验证，而且北极的这一现象也未得到深入研究。“那只是我的猜测。”她说。

其他地区的科学家正在记录全球时间与全球温度之间不断拉大的差距。为了应对温度升高的春季，候鸟抵达北极并开始繁衍的时间，比过去几年提前近两周，致使后到者处于前所未有的劣势。其他鸟类的活动范围正在向北扩展至北极圈，它们会与当地鸟类一起竞争有限的生存资源。有些物种适应性较强，比如瓦尔登湖附近的许多植物，与梭罗时期相比，它们现在的花期早已提前，花朵也更加艳丽。但是，季节性行为受控于昼夜节律的生物体就会变得越发脆弱。斑姬鹟一般在西非过冬，春季来临时会飞往欧洲的大森林中繁衍后代。它们的迁徙安排与光照周期相关，因此变化较小。但它们的幼崽所吃的毛虫与20年前相比，提前了春季孵化时间，等斑姬鹟到达时，一些区域的毛虫量已经少得可怜，直接导致斑姬鹟的数量减少90%。仿佛整个地球正在经历某种形式的时差。一些物种会顺应变暖的气候，甚至由此进入旺盛期。它们可能会提前或延后迁徙时间，也可能改变胃口开始吃其他东西。而其他无法适应变化的物种，则会被终结。

— 7 —

飞机旅行的时差感由何而来

不受时间影响或接近于这种状态，可以在深洞中找到，或是在北极夜晚不间断的光照中体会到。不过，更简单的方法是乘坐飞机旅行，越远越好。

首先，我们注意到一个物理学现象：当你在几千米的高空中快速移动时，由于地球引力的存在，这种移动本质上是一个下降的过程。爱因斯坦狭义相对论的特有结论之一，便是与静止不动的观察者的时间相比，一个快速移动中的物体上的时间会慢下来。大量的实验已经证实了这一点：相对于地面上静止不动的时钟，喷气式飞机上的原子钟“振动”速度会减慢，大约几个小时内慢几毫微秒。（就飞机自身而言,1 秒钟仍然是 1 秒钟长，与前 1 秒的持续时间相等。只是处于静止不动的观察者测量得出时间变慢。）尽管效果微弱，但却真实存在。2016 年 3 月，宇航员迈克 · 凯利（Mike Kelly）返回地球，此前他已在轨道上绕行地球 520 天，行进速度达 18 000 英里 / 时。这期间，比他早出生 6 分钟的孪生兄弟马克一直生活在地球上，被发现多“老”了 5 毫秒。

此外，还存在着时区：一共24个，各时区的宽度为1小时，大致按照地球经线均匀分布，间隔为15度。零时在英国的格林尼治，即皇家天文台所在地。由于地球是一个转动的球体，太阳无法一次性照亮所有地方，因此，白昼时间不能同时出现在所有地方。时区的存在，使得“中午12点”——一天的中间点，太阳大约位于最高点——在地球任何地方都有相同的含义，尽管这一时刻每次只出现在一个时区。时区在19世纪开始慢慢投入使用，最初用于协调铁路网络扩张的布设时间安排。1929年，世界大部分地区均签约加入按小时计算的时区规划。不过时至今日，仍有部分国家以半小时为基准设置时区，尼泊尔甚至以45分钟为划分标记。1949年，地域广阔的中国采取相反的做法，将其跨越的5个时区规划为一个大时区。

如今有了航空旅行，我们可以经常穿越时区。只需7个小时，就可以从巴黎飞到纽约，人们可以忘记城市之间6个小时的差距。时钟永远具备本地属性，具体时间取决于你所在的位置。如果你在飞机上——以一定的速度飞行，看着下面一望无垠的大海——那么你所处的地点和时间处于时刻的变化中。我的手表可能还是巴黎时间，被我甩在身后几个小时；而我面前靠枕上的信息地图显示的是纽约时间，又是我前面几个时区的时间。我被夹在中间一个看似永恒实际模糊的时间带上。

其实航班上有中央时间，位于驾驶舱里，由“视交叉上核”机长看管。世界多个原子钟产生的协调世界，是根据位于巴黎的国际计量局提供的公告算法进行筛选和赋予权重，并通过卫星不间断传输给移动中的货船、出租车和飞机的制导系统的。然而在客舱中，每个人都活在自己的时钟里。有些乘客在打盹，有些在吃东西，有的在思考即将参加的午后会议，有的则在恢复因赶飞机而消耗的体力，还有的全情投入到机上电影中。在西行的航班上，持续沐浴着阳光，失掉时间的线索，我们“各行其是”。

人类大脑中的视交叉上核如何将时间传遍全身尚属未解之谜。不过，可以肯定的是传输过程需要时间——几小时到几天不等。如果光照环境突然发生变化，你被迫调整至新的时间安排，比如跨越几个时区，甚至进入或脱离夏令时后的一两天里都会发生此类情况，你的外周生物钟不会立刻就位或处于相同速率。你的身体不仅会停止与时钟同步，还将临时变成“时间自治”的冲突区。这就是时差感的本质。虽然我的视交叉上核抵达了纽约，但我的肝脏还停留在新斯科舍时间，而胰腺可能处于冰岛的时区里。在随后的几天里，我的消化系统将乱成一团，因为就在大脑告诉我进食的时候，我的身体各器官之间尚未形成统一的步调进行新陈代谢（身体每天大约能恢复一个时区）。其导致的结果就是肠胃炎，这是长途旅行者和航空公司飞行员普遍抱怨的一种病。时差感不是头脑的问题，而是由全身不同步导致的小毛病。

虽有科学文献有时将身体的外周生物钟称为视交叉上核的“从属”时钟，但是这种生物钟具备自治能力，在适宜的环境中，它们能够让自己的昼夜节律不同步于母钟和自然日变节律，而受控于从其他地方接收到的命令。其导致的结果是食物会向身体时钟的各组件发出强烈的信息。过去 10 年中的多项研究显示，按时吃饭能够调整肝脏生物钟的周期，使肝脏忽视来自大脑的光照时刻表，甚至还可能反向发送自己的时间消息。所以，控制肝脏节律的是进餐时间，而非太阳时。“如果你在小白鼠的睡眠时间里对其进行喂食，那么它很快就提前醒来。”加州大学洛杉矶分校的生理节律研究骨干克里斯 · 科尔韦尔（Chris Colwell）告诉我，“我和学生们讲，如果你的外卖员每天都凌晨 4 点上门送餐的话，我保证你很快就会在 3∶30 醒来。”

减少时差感（尤其是长途飞行后）的方法之一是不要吃空中乘务员送来的飞机餐。他们的规程要求每隔 2 ～ 3 小时就要为乘客提供餐饮服务，一般会遵照出发地的时间进行安排。在旅途中，要忽略正常的光线提示，肝脏会推动生物钟，防止将你拉回到出发地所在的时区。最好立刻将你的手表调整至目的地时区，并按照目的地时间安排进餐。“我们给旅行人士的标准建议，”科尔韦尔说，“是尽快让自己接触光照、用餐或进行社交活动。”他还提倡吃早餐。“如果人类的反应和小白鼠类似，”他说，“也就证明早餐对于保持这些信号的重要性。因此，即便失去光线信号，人们也不至惊慌失措。”

科尔韦尔的研究显示，定期运动也有助于推动昼夜节律系统。他在实验中发现，允许在转轮里运动的老鼠，其视交叉上核所产生信号要强于不运动的老鼠。并且，这种效果在醒来不久便开始运动的老鼠体内最明显。最大的受益者是缺少特定生物钟蛋白质的老鼠，如果运动时间延后，那么视交叉上核的功能会得到提升，将组织信号发送到心脏、肝脏和其他器官。运动让老鼠的生物钟状态更佳。定期运动是否对人类生物钟也具有相同作用尚无定论，不过，这种想法很诱人，科尔韦尔如是说，因为我们母钟的运转情况会随着年龄的增长而下降。“我还没到 50 岁，但晚上已经睡不着觉了。”他说，“导致白天更累。”时间也会变老。

至少，时差感是暂时性的。人们一直在寻找其他更为长久的方法来对抗白天和夜晚的标准分割，但结果都是徒然。有数百万美国人从事轮班制工作：整夜开车的司机、购物中心或医院的晚班工作人员等。这其中有许多人忍受着生理节律生物学家所说的“社会时差感”（social jet lag），这导致的后果不是简单的“不方便”或“不舒服”能够概括的。生物钟主要的作用之一是监督人体的新陈代谢，确保我们在饥饿的时候用餐，细胞能在准确的时间吸收到它们所需的营养。但是，许多研究人员发现，习惯在正常工作时间以外的时段进行作业的人员，更容易发生肥胖、糖尿病或心脏病。越来越多的证据表明，昼夜节律失调（睡眠—觉醒周期与生物钟脱节）和代谢失调之间有着紧密的联系。代谢失调是一系列健康情况（包括糖尿病）的诱因，是身体的消化系统与能量的产生和储存脱节的结果。

我们耗费巨资研究“吃什么”，但“什么时候吃”可能也很重要。近期一项研究发现，老鼠在应该睡觉的时间——即昼夜节律中的错误时间进食——其体重要比在正常时间进食的老鼠更高一些。大部分针对昼夜节律失调的研究对象是啮齿类和非人灵长类动物，不过医学研究者已经开始将注意力转向人类，但结果却让人感到不安。在哈佛大学的一项研究中，有10位人类志愿者经过训练，将生活周期调整为每天28小时。到第四天时，他们的时间安排已经完全颠倒：午夜时分起床用餐。4天后，再次恢复正常。在10天之中（即此项研究的总时长），研究对象的血压出现剧烈上升，血糖也超出正常水平，其中有3位志愿者被确诊患上前驱糖尿病。研究得出的诱因不是缺乏睡眠，而是研究对象在用餐时，身体各器官和脂肪细胞时钟无法对食物进行新陈代谢。“仅仅几天后，他们的葡萄糖代谢就发生了明显改善。”研究报告的其中一位作者写道，“几天内上演的快速反转表明，（此类变化）可能会对每年上百万经历时差感的人们起到暂时性影响。”

当下的肥胖病有很多诱因，包括缺乏运动的生活方式和不科学的饮食习惯。不过，昼夜节律研究揭露出又一个不易被察觉的因素：我们在慢慢“征用”不适宜的时间。“我们拥有完美无缺的内源性时间系统，只是它遵照旧规则行事而已，”科尔韦尔说，“并不能因为我们发明了电灯，就可以无视它的存在。”

— 8 —

火星上的一天

如果科学家是对的，那么人类迟早要去火星，这将是一项壮举。火星距离我们有 3 600 万英里，按照现今的推进器技术水平计算，到达那里需要 6 个月。在这段时间里，你将和同伴住在一个类似于罐头的空间里，沐浴着人造光。在长时间脱离地球磁屏蔽保护的情况下，为了能避免宇宙辐射，“罐头”没有窗户。（反正除了无尽的黑暗和闪烁的星星，也没什么好看的。）研究人员已经开始考虑如何让人类胜任这样的旅程——哪些食物最健康、美味，什么活动最具娱乐性，遇到医疗紧急事故要如何处理，等等。不管怎样，我们终究会抵达目的地。当走出“罐头”时，你会看到火星耀眼的夏日阳光，然后迅速跑进早已建好的住所——又是一个没有窗户、只有人造光的空间。

在火星上的第一天将是人类所感知的最长的一天。这个星球的自转速度比地球慢，所以，火星上的一天有 24.65 个地球小时，也就是说比地球上的一天长 39 分钟。虽然看起来可能无关痛痒，但实际上，是比自然形成的人类昼夜节律系统足足多出 39 分钟。新火星人会很快感受到副作用。“就像每隔两天就要跨过两个时区。”来自波士顿哈佛医学院布莱根妇女医院的生理学家劳拉·巴杰尔（Laura Barger）这样告诉我。她联手哈佛大学和布莱根妇女医院睡眠医学部的主任查尔斯·切斯勒（Charles Czeisler）以及其他同事，一同研究在运行轨道上作业的宇航员的昼夜节律，研究对象也包括负责随时与宇航员保持联系的地面指挥中心的科学家。在这项研究中，多名志愿者尝试适应一天 24.65 小时的周期。“他们无法调整自己的昼夜节律，”巴杰尔说，“他们的睡眠出现问题，每个人都脸色苍白。”

2007 年，切斯勒曾开展过一项试验，通过每天在特定的时间段使用特定波长的人造光进行照射，研究是否能迫使生物钟适应 1 天 25 小时的周期，这样才能更经得起火星生活的考验。10 余名志愿者在灰暗的房间里度过 65 天，没有时钟、窗户或其他时间暗示。在最初的 3 天里，他们过着一天 24 小时的周期。随后科学家开始增加 1 小时光照，强行延长参与者每天的清醒时间。不过，研究人员并非一次性完成光照增长，而是以 1 天 24.64 小时为目标，将亮度调至接近日出或日落，每隔 1 小时完成两次 45 分钟的照射。30 天后，志愿者们成功适应并将自己的生物钟调整至 1 天 25 小时的周期。

科学证实，我们可以从时间的角度对抗太阳系及其对人体生物学的控制，哪怕程度很低。未来的人类将如何处理多出来的一个小时呢？可能还是工作吧。研究人员在论文中提到，生产活动可能包括“在光照充足的温室模块里照看农作物”。完成工作后，我们会喝一杯，欣赏没有窗户的景色，翻看我们在地球上的老照片。

1999 年 11 月 30 日，斯卡拉森山洞实验过去 30 年后，迈克尔·斯佛尔开始了自己的第三次可能也是最后一次隔离实验。现在 60 岁的他，想要通过实验研究年龄对昼夜节律可能产生的影响。他再一次选择了天然山洞：位于法国郎格多克南部的克劳莫斯（Clamouse）山洞。在一处较大的洞穴中搭建了相同的木制平台，上面架起了相同的尼龙天棚。洞穴入口处挤满了研究人员、兴奋的群众和媒体，斯佛尔戴着矿工安全帽和照明灯，摘下手表，转身并挥手致意，然后大踏步走进黑暗。

和前几次实验一样，他的活动区域充满了卤素灯光。从他自己拍摄的视频中，我们可以看到斯佛尔坐在木制工作台前，吃着罐头沙拉，并在电脑上输入用餐时间。他的日志、活动和健康状况均在地面研究室的监控之下。斯佛尔脚蹬绿色橡胶靴，身穿红色抓绒夹克，即使在踏步机上运动也不换行头。他把自己的尿液保存在小玻璃瓶中，睡在与躺椅绑在一起的睡袋中，随时可以舒服地躺在椅子上，阅读旁边满满一架子的书。他从不自言自语，但偶尔会唱歌。

2000 年 2 月 14 日星期一，斯佛尔从他的“地质子宫”里走了出来，享受着欢呼声、掌声和摄影机的闪光灯。他再一次证明，在与阳光隔离的情况下，人类的生物钟将以慢于地球转动的速度自由运转。他进入地下已经过去 76 天，但他认为只有 67 天，并且今天是 2 月 5 日。在 1 月 1 日凌晨，全世界都在迎接千禧年（并暗暗松了口气，计算机并没有崩溃）的时候，斯佛尔什么都没做。按照他的计算，那天是 12 月 27 日，他的新年应该是外面世界的 1 月 4 日。

多年后，斯佛尔向一位记者透露，长期驻扎在地下封闭的空间里，就像住在看似永恒的现时中：“仿佛是漫长的一天，唯一发生改变的是醒来和睡觉的时间点。除此之外，就是无尽的黑暗。”从克劳莫斯山洞出来后，他向一位记者吐露心声：“我感觉我的记忆力遭到了破坏，连昨天或前天我在山洞里做了些什么都想不起来了。”

他走进阳光里。在宽阔的户外，沉浸在“有始有终”的现时里，他备感放松。他说：“重见天日的感觉，真是太棒了。”

第三章

现时

“现在”的长度

我们没法觉察空白的时间，如同不能感知空白的长度或距离。100 米有多远？1 000 米呢？在没有地标作为参考的情况下，没人能给出确切答案。时间也是如此。如果我们能感知时间的流逝，那是因为我们感知到的是变化，为了能感知变化，时间就必须被填满。

在特定情况下，我们会对常见的时间现象产生浓厚的兴趣。比如我们说出一句话，在没说完之前，这句话的开头就已经久远到无法查证的地步。我们走进一条小巷，巷子不深，却怎么也走不到尽头。

——威廉·詹姆斯《心理学原理》

（William James, *The Principles of Psychology*）

— 1 —

定义过去、现在和未来

我写这段话的时候，正坐在一列疾驰的火车餐车中，在拜访完一位住在另一座城市的朋友之后，我踏上了回家的旅程。我的座位在车厢前端，背靠前方，面朝车尾，整节车厢俨然一个舞台在我眼前铺开：邻桌两位大学生正喝着咖啡讨论作业；旁边一桌坐的是售票员，正和休息的餐车服务员聊天；远处的几位乘客正围着一个年轻人的笔记本电脑，观看一场精彩的足球比赛。我的视线转向贯穿车厢始终的车窗，虽然已近黄昏，我依然能分辨出房屋的轮廓和偶尔闪过的路灯。它们突然从车窗边缘冲进我的右侧视线，划过整节车厢，随即从我的视线和思绪里消失，接着更多的路灯和轮廓源源不断如暗流般涌现。我设想每个转瞬即逝的路灯和房屋，都是从我右肩后面的某个点开始的，它们只存在于现在，并随着我倒退进入未来，而我只能在现时中匆匆一瞥，随即在记忆里回味。

在黎明前几个小时的黑暗中，我躺在家里的床上，却体会着相反的感觉。枕边的闹钟在摆动，一秒又一秒的嘀嗒声在眼前的黑暗中幻化成了深夜路旁的里程标志牌。它们离我越来越近，和我擦肩而过，然后消失在枕头下面。而我却一直在探寻它们的源头和彼此间追赶的过程。“如果你要在一整夜的某个时间醒来，那么最好选这个时间段，”纳撒尼尔·霍桑（Nathaniel Hawthorne）写道，“这是个中间地带，离嘈杂的白天还很远，而逝去的瞬间久久不散，成了真正的现时。”我不清楚那条路到底通向哪儿，但在这一个小时里，也只有在这个小时里，我才感觉到自己拥有全世界所有的时间来思考这个问题。

两千多年来，世界上有无数的思想家争论着时间的真正本质。时间是有限的还是无限的？连续不断抑或界限分明？如河流般涌动，或呈沙漏般的颗粒状？还有最直接的一点，什么是现时？“现在”是连接着过去和未来、不可分割的瞬间吗？抑或可以被测量——如果可以，这个瞬间有多长？多个瞬间之间是什么？彼此如何进行交替：即“现在”如何变成“下一秒”“之后”，或“不是现在”。“瞬间是种奇怪的现象，被塞在运动和静止之间，根本不属于时间，”柏拉图在公元前 4 世纪断言，“不过，进入然后离开瞬间的事物变成了静止，而静止的事物则被移动了。”

在柏拉图之前的一个世纪，埃利亚的芝诺将这些问题归入到庞大的悖论体系中。想象一下飞行中的箭，在其运行路径中的任何一个瞬间，这支箭都位于某个固定的点上，一段时间之后又位于另一个固定点上。那么箭是如何——在什么时候，以多长的时间跨度——从一个定点进入下一个定点的呢？在芝诺看来，瞬间的时间跨度短暂到如同一个不可分割的点，箭是不可能在这样的瞬间里产生运动的；如果可以移动微小的距离，那么瞬间就必须具备有起点和终点的时间跨度。同时，如果瞬间有可分割的跨度，那么在半个瞬间的跨度里，箭就移动一半的距离，如此下去又会走回不可分割的困局。所以，可怜的阿喀琉斯跑得再快，也永远到达不了终点。柏拉图的学生亚里士多德深受此悖论的折磨。“运动是不可能发生的，”他在总结芝诺逻辑时写道，“因为运动中的物体必须先来到中间点，然后才能抵达终点。”如果运动是不可能的，那么时间也如此。飞翔也是不可能的，因为物体从未离开地面。

亚里士多德开始尝试用语义学解决这一难题，强调“时间”和“运动”是同义词。时间不是事物发生的载体，而运动——发光的太阳、箭的飞行——即时间。他还提出瞬间的确具备实际存在、可测量的持续时间，其中蕴藏着运动。“时间并不是由不可分割的‘现在’组成的，至少不是任何其他量级。”但这又导致问题：“现在”除了划分过去和未来，还有什么作用？是否始终是同一个“现在”，还是有所变化？如果发生变化，那么变化在何时出现？当然不是“现在”，亚里士多德评论道，因为它“无法终结于自己所在的瞬间，因为它已经变成彼时了”。

这类无穷小的问题导致关于存在的大问题。如果我们无法解释时间如何从一个瞬间进入下一个瞬间，那么又该怎样解释变化、创新和创造呢？无中生有是怎样发生的呢？所有事物——创造物和时间自身——又是如何开始的呢？就连自我也陷入问题之中：我怎样与刚才的我、上周的我、去年的我或童年的我成为相同的个体？如何在变化的同时又保持一致？在芝诺世代之前，有一部希腊喜剧，讲述了一个人找别人索要此前欠他的债款，结果借方说：“哦，不过你没借给我钱！我不再是那时的我了。就像一堆石头，我们在其中放入又取出一些鹅卵石，那么这堆石头就和之前不一样了。”听到这儿，第一个人挥手打了第二个人。“你干吗？”第二个人问道。第一个人回答说：“谁？我吗？”

在研究时间的专家看来，如果说有什么话题能媲美时间本身，那就是我们说话的方式。时间以时态的形式编码进了我们所说的语言中：过去时、现在时和将来时以及多种子分类。我们出于本能从小就学习了这些，两岁的儿童就已经掌握了过去时的大部分用法，尽管可能还分不清“昨天”“明天”“之前”和“之后”。巴西皮拉罕人（以及少数语言学家）说的语言叫皮拉罕语，这种语言没有时间参照系。现代哲学家从专业角度出发，分为“有时态”和“无时态”两派，一派主张“过去”和“将来”真实存在，而另一派则反对。

但对于奥古斯丁，情况就简单多了。任何撰写生物学和时间知觉方面书籍的科学家，迟早都会引用奥古斯丁的话，因为他是从内在经验讨论时间的真正意义上的第一人——通过探究活在时间里的感受，来回答时间是什么。虽然时间可能是一种“让人不解让人疯”的抽象事物，但同时又与我们息息相关。奥古斯丁提出，时间蕴藏在我们的每一个动作、字句里。我们需要的只是停下来，听自己说话，然后把握信息的紧迫感。诚然，时间的本质，即其全部的结构和悖论都可以集中在一句话之中，比如：

Deus, creator omnium.

上帝是宇宙万物的创造者。

可以大声说出这句话，也可以在心中默念——用拉丁语，长短交替的 8 个音节。“后面每个字母的发音都比前一个长，”奥古斯丁写道，“我只有读出这句话，才能做出这样的判断。”然而，我们如何得出这样的测量结果呢？这句话包含一系列音节，思维需要逐个、连续地认知。听者如何能够一次性考虑两个音节并比对持续时长呢？“只有短音节结束之后，长音节才开始发声。所以，我如何能紧紧握住短音节，又如何将其作为刻度去测量长音节呢？”就此而言，又如何记住长音节呢？只有发音结束之后才能确定其音长，但到那时，两种音节都已经消失不见。“两者都发出了声音，然后飘远，最后消失，不再存在了。”奥古斯丁写道，“所以，现在留下什么实物让我去测量呢？”

简言之，什么是现时？又在何处与之建立联系？此处的“现时”指的不是 21 世纪、今年或者今天，而是指在我们面前消逝的“现在”。如果你曾经在夜里无法入睡，心事重重，听着呼呼作响的气流，或捕捉飘忽不定的思绪——威

廉 · 詹姆斯称之为“意识流”——那么你就理解奥古斯丁的意思了。借鉴亚里士多德的理论，他提出现时就是一切。将来和过去并不存在：明天的日出“尚不存在”，而自己的童年也无从找寻。这使得现时成为短暂持续的时间，而没有任何延伸，“正因为滑入过去，才能称之为‘时间’”。我们能清楚地测量时间，能把一个音节的声音调整为另一个音节的两倍；还能判断一个人说话的时长。那么我们是什么时候进行测量的呢？肯定不是过去或将来，我们无法测量不存在的东西。“在其经过之时我们进行测量”——在现时中进行测量，但这怎么可能？如何测量一个尚未结束的事物（一段声音或静默）呢？

从这个悖论中，奥古斯丁得出一条结论，并且被现代时间感知科学视为已知事实：时间是思想的一种属性。如果你问自己一个刚消失的音节与另一个相比，哪个更长或更短，那么你测量的不是音节本身（已经不存在），而是停留的记忆。“一种永久固定在那里的东西。”奥古斯丁写道。虽然音节不见了，却留下了持久的印象，而这种印象是现时的。他写道，我们所谓的三种时态其实是一种，过去、现在和将来本身并不存在，它们只存在于思想中——当下对过去事件的记忆，当下对现时的关注以及当下对未来的期盼。“存在三种时态或时间：过去事物的现在，现在事物的现在和未来事物的现在。”

奥古斯丁将时间从物理范畴抽离出来，直接放入现今所指的心理学领域中。“在你我的思想里测量时间。”他这样写道。我们对时间的体验并非如洞穴里的阴影一样真实、绝对，时间是我们的感知。虽然字词、声音和事件出现又消失，却在我们的思想中留下了印象，而时间就在于此，别无他处。“要么时间就是这样的印象，要么我测量的根本就不是时间。”如今，科学家在实验室里借助计算机模型、小白鼠、大学生志愿者和上百万的磁共振成像仪，来研究这一深刻见解。而在相同的起点上，奥古斯丁凭借的则是说话和倾听。

“奥古斯丁根本不想创造时间哲学或神学，”一天下午，我的朋友汤姆在午餐时对我说，“他只想提出一个心理学问题——在时间里是什么感觉。”

汤姆和我是朋友兼邻居，我们各自的孩子年龄相仿，他们有时会一起玩。白天，汤姆是知名大学的神学研究员，夜晚则是摇滚乐队的贝斯手，平时还撰写博文，内容涉及音乐、流行文化和灵性。我不清楚什么是灵性，不过在汤姆的笔下却闪烁着智慧和时尚的光芒。我们在小镇上的一家饭店内用餐，原本安静的空间现在坐满了人。今天是周五，美国阵亡将士纪念日的前夕，外面风和日丽、春意盎然。

汤姆把奥古斯丁纳入神学入门课中，还说自己的学生非常认同奥古斯丁的深刻理论。“我们接受的教育是将时间视为身外之物——时间是摆动的、一闪而过的东西。”汤姆说，“但是，时间却在我们的头脑、灵魂和精神之中，即我们的现时。”我们看不到时间，只能占有和进入；也可能是我们被时间占有。奥古斯丁曾一度将时间比作一种容积，而我们是它的容器。故此，不能在理论层面讨论时间；相反，应该关注自身，逐字逐句地倾听自己的言语。通过容器里所承载的事物来了解容器。

这种论证让人迷离恍惚，包括海德格尔在内的后来出现的哲学家们将此称为现象学，即从客观角度研究意识体验。“可以说研究的是我们自己，因为这是我们体验世界的方式。”汤姆说。这是一种有目的的修辞学，他补充道：“这意味着要拉你进来，然后改变你的感知和进入世界的方式。”如今，人们纷纷参加周末讨论会，寻找管理时间、体验时间的新途径，试图和时间建立联系。但奥古斯丁说，要回归到字词本身中去。

奥古斯丁的议题是让读者产生心理变化，从而激起自我和灵魂的转变，而实现这个转变的唯一途径是全身心投入到现时中。“只有与即将消逝的事物建立联系，才能体会到特定的、短暂的、及时的美，”汤姆说，“问题是，如何让这种体会成为精神练习？如何在恰当的时间里做正确的事？”我们习惯于将时间视为可以花费的金钱或是追求自我完善过程中的工具。但在奥古斯丁看来，时间是用来思考和投入的。精神上的需要不在于最好地利用时间，而是更好地停留在时间里，即与音节共舞。“学生给我的大部分反馈都是从他们家长那里学来的，”汤姆说，“他们觉得应该在现有的时间里竭尽全力，这是有关时间长度和潜在生产效率的问题。一种体验时间的方法是将其视为梯子的梯级；另一种方法是，将时间比作你要爬上去的东西。”

饭店在下午 3：00 打烊，我们是最后的食客，店员已经表现出要下班的迫切神情。汤姆要回家担起下午看孩子的任务。我和他一样，正在学习为人父母的入门课程——孩子毫无时间观念。如果事情没有按照他们的时间立即发生，就会导致“灾难性”结果。我渐渐明白自己的责任之一，就是教会他们两个词“晚一会儿”和“等一会儿”。实际也是如此，在父母对孩子的教育中，大部分都可以归结为时间教育：教授孩子看懂时间、珍惜时间、尊重时间、培养时间、安排时间和管理时间，并学会偶尔来一次“离经叛道”。

春天迈着舞步滑入夏日，已经 4 岁的利奥在过去几周里醒得越来越早。可能是清晨的阳光让他睡不着——清晨 5：30，晨曦的微光点亮了百叶窗，知更鸟也开始了合唱。但更有可能的原因是晨尿，像定时炸弹一样势不可挡。我听到他趿拉着拖鞋穿过客厅进了洗手间，然后又回到自己的房间。但他待不住，他的兄弟睡在离他仅几厘米远的床上，用毛绒玩具把自己围了起来，以遮挡阳光。利奥轻手轻脚地来到我们的房间，趴在床边，闪烁着大眼睛轻声说：“我想下楼玩一会儿。”潜台词是：你也一起来。

我向来不早起的，尤其是冬天，我实在无法想象天还没亮，就要下楼走进冰冷的游戏室。我们试过科技手段，孩子们看不懂时钟，我们便买了一个类似交通信号灯的闹钟。闹钟可以设置特定的时间，比如早晨 6：45，到时间后红灯就变成了绿灯，相当于向孩子们发出起床信号——可以尽情疯闹了。汤姆说闹钟对他女儿很管用。在我看来，那是因为她没有利奥那么兴奋，也不像利奥一样有个兄弟。这玩意儿在我家完全起着反作用。利奥还是一样早起上厕所，回到房间后就一直盯着红灯，而且越来越烦躁。在随后的一个小时里，他会几次来到我们的房间，轻声宣布：“还没变绿呢。”或者干脆胡乱拍打、叹气，把乔舒亚吵醒，然后两个人开始嬉戏打闹，一起研究红灯的奥秘。等时间来到6∶45，显示灯变绿，他们会击掌欢呼，最终大家都松了口气。

所以，我会让利奥自己悄悄下楼，有时苏珊会陪着他，而我蒙上枕头继续睡。但渐渐地，我发现自己成了第一个起床下楼的人。孩子们即将完成学前班，9月份会进入公立学校的幼儿园。从此，他们的生活会像花朵般怒放，离开我们自由生长。当然，这是个慢慢发生且极易被忽视的过程。尽管如此，我们还是感觉到了即将发生的转变，认为日子越来越宝贵，仿佛已经开始用追忆的心情度过每一天。孩子们也有同感，但愿是我们言传身教的效果。能和他们兄弟中的一个独处半小时，即便在被迫的情况下，也是一件幸事。所以，我会陪着利奥坐在硬木地板上，伴着后门传来的知更鸟鸣叫，再玩上一局宾果游戏或跳棋，抑或（肯定是）捕鼠器，直到蓬头垢面的乔舒亚气哼哼地走来（状态如同没喝咖啡的我），对我们发号施令。在我现在看来，这样的日子、这样的时间，既甜蜜又稀缺，只有年轻人才能坦然地在睡梦中度过。

— 2 —

时间就是内容

威廉·詹姆斯辗转反侧，难以入眠。

时间回到 1876 年，年轻的詹姆斯刚刚被派到哈佛大学，成为新兴学科——心理学的一名助教。此时的他难以入睡，思念着他挚爱的未婚妻爱丽丝·吉本斯（Alice Gibbens）。“失眠 7 周让我消除了很多顾虑”，最后他终于把自己的情感写在信里寄了出去。10 年后，他依然彻夜难眠，而这次是思考耗时多年的著作《心理学原理》（*Principles of Psychology*），分两卷，共 1 200 多页。1890 年出版后便立刻成为经典。〔根据罗伯特·理查德森（Robert Richardson）撰写的詹姆斯传记《处在美国现代主义大旋涡之中》（*In the Maelstrom of American Modernism*）中记载，随着詹姆斯写作状态的提升，他的失眠却越发严重。进入 19 世纪 80 年代末期，他经常借助氯仿麻醉剂让自己入睡。〕可能是过了煎熬，詹姆斯开始怀疑安妮塔·德雷瑟（Annetta Dresser）对自己进行“精神治疗”的功效。安妮塔·德雷瑟是“昆比精神疾病治疗系统”的推崇者，该系统根据其创始人菲尼亚斯·昆比（Phineas Quimby）的名字命名。他是一位钟表匠，坚信身体疾病的根源在于思想，可以通过融合催眠术、对话和正确的思维来加以治疗。“我坐在她旁边，让她解开我思想中的结，然后立刻就睡着了。”詹姆斯这样和妹妹说道。或许，躺在黑暗中的詹姆斯很后悔没有听从医师的建议，换个大点的枕头。

他躺在那儿也许是在思考着现时。“与其说让人捕捉，倒不如说是注意或关注现时。但这个过程会面临最令人困惑的体验之一，就是现时在哪里。因为我们抓不到、摸不着，在发生的瞬间就消失不见了。”他的《心理学原理》涵盖了广泛的研究对象，包括记忆、注意力、情绪、直觉、想象力、习惯、自我意识和“自动机理论”（automaton theory），但詹姆斯不赞成这种连续性概念，即神经功能内部存在某种侏儒或迷你人，他们“能鲜活地记录主人的思维活动”。他写道。

在影响更为深远的章节中，有一章的主题是对时间的感知，其中收集了其他研究者对此问题的看法以及詹姆斯自己的见解。当时，欧洲科学界的注意力正从纯粹的生理学——对身体功能的研究——转向更为基础的神经信号学；从单一的哲学转向对思维和认知更为严谨的研究。1879 年，德国生物学家威廉 · 冯特（Wilhelm Wundt）在德国莱比锡城创立了世界上第一个专门研究实验心理学的实验室，旨在对感觉和内在体验进行量化研究。“对意识的准确描述是实验心理学的唯一目的。”冯特写道。时间认知是该项研究的核心。詹姆斯并不相信意识本身，认为不应该将其视为分子以外的某种“精神素材”。尽管如此，他仍然觉得无论意识的确切含义是什么，人们都可以通过审视对时间的认知，来获得对意识的清晰认识。詹姆斯之所以经常以第一人称阐述时间，是因为他觉得这是准确论述问题的最佳角度。

他曾建议大家安静地坐下，闭上眼睛，忘掉嘈杂的世界，尝试“专心倾听时间的流逝，如诗人笔下描写的不眠之人‘听年光漏夜逝，叹万物终有时’”。这是詹姆斯援引丁尼生的诗句。然而我们能发现什么？很可能只是放空的思绪、单调的想法。他提到，如果我们能注意到什么，那便是前赴后继的无数瞬间——“可以说是一系列不断萌芽的瞬间，生长在我们的内省中。”这种体验是真实的还是虚幻的？在詹姆斯看来，这涉及心理时间的真正属性。如果从字面意义理解这种体验——人类真的可以捕捉到刚刚出现的空白瞬间——那么我们必须具备“感知纯粹时间的特殊能力”。依照这种逻辑，纯粹的时间是空白的，那么一段空白的时期就足以触发这种感觉。但是，如果假设人类对萌芽瞬间的体验是一种幻觉，那么，对时间流逝的印象便是对填充那段时间的事物，以及“对与现在内容相比较的先前内容的记忆”的响应。问题的关键在于，时间是否没有内容？时间是个容器，还是容器中的内容？

在詹姆斯看来，时间是内容。他写道，我们没法觉察空白的时间，如同不能感知空白的长度或距离。抬头仰望蔚蓝的天空：100 米有多远？ 1 000 米呢？在没有地标作为参考的情况下，没人能给出确切答案。时间也是如此。如果我们能感知时间的流逝，那是因为我们感知到的是变化，为了能感知变化，时间就必须被填满。空白的时间段无法触发我们的意识。那么，是什么填满了时间？

很简单，是我们。詹姆斯在《心理学原理》中写道：“变化必须是某些具体的——可内向或外向感知的连续发生，或是注意力或意志力的处理过程。”看起来空白的瞬间实际上从来不是那样，因为就在考虑这件事的时候，我们已经给它注入了流动的思想。闭上双眼，遮住世界，仍感到有一层光映在眼睑上，那是“模糊光线的凝结”，如同思想照进时间。

詹姆斯谈论的观点，奥古斯丁甚至亚里士多德早在几世纪前就已经提出，即时间是思想的一部分。詹姆斯倒没有宣称时间不存在于人类的认知以外，但确实强调过大脑传送给我们的是对时间的认知，而非时间本身。这和我们所获得的经验并无二致——除了主观的时间体验，别无他物。这段读起来可能有些冗赘，却与当今许多心理学家和神经系统学家的成就不分伯仲。普通人可能在特定情景下会感到时间加速飞逝或放缓脚步，也很容易将这样的印象归结于大脑对特定时长的计算。但这样的“计时器”可能并不存在，大脑或许并不像计算机一样为世界计时，有的恐怕只是时间本身对世界的处理。

无论怎样，我们都无法逃离自己。“我们的精神总是沉浸在冯特所说的意识蒙眬状态，”詹姆斯反思，“我们的心跳、呼吸、注意力以及透过想象的只言片语，就是愚笨人类的出发点……简言之，尽可能放空我们的思想，仍存在可感知但无法消除的变化过程。”

时间从不空无一物，因为我们时时刻刻都在占有它。这句简单的陈述实在夸大了时间。我静坐、闭眼或是在黎明来临前醒来，看着空白的时间流动。“我们根据自己的脉搏，”詹姆斯写道，“说着‘现在！现在！现在！’或计算‘更多！更多！更多！’因为我们感受到了它在迸发。”时间看上去以独立的单元流动着——貌似独立、自足——原因不在于我们感知空白时间的独立单元，詹姆斯写道，而是因为我们连续的感知行为是独立、分散的。“现在”之所以一次又一次地出现，是因为我们一次又一次地说着“现在”！他主张现时是“合成资料”（synthetic datum），有别于制造体验。现时不是我们无意中卷入的事物，而是我们为自己创造的东西，一次又一次，时刻不停息。

其实，一句话看似简单，却蕴含了奥古斯丁强调的所有要素。想象一下背诵诗词时的场景：字字句句如时间般向前流淌，而思绪却紧绷着“瞻前顾后”——上一句说到了哪儿，下一句如何接续？此时的记忆起着猜测的作用。“上下文间的撕扯就是我的动力。”动力，即奥古斯丁理论的基础，也是此刻的映照：领悟语义、努力回想、猜测下文。“时间只不过是一种撕扯，”奥古斯丁谈道，“说成是意识本身的撕扯也不足为奇。”几十个世纪过去了，今天的科学家仍在努力探寻意识、自身与时间的定义，而奥古斯丁却通过语言将这三者连通起来。人们只有在说出一句话之后，才能感知到时间的流逝；此时，你的思想处于紧张、现时的状态。也只有这种“参与其中”的现时，让人能瞥见自己。

在奥古斯丁看来，“现在”是一种精神体验。

而詹姆斯却另辟蹊径，他宣称“过去”“现在”和“将来”这三种时态并不存在，还大胆引入他称之为“或现在”（specious present）的第四种时态。〔这一概念借鉴自 E. R. 克雷，这是埃德蒙 · 罗伯特 · 凯里（E. Robert Kelly）的笔名，他是一位已隐退的烟草业大亨兼业余摄影师。〕真正的现在是无限小的一个点，而“或现在”则是“能够立刻感知的、连续不断的短暂瞬间”。这瞬间足以认出一只飞翔的鸟、一颗划过的流星，感受歌曲小节中的所有音符、一段话语中的所有字词。至此，芝诺悖论或康德有关时间先验性的感知理念都可以暂时忘却，“过去”“现在”和“将来”也不复存在。最值得讨论的问题是对“现在”的认知，从而进一步明确“或现在”。

观察飞鸟，阅读诗词，或是夜深人静时倾听钟表摆动，“或现在”在其中意味着什么？詹姆斯认为是（或在意识中呈现为）不断发生的变化。“我们对时间的所有理解必须在这种体验中得到印证。”正如奥古斯丁和詹姆斯所说，人们要想注意到事物发展，必须依靠记忆。为了能确切指出时钟在摆动或是鸟儿在飞翔，人们需要在头脑中对动作产生认知：不久前已经开始，现在仍在持续。对现在的认知需要借助刚刚消逝的过去，因此这种感知必须分布在许多短暂的时间段中。“简单来说，实际感知的现在并非如白驹过隙般短暂，而是像一艘船一样具有一定的跨度，人们在上面能够前后观察。”詹姆斯在书中写道，“我们对时间的理解是以持续时长为计算单位的，就像船头和船尾分别朝向前方和后方……我们将时间间隔视为一个整体，有开始，也有结束。”

因此，“或现在”成为意识的一种测量单位。詹姆斯将其比喻为一艘船、一片瓦，“前后两端逐渐消失”的事物（类似一段绳索？），甚至类似于“瀑布底部一直存在的那道彩虹”。而重要的是其中蕴含的想法以及汇聚而成的意识。人的意识中总是同时存在多种想法或感觉印象，对事件的感知并不是单一、逐个的，如先经历事件一，然后是事件二和事件三等；而是同时经历事件一、事件二和事件三：第一批事件逐渐淡出，新一批事件不断涌入。这期间，内容会重叠，对意识中其他部分的认知总是会融入现时中。如果人的意识仅由串联在一起的图片和感觉组成的话，那么我们将无法获取知识或经验，所能知晓的可能仅仅是短暂的当下。詹姆斯援引 J. S. 密尔的话："每一种连续性意识在其停止时，都将永久消逝；而每一种瞬间性意识则构成我们所有的存在。"詹姆斯补充道，我们的意识"就像萤火虫微弱的亮光，只能照亮前方一点点，而身后则是漆黑一片"。

虽然生活在这种情形下是"可以想象"的，但詹姆斯对此将信将疑，而现实案例的出现却将"想象"变为现实。1985 年，一位名叫克莱夫 · 韦尔林（Clive Wearing）的著名指挥家、音乐家经历了一次严重脑炎，导致他的部分脑叶受损，其中包括负责唤醒记忆和存储新记忆的整个海马体。随后他逐步恢复行走能力，以及自理能力，甚至能够弹奏钢琴，但就是无法产生记忆。30 年后的今天，仍无丝毫进展：他想不起自己或是自己孩子的名字，也记不清各种食物应有的味道，甚至连刚刚说过的话都忘得一干二净。他回答问题时，已经忘了问题是什么。"克莱夫的大脑被一种病毒搞得千疮百孔，"他的妻子黛博拉（Deborah）后来写道，"他的记忆消失了。"所以，他想不起来妻子叫什么，也不知道她究竟是谁。他会不断地跟她打招呼，就连妻子刚从其他房间回来，也会让他欣喜若狂。尽管妻子几分钟前还在家陪着自己，他还是会打电话，恼火地让妻子"天亮前回来""赶紧给我飞回来"。

对韦尔林来说，"或现在"是唯一的存在。黛博拉曾无奈道："也就是说他被困在了一个时间点上。"总有学术论文和纪录片将他视为研究对象。一次，神经科医生奥利佛 · 萨克斯（Oliver Sacks）前来拜访韦尔林夫妇，发现韦尔林正在研究一块巧克力。只见他一只手托着巧克力，另一只手将其盖住再掀开，然后定睛观看，几秒钟后再重复一次。

"快看，"韦尔林惊呼，"它变新了！"

“这是同一块巧克力。”他的妻子告诉他。

“不对……快看，它已经变了，和之前不一样了……”说着又重复了一遍“魔术”，“你看！又不一样了！这怎么可能呢？”

韦尔林就像刚出世一样，一切人和事永远都是崭新的，包括他自己。“我看到你了！”他向黛博拉喊道，“我现在能正常看东西了！”或者“我从未见过什么人，也没听过什么话，甚至连梦都没做过。白天和晚上一样：都是空白，确切地说是死亡。”多年来，他一直重复着这句话，只是形式上略有差别。“我没听过，没看过，没摸过，也没闻过，和死了没两样。”只要他的脑子没被别的事儿占着，那么这就是他对生活的体验。

不过，韦尔林却非常注意“起床进入现时”这件事，以至于一次又一次地做笔录。他先写下时间——上午 10∶50，并附上心得：“第一次醒来！”然后他发现上一行写着类似的内容，时间仅相差几分钟。于是他看一下手表，划掉之前的记录，好像有人故意替他写上去一样，然后在刚写的那行下面画上一条横线。每一页都是这样的内容，并且只有最近的一条被保留了下来。如果把这本记录称为日记，那么里面写的全是起床声明，并且每一条的用词都比上一条更庄重。

下午 2∶10，这次正式起床了……

下午 2∶14，这次终于起床了……

下午 2∶35，这次彻底起床了……

晚上 9∶40，这是我第一次起床，之前的都不算。

我正式起床的时间是上午 8∶47。

彻底起床是上午 8∶49，同时发现我不太理解我自己。

— 3 —

时间的触碰与感知

在小说家赫伯特·乔治·威尔斯（H. G. Wells）的作品《时间机器》（*The Time Machine*）中，一位时间旅行者在晚饭时为在座宾朋讲了个故事，介绍自己如何建造让他穿越时空的机器，又讲述就在刚刚，也就是他尚未遇到颓败的艾洛伊人和野蛮的莫洛克人，尚未在距今 3 000 万年前看到那片死寂的沙滩，尚未来到这家酒馆点酒之前，他怎样坐在机器的座椅上，推动杠杆，说一句“带我去未来”。

> 那是极其令人不快的，就像人们在急降的铁路上——只得听天由命，一直冲下去！……我加速后，昼夜的交替快得像一只黑翅膀在扑打。光线暗淡的实验室似乎立刻就要离我而去。我看见太阳快速地跳过天空，每分钟都在跳着，一分钟标志着一天。……甚至行动最慢的蜗牛也都飞快地从视野中消失了……我看见树木的生长和变化像一团团水蒸气，一会儿是褐色，一会儿又是绿色。它们成长，

蔓延，迎风摇摆，枯萎凋零。我看见巨大的建筑物拔地而起，影影绰绰，又像梦一般地消失了。整个地球表面好像都已经变了——在我的眼前融化了……在一分钟或者更短的时间内，一年就过去了。时间一分钟一分钟地流逝，白雪掠过大地又消失了，接踵而来的是明媚而短暂的春天。

《时间机器》出版于 1895 年，正值小说界掀起时间旅行的热潮。大部分通向未来或重返过去的旅程，都是在不知情的情况下，通过奇异的方法实现的。《回溯过去》（*Looking Backward*）和《乌有乡消息》（*News from Nowhere*）的主人公都在 19 世纪昏睡过去，醒来已是 21 世纪。在《水晶时代》（*In A Crystal Age*）中，旅行者在几千年之后醒来，并且很确定当时自己坠下了悬崖。而《英国野蛮人》（*The British Barbarians*）中来自 25 世纪的人类学家，不知为何出现在了萨里郡，身穿“做工精细的呢绒外套”。相比之下，《时间机器》显得别出心裁，其最引人注目的是旅行的模式，在某种意义上就是时间本身。旅行者不再是被动角色，而可以主动选择时间目的地。此外，抵达的过程也相对复杂：需要加速才能穿梭于现在和过去之间。在他的手中，时间是有范围、可互换的；或现在可以放大到跨越季节、人类生命甚至永恒。感知到的现时还是那样被感知，不过旅行者可以通过改变感知，来更改时间。

威尔斯有着坚实的现代科学理论基础。大学期间，他拜 T. H. 赫胥黎为师学习生物学，并和圈子里的人一样，仔细研读过《心理学原理》。1894 年，他在《星期六文学评论》（*Saturday Review*）上发文批评当代心理学，表达了他对记忆、意识、视觉感知、暗示和错觉的深刻理解。（一位现代学者对《时间机器》中的年代学进行分析后，提出一个颇具说服力的论点——时间旅行者在晚饭时所讲的故事其实是他给宾客制造的恶作剧，是他下午骑着三轮车远足后打盹时想出来的。）《时间机器》的开篇实际上是对当时颇为流行的时间感知观念的简短介绍。“在时间和其他关于三维空间中的任何一维之间，都没有什么不同，其区别只是：我们的意识是沿着时间运动的。”时间旅行者这样告诉大家，然后开始介绍他的理论，即时间是四维几何学。这一理论据说是威尔斯从纽约数学学会 1893 年的一次演讲中借鉴而来的。“你无法离开当前这一时刻。”其中一位宾客提出质疑。而时间旅行者这样回答：“其实，我们始终是在脱离当前这一时刻。”等到时间机器模型进行首航时，正是这位心理学家按下的开关。

威廉 · 詹姆斯对自己读过的内容会勤恳地做笔记，从奥古斯丁到《项狄传》，再到《化身博士》〔“作者是位魔术师”，他这样评价罗伯特 · 路易斯 · 史蒂文森（Robert Louis Stevenson）〕，唯独没有提过《时间机器》。在与威尔斯的通信中，詹姆斯赞扬过他的《现代乌托邦》（*Utopia*）和《概而论之》（*First and Last Things*），并将其与吉卜林和托尔斯泰相提并论。威尔斯继承了詹姆斯的实用主义哲学，并把詹姆斯视为“挚友和尊师”。据称，二人于 1899 年在史蒂芬 · 克莱恩（Stephen Crane）的家庭聚会中相遇，并一同参加了午餐酒会和深夜的棋牌游戏。几年后，理查德森在自传中写到一个细节：有一次威尔斯到亨利 · 詹姆斯（Henry James，威廉 · 詹姆斯的兄弟）在英国的家接待詹姆斯，亨利当时很激动，因为他发现威廉正趴在梯子上朝公园墙外看，想一睹当时正住在隔壁旅店中的小说家吉尔伯特 · 基思 · 切斯特顿（G. K. Chesterton）的风采。“再明显不过，肯定没有这样的事。”威尔斯回忆道。

不过，威廉经常做这样的事。他任性、冲动，会不假思索地爬上梯子，充满时不我待的紧迫感，每次要跨过 2 ~ 3 个阶梯。“他是个一直都很着急的人。”理查德森告诉我。他让我看亨利 · 詹姆斯（Henry James）的自传《小男孩和伙伴们》（*A Small Boy and Others*），这本著作出版于 1913 年，也就是威廉在 68 岁去世后的第三年。亨利写道，威廉“一直近在咫尺又遥不可及”，这其中既带有象征意义（威廉比他年长一岁），又可从字面上直接理解。“他没有闲着的时候，一直处于亢奋状态，也一直濒临精神崩溃，”理查德森这样评价威廉，“我觉得他的时间一直都不够用，事实也的确如此。”

1860 年夏末的一个晚上，俄国昆虫学会在圣彼得堡召开了首次会议。德高望重的德国动物学家卡尔 · 安斯特 · 冯 · 贝尔（Karl Ernst von Baer）负责进行主题演讲。在历史上，他因反对达尔文的观念——所有生物都从共同的祖先进化而来——而著名。不过达尔文本人特别崇拜冯 · 贝尔，他称其为大智者、开创性生物学家和观察家。他最先提出所有哺乳类动物（包括人类）都源自卵子，这一结论的推出得益于他用显微镜长期观察大量的细小鸡胚和其他生物，并惊奇地发现相似的初期生命体能长出差异极大的生物体。

他演讲的主题是“*Welche Auffassung der lebenden Natur ist die richtige? Und wie ist diese Auffassung auf die Entomologie anzuwenden?*”即“什么是正确的生物界概念？又如何应用到昆虫学中？”对于任何群体，这都是一个奇怪又晦涩的话题，更别说一群昆虫爱好者。不过，在演讲过程中，冯 · 贝尔谈及了一个自 19 世纪以来便引起哲学家广泛关注的问题，最近这个问题又进入了自然科学家的视野，即现在有多长？

冯 · 贝尔向听众宣告，没有什么是永恒的。我们错以为的持久——山川河流般永恒不变——衍生于我们短暂生命的一种错觉。试想一下，“人的生活节奏在加速或者减慢之后，就会很快发现，所有的自然现象将出现翻天覆地的变化”。假设一个人从出生到衰老的生命周期只有 29 天，即正常情况的千分之一。那么这位“月份人”至多能看一次月变周期；对他来说，季节和冰雪的概念如同冰河期对于我们一样抽象难懂。许多生物可能都有类似的体验，比如生命只有几天长的某些昆虫和蘑菇。现在，假设我们的生命周期仍然很短，只持续 42 分钟，那么“分钟人”根本不会知道白天和夜晚，花朵和树木也就成了永恒不变。

冯 · 贝尔接着分析相反的情况。这次我们的脉搏没有提速，而是比正常情况放慢 1 000 倍。假设每次心跳的感官体验量不变，“那么人的寿命在这种情况下将达到约 80 000 岁，实现真正意义上的‘寿比南山’。一年可能相当于只有 8.75 个小时长，我们将无法感知地震、冰雪融化、树木发芽、收获果实和萧萧落叶”。我们会看到真正的“山峦起伏”，却看不见瓢虫，也无从欣赏花朵，而只对树木有印象。太阳可能会在天空留下如同彗星或炮弹一样的尾巴。现在，在此基础上再放慢 1 000 倍，使人的寿命达到 8 000 万岁，但在一个地球年内，只进行 31.5 次心跳和 189 次知觉过程。届时，太阳不再一圈一圈地慢慢出现，而是形成由太阳光组成的耀眼椭圆形，冬季会稍微暗淡一些。因为 10 次心跳，地球郁郁葱葱；再跳 10 次，地球又进入了数九寒冬。心跳一次半，积雪就融化了。

进入 17、18 世纪后，望远镜和显微镜的广泛使用让尺度相对论走上历史舞台。宇宙从微观和宏观角度都变得更加广阔，也更加丰富。人类视角开始失去感知特权：我们的世界观可能只是沧海一粟。1678 年，哲学家尼古拉 · 马勒伯朗士（Nicolas Malebranche）曾假设上帝创造了极其宽广的世界，对我们来说，一棵树都是如此巨大，但对于那个王国里的居民来说却属正常；或者相反，世界在我们看来很小，但对小人国居民来说却无法接受。“Car rien n’est grand ni petit en soi.”马勒伯朗士写道。没有任何事物能在自身内部过大或过小。乔纳森 · 斯威夫特（Jonathan Swift）很快抓住了小说的主旨。小人国的世界观和巨人国的世界观在细节和拓展方面其实是相同的。

时间也是如此。“想象一下，有个世界的组成部分和我们的地球差不多，但尺寸都类似于榛子大小，”法国哲学家埃蒂耶纳 · 博诺 · 德 · 孔狄亚克（Étienne Bonnot de Condillac）在 1754 年写道，“无疑，在我们的一个小时里，那里的日月星辰已经升降了上千次。”或者有个世界比我们的地球大出许多倍，与这个巨型王国中的生物相比，我们的寿命犹如“昙花一现”；但与榛子星球的居民相比，我们的一生又长久似上亿年。所以，对时长的感知是相对的，一个人的“一日”可能是另一个人的“三载”。

从某种程度上来说，这只是文字游戏。如果我们将一天定为地球绕着地轴自转一周，那么对于人类、螨虫和榛子来说，一天的长度是绝对一致的。（昼夜节律生物学家会说，事实上，昼夜内嵌在我们每个人的基因里面，和意识无关。）然而，孔狄亚克则认为，对于榛子星球上的螨虫来说，一天可能不是一个有意义或者可以感知的时间跨度。这种看法包含一种时至今日仍颇具影响的时间观念：我们对某一时刻的持续时间的预估，取决于我们在这个时刻结束前所进行的动作或出现的想法的数量。约翰 · 洛克（John Locke）在 1690 年曾提出“我们只有对所了解的思绪进行关注，才能对持续时间产生认知”。如果你在短暂的时间里体验了很多感觉，那么这段被填满的时间便显得有些漫长。洛克写道：我们对一瞬间的长短可能没有认知，或许存在有能力感知瞬间的其他生物，但我们对他们一无所知，“如同困在衣橱抽屉里的蠕虫，对于人类的判断力或理解力”。我们的思考速度和容量限制了我们对时间跨度的感知。“只有我们的感官能力变得更加快速、敏捷，我们对事物外表和状态的认知才能有所改观。”

威廉 · 詹姆斯秉承了这一理念，并于 1886 年写道，假设你的感官能力受麻药的影响，可能会产生一种时间体验，类似于“冯 · 贝尔和斯宾塞说过的短命生物的情况……简言之，就是与显微镜的放大效果极为相似。视线可及之处的事物变少了，但每种事物占据的空间却比平时大得多，同时，不被注意的事物显得异常遥远”。1901 年，威尔斯写了一则题为《新加速器》（*The New Accelerator*）的小故事，里面讲到一种名为万能药的新发明，它能让人体的速度和感知能力提升 1 000 倍。让一只水杯从高处掉落，看上去犹如悬在半空；街上的行人好像“蜡像一样僵硬”，他写道，“我们应该大量生产和销售加速器，至于后果嘛，只能拭目以待了”。

人体功能的实现同时依赖于多种不同的时间尺度。人类心脏以平均每秒一次的速度跳动着，闪电用百分之一秒划过天空，家用电脑用毫微秒或十亿分之一秒执行一次软件指令，而电路的开关时间则为微微秒或者万亿分之一秒。几年前，物理学家曾创造出一种脉冲只有 5 飞秒或五千万亿分之一（5×10^{-15}）秒的激光。日常照相时，照相机的闪光灯能“定格”千分之一秒的时间，足以捕捉棒球击球手的挥棒动作，或是投球手投出的快球。同理，飞秒“闪光灯”使得科学家能够以“定格”的方式观察前所未见的现象，如分子振动、化学反应中的原子结合和其他极其微小、极其短暂的事件等。

飞秒脉冲已经演化成一种强大的工具，特别适用于钻取微小的孔。由于能量积蓄时间短，来不及对周围物质进行加热，因此具有效率高、对物体损伤小等特点。此外，考虑到光速为每秒 3 亿米，而飞秒光脉冲只有毫米的千分之一长（相比之下，1 秒钟长的光脉冲能达到地球到月球距离的五分之四），可以把它们想象为激光制导导弹：集中发射后可直接进入透明物质内部，而不破坏其表面。因此，飞秒脉冲已应用于蚀刻玻璃板内部的光波导，对数据存储和远程通信的发展起着革新性推动作用。飞秒研究人员已经成功研发一种新型激光眼科手术，直接作用于眼角膜，对眼角膜上的组织不造成任何损伤。保罗 · 科克姆（Paul Corkum）告诉我：“仅需要一点点能量，就能让你‘触碰’到生物材料内部。”他是渥太华 Steacie 分子科学研究所的一名物理学家，也是主要研究员之一。

但是，这样的速度仍不够，千万亿分之一秒能发生各种各样的重大情况，而如果你的“闪光灯”不够快，就会错失良机。因此，科学家一直在和时间赛跑，急于打开更小的时间窗口来窥探物理世界。几年前，一支国际物理学家团队最终成功打破所谓的飞秒界限，他们借助一种复杂、高能的激光，制造出比半飞秒稍长一点的光脉冲——精确地说是 650 阿秒。阿秒（10^{-18} 秒）一直以来都是个理论概念，而真正接触尚属首次。这是时间切片的新发现，虽然非常小，却蕴藏着巨大的潜能。“这是真正的物质时标，”科克姆说，“我们终于有能力以其本来的面目观察原子和分子了。”

物理学家发现阿秒脉冲后不久，就迅速挖掘其广泛用途。他们将阿秒脉冲和长脉冲红光射向氪气原子，阿秒脉冲激发氪原子，释放出电子；然后使用红光脉冲撞击电子，并读取能量值。通过调整两种脉冲间的延迟时长，科学家能够准确测量（以阿秒为单位）电子衰变所需时间——此前从未以如此短的时间尺度从事电子动力学的研究——这项实验让整个物理学界沸腾了。“阿秒为电子研究打开了新思路，”布鲁克海文国家实验室物理学家路易斯·迪莫罗（Louis DiMauro）告诉我，“这种新思路将广泛运用于各门科学，阿秒物理时代已经到来。”

当然，可能在不远的将来，阿秒也无法满足人类的需要。为探寻原子核的运动（正常时标快出几个量级），物理学家必须进入渺秒（或 10^{-21} 秒）领域。与此同时，他们还需要懂得管理已经拥有的空闲时间。可以想象，大家会变得无法自拔，把硬盘塞满电子家庭录像，广播电视充斥着无数想要超过几秒（基本上算是永远）的阿秒视频。科克姆坚信这一切不会发生：“事实上，我们只会观看正常的时间跨度。”时间尺度无论长短，都躲不开观看者的厌烦心理。“我的姐夫最近发来一些他们小孩的视频，”科克姆说，“开始还挺有意思的，不过15 分钟之后，我就觉得怎么如此漫长。”

— 4 —

时间的测量

在我闲暇时间比较多的年轻时代，夏天我喜欢躺在草地上，闭上双眼，数算自己同时能听到多少种声音。那边是蝉的嗡嗡声；高空中是喷气式飞机的巨大噪声；我的后面，是微风中树叶的沙沙声。有些声音一直存在，而另外一些如同冠蓝鸦的叫声一样来去匆匆。我发现自己一次能记住4 ~ 5种声音，等其中一种消失后，再寻找其他声音，如同杂耍人抛起一只球，然后一只手四处寻找替换球一样。很快，我就陷入不断加减的过程中，挑战也不再是我能记住的声音数量，而是各种声音所占的内部空间以及保持数量不断的最省力的方法。

这是个让人放松的活动，也是衡量自己……好吧，我对此也不能十分明确：注意力的范围？意识的极限？回想一下，会明显发现，那是我自己量化现时的最初期尝试。在这场“持久战”中，威廉 · 詹姆斯借助 E. R. 克雷的方法，提出了“或现在”的概念。其实在此之前，科学家就已普遍接受了心理现时具备一定时间跨度的观点，并努力寻找量化的方法，弄清“现在”到底有多长。

一种测量现时的方法，是计算其中能承载的精神活动量。节奏是个很好的辅助工具，比如由一系列节拍组成的节奏：动次次次—打次次次。如果某个节拍太快或太慢，节奏就会乱。所以，只有在特定的速度范围内——每秒或每分钟出现一定数量的节拍，这样的节奏才能在头脑中形成一个整体。换句话说，只有在一段几乎无变化的短暂意识里存在足够数量（不必太多）的单个节拍，才能形成节奏。威廉·冯特将其称为“意识范围”（the scope of consciousness）或“视野域”（Blickfield），旨在对现在的感知加入多种心理印象的短暂间隔。19 世纪 70 年代，他曾试图测量意识范围。在一次实验中，他演奏出 16 个节拍，两个节拍一组，共 8 对，频率为每秒钟 1 ~ 1.5 个节拍，并将视野域定为 10.6 ~ 16 秒。他向实验对象播放了两次节拍序列：播放一次后，稍停一下，然后播放第二次。实验对象很快便辨别出一种节奏型，同时指出两种节奏是相同的。如果他在第二个序列中加入一个节拍或减少一个节拍，听众即便不数算单个节拍数量，也会立刻注意到变化。他们注意的是总体的模式，每种节奏“在意识中都是个整体”，冯特这样评价。接着他加快速度，半秒至三分之一秒的时间里出现 12 个单独节拍，实验对象仍能辨别出一种节奏或“整体”，并与另一种节奏进行比较。通过这种测量方法得出，具备可辨识度的“现在”大约持续 4 ~ 6 秒。由于每次最多能识别 40 个节拍，每 8 个为一组，共 5 组，频率为每秒 4 个节拍。（这使得意识的范围达到 10 秒。）可感知的最短时间跨度内包含 12 个节拍（每组 4 个节拍，共 3 组，每秒 3 个节拍），持续 4 秒。

通过其他方法测量，“现在”的时间跨度可能更短。1873 年，奥地利生理学家西格蒙德·埃克斯纳（Sigmund Exner）宣称，他能听清两声连续的电火花噼啪声，条件是两次声音的间隔应至少达到五百分之一秒（0.002 秒）。冯特的实验测评的是被填满的片刻所包含的内容，而埃克斯纳则是标记无内容片刻的边界。对于“现在”的长短，埃克斯纳认为很大程度上取决于介入其中的感官类型。听觉具有最小的认知间隔（0.002 秒），而视觉相对慢些——如果埃克斯纳要清晰判断两个连续电火花的先后顺序，那么就要求两个电火花发生的间隔必须大于 0.045 秒（略小于二十分之一秒）。如果测试要求先听声音再看火花，那么时间间隔必须达到 0.06 秒；而如果调换要求，即先看后听，那么最短的感知间隔则更长，达到 0.16 秒。

再向前追溯几年，即 1868 年，德国医师卡尔 · 万 · 威让特（Karl von Vierordt）就曾提出了不同的“现在”测量法。在他的实验中，参与对象会倾听一段空白的时间间隔，开始和结束通常以节拍器的两次摆动为标记，然后尝试重复这段间隔，方法是按下按键在旋转的纸筒上做标记。有时，要重复的间隔标记由节拍器的两次摆动增加至 8 次，或者两次摆动可能通过小钢针传达到参与者的手上。经过对数据的审核，威让特发现一个有趣的现象：当时间跨度小于 1 秒时，参与者的判断通常会比实际长；而较长的跨度则常常被低估。参与者对介于两者之间的某一个短暂瞬间会产生正确的判断。通过多次试验后，威让特得出，在这个短暂间隔中，人类的感知时间能准确反映出物理时间。他将这一间隔叫作无差异点（indifference point）。虽然间隔时长因人而异，但威让特认为其平均值大约为 0.75 秒。

如今可以明确指出，这项发现成功掩盖了多个方法论上的瑕疵。其一，威让特的所有实验数据几乎均来自两名志愿者：威让特本人和他的实验室助手。尽管如此，无差异点仍得到生理学家和 19 世纪的心理学家的广泛认可，并被视为“时间感觉”（time sense）的测量依据。冯特和其他人纷纷开展各自的“中立点”实验，以便做进一步量化以及提升准确度。尽管他们有些实验结果低至三分之一秒，但普遍为四分之三秒左右。随着后来进行的详细审核，中立点的论据逐渐失去根基；不过，至少在某一瞬间，科学家似乎确定了心理时间的单位，正如一位历史学家写的那样：“存在一段绝对的持续时间”，“始终是思想的标准”。无论这段时间到底有多长，这段持续时间都是意识的“代理人”，是人类能直接感知的最短瞬间。

“现在”的确切长度问题一直延续到了20世纪。当今的科学家倾向于区分两种概念：一个是感知瞬间，即一段短暂却可量化的持续时间，是两个连续事件发生的最大间隔，比如两个电火花——尽管被认为是同时发生；另一个是心理现时，这是一段会发生单个事件（如击鼓声）的较长周期。前者时长可能是90秒或4.5毫秒，或介于五分之一秒和二十分之一秒之间，具体数值取决于受访对象和测量方法。后者可能是2 ～ 3秒、4 ～ 7秒，抑或不多于5秒。至少有一组认知科学家曾提出时间量子的存在，“时间分辨率的绝对下限大约为4.5毫秒”。

1890年，詹姆斯出版《心理学原理》后，他本人认为“现在”的长度问题得到了基本的解决。“我们一直关注一段特定的持续时间，即‘或现在’，长度从几秒开始，可能不长于1分钟。”他写道。附加的调查虽然更加“艰苦和折磨人”，却缺乏庄重感：“这种宏大的做事风格却很少发生在这些新一代闪闪发光又犹豫不决的计时器哲学家身上，他们是真正做事的人，不空谈情怀。”詹姆斯把新一阶段的德国人所从事的研究称为“微观心理学”，并强调其“极度考验耐心，在人们普遍持厌烦态度的国度里，是很难进行下去的”。比起误入歧途，人的一生中还有其他更有意义的事情可以做。

无论这类“时间感觉”方面的实验得出何种结论，它们都有力地证明了机械钟表的准确度在不断提升。尽管科学家一直着迷于“动物本能”或“神经行为”，认为它们能触发肌肉，形成动作、认知和时间知觉；但如今称为“神经冲动”的速度能达到每秒120米，早已超出18世纪的科技探测水平。从科学的角度看来，动作是紧随着触发它的想法而发生的。但在19世纪，随着时间测量方式的进步，出现了摆钟、瞬时计、精密计时器、示波器和从天文学借鉴来的其他设备，这便提供了新的时间尺度：十分之一秒、百分之一秒，甚至千分之一秒。用于观察宇宙的设备被广泛应用到生理学研究中，打破了时间的局限，揭露了无意识状态。

直到近代，随着原子时间的提出，以及通过实时通信不断完善的世界时间标准，我们的时钟和手表上的时间均通过天文台获取，而天文台时间则源自恒星。想象一条线越过你的头顶，连接正南和正北，无论你身在何处，太阳每天都在中午准时穿过这条线，即子午线。（出现此现象的瞬间即为太阳正午。）夜晚时分，恒星也以同样精确的时间穿过或经过子午线。天文学家开始仔细追踪这些恒星经过的现象，并发现这类现象能用来设置时钟，因此钟表匠和钟表持有人率先行动起来。起初是直接登门拜访当地的天文学家，而后又订购类似于天文台许可的“报时服务”。1858 年，在瑞士纳沙泰尔建造了一座天文台，专门为钟表业提供准确的报时服务。“时间像自来水和煤气一样走进了千家万户。”天文台的缔造者和首席天文学家阿道夫 · 希尔施（Adolph Hirsch）自豪地说道。当地的制造商可以带着自己的钟表去天文台进行测试和校准，并获得官方认证；距离较远的钟表商则每天通过电报接收报时信号。到 1860 年，瑞士所有的电报局均从纳沙泰尔接收时间，由此形成了海宁 · 史密森（Henning Schmidgen，历史学家、魏玛包豪斯大学媒体理论教授）所说的“大规模标准时间”。

当然，世界各地不可能同时是中午或任何特定时间。我们的世界在时刻转动，太阳不能一次照亮整个地球。纽约的中午是香港的午夜。当你向东旅行时，日出和日落（以及中午）的发生时间会比出发地略早一些；而如果你向西而行的话，那么它们出现的时间就会稍晚一些。因为向东或向西每行进 15 度经度（总数为 360 度），中午出现的时间就会相应提前或延后 1 小时。带上望远镜和时钟，你就可以画出世界地图了。假设你是工作在位于经度 0 度的格林尼治天文台的一位天文学家，如果你知道某一恒星穿过子午线的时间，那么你就可以准确预知这颗恒星在西经 35 度（大西洋中间）穿过子午线的时间。现在调换位置，你身在那艘大西洋中的船上，手拿望远镜和时钟，判断同一颗恒星穿过你的子午线的准确时间。倘若你也知道同一颗恒星穿过格林尼治子午线的准确时间，那么便可以通过时间差计算你所处的经度。16—17 世纪英国大航海时代就采用了这种算法。那个时代不仅带动了精准航海时钟的发明，还促使格林尼治皇家天文台于 1675 年建成，这是世上首座提供稳定基线的天文台，帮助远航船只确定方位。

通过恒星运行确立本地时间的过程颇为艰辛。在进入指定时间后，天文学家需要先看时钟，记下时间（精确到秒），接着把目光投入望远镜。视野中是匀称分布的垂直线，还常伴有蜘蛛网。很快，泛着银光的亮点即恒星便进入眼帘。届时，天文学家会大声数算秒钟，或倾听钟表或节拍器计算秒钟，以便准确记录恒星穿过每条线的时间，尤其中间那条代表子午线的垂直线。这一过程需要对恒星在即将穿过垂直线之前和穿过之后的位置进行精准目测，将两者记下、对比并找出不同，穿过的瞬间以十分之一秒为单位进行处理。通过时间的对比工作可能持续几天或数周。由于恒星总是准时的，所以任何对其活动的误判都可以归咎于时钟，从而进行重新设置。

虽然当时的技术被认为能精确到十分之二秒，结果却错误百出。各大天文台所用的望远镜质量不一，时钟也千差万别，还经常受到外界噪声或振动的影响。恒星也可能出现异常明亮或昏暗的情况，抑或遭遇气流而颠簸，在关键时刻进入云层，等等。但更为致命的则是人为错误，天文学称为“个人误差”。1795 年，格林尼治一位皇家天文学家提到把自己的助理开除了，原因是助理记录的天体运行时间总是比他记录的慢 1 秒，“他掉进了自己错误方法的旋涡中”。然而，情况很快变成没有任何两位观察员能得出相同的运行时间，因为大家都有“个人误差”。在随后的 50 年里，整个欧洲的天文学家坚持不懈地测量和对比彼此间的误差，以期找出规律，但收效甚微。

人体生理是“罪魁祸首”：它是“天文学家神经系统的一个缺陷”，希尔施在 1862 年这样总结。在此 10 年前，德国物理学家和生理学家赫尔曼 · 冯 · 亥姆霍兹（Hermann von Helmholtz）通过实验得知，感知、思维和行为根本不是即时完成的。人类思维的速度是有限的。通过向志愿者身体各部分施加微弱的电击，他测量出了实验对象对刺激的反应（移动头部）时长。亥姆霍兹还将人类神经与电报电缆对比，“从最偏远地区向控制中心发送报告”。这样的传输需要时间，注意到刺激、实现反应以及中间“大脑处理感知和意愿”都需要时间，亥姆霍兹写道。他估计“感知和意愿”部分需要十分之一秒。

天文学家希尔施将这一间隔称为“生理时间”（physiological time），并推测个人误差与此有关。于是，他开展了一系列实验以期证明这一点。在一项实验中，有一个钢球重重地掉落在板子上，实验对象听到声音后立即点击一次电报机的发报键。希尔施借助一种能测量千分之一秒间隔的精密计时器，对声音与键击之间的时间跨度进行测量。结果得出的神经速度大约为亥姆霍兹测量值的一半。这种精密计时器是由马提亚 · 希普（Matthias Hipp）于几年前发明的，他是一位钟表匠，曾在希尔施的一项实验中充当研究志愿者，测量猎枪子弹和坠物的速度。后来，希普担任了瑞士电信服务处的处长。1860 年退休后，他在纳沙泰尔创办了自己的电信公司，并为希尔施后续的时间传递事业提供设备支持。希尔施借助一种精巧的装置，能在实验中显示人造恒星穿过子午线望远镜中的刻度，并由此发现，个人误差不仅仅存在于人与人之间，还存在于每天和每年的观察中，并取决于恒星的亮度和移动的方向。如果运行时间的记录方法是对穿过子午线的时间点进行预判，而不是简单地等待一切发生，那么也会导致个人误差发生变化。

很快，天文学家开始尝试减少天文观测中的人为因素，来减少个人误差。“听一看”记录法被精密电子计时器（旋转纸筒直接附在时钟上）所取代。天文学家记下恒星移动，按下按钮，标记在纸上，减少个人观察和思考时钟所需的时间，进而减少时间延迟。如今，不同的天文学家可以就同一个时钟进行客观的误差对比；即便相隔数英里，不同的天文台也能同时记录同一个天体运动，记录所用的时间也来自同一个时钟，并通过电报统一分享（去除电报传播时间），然后计算出彼此间的差异。

但是，个人误差还是留下了不可磨灭的痕迹。天文学对时间的研究蔓延到了生理学和心理学。希尔施于 1862 年发表的有关“生理时间”的德语论文被翻译出来，在科学界得到进一步传播。原本用于研究天文学家的实验被视为典范，被应用在威廉 · 冯特后期针对意识的时间跨度的部分实验中。对反应时间的研究越来越受到关注。1926 和 1927 年间，橄榄球教练伯尼斯 · 格拉夫强烈要求他在斯坦福大学的心理学导师对本校橄榄球队员的反应时间开展研究，并邀请到心理学家沃尔特 · 迈尔斯（Walter Miles）和球队教练盖伦 · 沃纳进行指导。实验的核心是迈尔斯发明的计时装置，类似于希尔施的设计。迈尔斯称其为“多项计时器”，可同时连接 7 名线上球员，测量他们接到四分卫开球信号后离开攻防线的速度。当时，发信号的方式引发了广泛的讨论，结果发现声音信号比视觉信号明显占优势，因为在声音信号中，四分卫会喊出一系列数字，告知队员战术，然后大喊一声“开球”；而视觉信号则需要进攻球员紧盯着站在对面的防守球员。但是，球员是以应该突然听到一声“开球”，还是以先听一系列战术部署作为预告？声音信号的韵律应该保持一致，还是不断变化？格拉夫借助迈尔斯的设备，测试了所有的可能性。在一次三点站位中，每位线上球员的头部都靠在一个触发器上，听到信号后，随着球员离开，会触发高尔夫球掉落并在旋转纸筒上留下印记。反应时间的测量可以精确到千分之一秒。格拉夫发现，在无预警、无规律的信号条件下，球员冲出攻防线的动作更加一致。当信号变得可预知、有规律后，球员前冲的速度更快，能快出十分之一秒，大约相当于人类思考所需时间。“全队统一实现迅猛、精准的动作是力量教学和训练的目标，”迈尔斯提到，“要努力把 11 个人的神经系统打造成一台高度集成的强大机器。”

— 5 —

24 时区的划分

一天午饭后，我从熟食店走回办公室，路上我瞥见银行外高大的立柱上悬挂着一个时钟，有点类似于巨轮上的指南针。突然间，我明白了时钟对我的“默默付出”远不止这些。

实际上，这个时钟以及我手机中的钟表、床头柜上的闹钟或是偶尔戴的手表，都在告诉我时间的多重含义。其中最基本的一点：时钟是计时器，告诉我刚刚消逝的过去和即将到来的时刻。“如果我拿出手表，”哲学家马丁·海德格尔（Martin Heidegger）谈道，“那么我首先会说：‘现在是 9 点整，那件事已经过去 30 分钟了，再过 3 个小时就 12 点了。’”换句话说，时钟通过过去和未来定位自己；其目的用海德格尔的话表达，“是明确现在的定位”——“现在”是一个不断运动的目标。

但是，单靠这点信息是远远不够的。如果没有固定的参考地标，我的“现在”就是一艘漂流的船。一个地标是太阳：让我知道自己在一天中的位置。床头的闹钟显示下午 2：00，如果我能清晰判断出外面是午夜，那么这个闹钟就出现了严重的错误，脱离了地球转动的节奏。此外，时钟还“悄悄地”告诉我，除了我现在看的这块表以外，我与其他时钟的位置关系（更确切的是时间关系）。如果那块银行挂钟显示下午 2∶00，而此时我正要赶一趟 2∶15 的火车，我可不想在 5 分钟到达火车站之后，看到那里的时钟显示下午 2∶30，而发现自己错过了火车。我们期待的是你我的时钟同步，甚至是普天下所有的时钟都同步。我的现在就应该是你的现在，即便你在地球的另一面。

这种期待虽然在现代数字生活中司空见惯，但并非向来如此。在 19 世纪的欧洲、美国和世界其他地区，均深陷于历史学家皮特 · 盖里森（Peter Galison）所说的“不协调世界时间的混乱”（the chaos of uncoordinated time）中。天文学可以满足每座城市对准确时间的需求，但当地时钟只能满足于人口不能流动的情况。随着铁路蔓延开来，较远距离的行程可以很快抵达，旅行者便发现每个城市的时间都不能完全一致。在 1866 年，如果华盛顿是正午，那么萨凡纳当地官方时间则是 11∶43，水牛城是 11∶52，罗契斯特是 11∶58，费城是 12∶07，纽约是 12∶12，波士顿是 12∶24。单在伊利诺伊州就有超过 24 个不同的当地时间。到 1882 年，威廉 · 詹姆斯乘船前往欧洲拜访几位顶尖的心理学家，以期推动自己的著作进展。而在他身后的国度里，存在着 60 ~ 100 种当地时间。

出于对方便的考虑，也为简化铁路时间表，避免发生火车相撞事故，人们开始借助电报交换时间信号，协调各城市间的时间。同时性逐渐成为广泛流通的“商品”，时间的格局也从细小的“分钟颗粒”，变成更为普遍的“现在平原”。詹姆斯于 1883 年春季返回美国，到了年底前，即 11 月 18 日星期日正午，政府正式宣布将本国的时区从几十个压缩至 4 个，这一事件就是著名的“一天两个中午”（the Day of Two Noons）。因为在每个新时区中，有一半的人口需要把时钟回调，所以会体验两次中午。“在时区东侧的人们是‘重温了一小段过去’，而另一侧的人们则‘跳’进了未来，有些一跳就是半个小时。”《纽约先驱报》（*New York Herald*）这样报道。

在世纪之交（确切说是 1884 年），强大的政治力量推动着世界计时系统进行彼此协调。全球被看不见的线平均分割成 24 个时区，每个人对“现在”都有了特定的认知。法国数学家亨利 · 彭加勒（Henri Poincaré）作为协调运动的主导人之一，曾指出时间就是“一个公约”（a convention）。盖里森用法语写道，“公约”有两层含义：一是共识或意见大会；二是便利。“现在”是约定俗成的，旨在方便我们的公共生活。

这在当时可谓新颖的观点。自 17 世纪以来，物理学家几乎一直秉承牛顿的观点，认为时间和空间是“无限的、均匀的、连续的实体，完全独立于作为我们测量依据的任何感觉对象或动作”。牛顿补充道：“绝对的、真实的、数学时间，其本身和自身属性是统一流动的，不受任何外部因素影响。”时间是宇宙固有的构造，是面向自己的舞台。进入 20 世纪后，时间变得越发日常化，只存在于测量之中。爱因斯坦更是直接说道，时间是“我们用时钟测量的结果”。

所以，当我在夜里醒来，拒绝看床头的闹钟，实际上是一种抗议。时间的世界显然是社会性的，是大家共同的协议，以方便人们和国家处理各自的难题和紧急情况。我的时钟以特定的数字告诉我“现在”，但这仅限于我同意接受“国际公约”。无论在夜里还是其他时候，我只想要属于自己的时间。

我发现这是妄想。因为每一个生命体——我自己、深海水母或趁我入睡时滋生在我牙齿上的微生物噬菌斑——都是蕴含着多个部分的组织，其中包括细胞、纤毛、细胞骨架、器官和细胞器，乃至让个体的某些方面世代传承的遗传基因数据片段。有组织就要有沟通，好让每个部分按一定的顺序和时间各司其职。时间就是沟通，让我们分散的各部分组成更加强大的整体。我可以在深夜躲开“喋喋不休”的对话，神游一小会儿，但最好是在我未深入探究“我”的定义之前停止。

19 世纪末的工业化常被视为“非人化”（dehumanization）：体力劳动变得

越发刻板和机械，工人俨然成为运转在机器中的齿轮。但随着 20 世纪的临近，城市作为一个整体，却经历着相反的变革，如生命体般发展着。其范围扩大、居民暴增，水电网络迅速发展以应对日益增长的需求。“大城市越来越像完美的生命体，拥有自己的神经系统——血管、动脉和静脉，在内部端对端地运输着燃气和饮用水。”1873 年的柏林教科书中这样写道，“只有在道路维修时，人们才能真正感知这些隐藏的精灵和它们从地下深处所释放出的神秘法力。”

同时，对生命体的研究也趋于科技化。比如，为了理解德国生理学家埃米尔 · 杜布瓦 · 雷蒙德（Emil du Bois-Reymond）所说的“动物机器”（animal machine）的运转方式，即呼吸、肌肉运动、神经信号、血液流动和淋巴液流动以及心跳，就需要配备多种机械装置：皮带轮、旋转式引擎和天然气发电机。有实验室研究员曾借助地下室里两台运转中的发动机，来研究“动物（主要是青蛙和狗）因旋转而出现的生理失调现象”。还有的为了探索器官功能，需要活剥猫和兔子，然后通过风箱维系动物的生命。但是，操作风箱对于人类助手来说是个苦差事，所以到 18 世纪时开始采用机械泵，这样动物就能以钟表般的速率进行平稳的呼吸。历史学家斯温 · 戴里格（Sven Dierig）曾这样记载：在生理学工厂中出现了“首个半机器半动物的活生命体，并用于实现特定的科学目的”，可谓占据天时地利。

那是自动装置的黄金年代。由复杂的内部发条装置驱动的机械人能拉动马车、背诵字母表、画画和写字。在卡尔 · 马克思看来，工厂自身就是自动装置，“现在，顶替过去单个机器的是机械怪物，它那庞大的身躯占据了整个工厂。最初，运动缓慢的四肢遮盖了它的邪恶能量；如今，无数运转中的器官迸发出迅猛、狂暴的力量”。这种隐喻手法只会加深神秘感：是什么东西在区分人类和机械、思想和肉体？生命机制如何引发意识？我们体内的“小矮人”、灵魂和街道下面的精灵，这些缥缈的东西到底躲在哪里？“尽管找到‘小矮人’始终是个遥不可及的愿望，但科学家已经朝着这个方向在大步迈进。”威廉 · 冯特在

1862 年写道。而就在一年前，法国解剖学家保罗 · 布洛卡（Paul Broca）便发现大脑左额叶中的脑皮层组织，对于人类的语言能力和记忆力起着关键作用。托马斯 · 爱迪生对此很着迷。“已经有 82 项重大脑科手术证明，控制着我们个性的重要部分位于大脑中的布洛卡区中，”他在 1922 年说道，“我们所谓的全部记忆都集中在一个不足半厘米长的带状物上。这应该就是帮我们保持记录的小矮人居住的地方。”

时间的制造和研究也逐渐开始工业化。1811 年，格林尼治天文台只有一位员工，即皇家天文学家；而到 1900 年时，增至 53 名员工，其中一半专门从事计算工作，被称为“计算机”。在新型心理学实验室中，电报机、计秒器、精密计时器和其他高精度计时设备被大量应用于测量反应时间和时间知觉。不过，天文学家和心理学家普遍抱怨喧嚣声——机械的轰鸣声、交通的哗啦声以及外界侵入的噪声和震动等，导致实验出现震荡、慌乱、干扰甚至中断。

不过，最大的噪声时常来自实验室内部。到目前为止，心理学家已经对注意力如何影响实验对象估算持续时间（比如一段音乐持续多长时间）进行了量化处理。虽然注意力是关键，但对于研究对象来说，研究所用的计时机械发出的嘀嗒声和汽笛声，与外界噪声一样让人分心。“我听到精密计时器的声音，”一位研究志愿者抱怨道，“真是让我摆脱不掉。”连科学家自己也叫苦连天。于是他们制造了噪声小的工具和环境，并将实验对象的房间与实验设备相隔离，通过电报机和电话线与研究人员相连。被电缆和插线层层缠绕的时间实验室，越来越像它要逃离的城市和要破译的大脑网络。现在，我们随口说出的神经“传输”大脑发出的“信号”，这种比喻是生理学在 19 世纪直接从电报业借鉴过来的。

最终，也可以说是众望所归，隔音室问世了。耶鲁大学心理学家爱德华 · 惠勒 · 斯克里普丘（Edward Wheeler Scripture）给出了建造方案：这是建筑中央的房中房，橡胶地基砌上密不透风的砖墙，墙面之间填充锯屑，并配以厚重的门。“房间的布置和光线应该完全类似于黑夜中一间舒适的小屋，所有电线和设备都应该隐藏起来。走进之后，应该有接待室的气氛，让人产生‘到此一游’的放松心情。”

想象自己在一间没有窗户的电话亭里，灯被关掉了，观察者静悄悄地藏在黑暗中，大概就是这样的情景。不过，还有一种噪声是斯克里普丘无法消除的。“唉！我们放进了一个让人束手无策的干扰源，就是人类自身。”他哀叹着说，接着描述自己的经历，“每次呼吸，我的衣服都会发出吱吱、沙沙的摩擦声，脸颊和眼皮轰轰作响，如果牙齿不小心动了一下，那噪声更是可怕。我能听到头脑中发出的巨大、惊人的咆哮，当然，我知道那只是血液流过耳朵动脉时发出的声音……但我很容易把它想象成自己拥有一个古董钟，这么想的时候，我甚至都听见齿轮转动的声音了。”

第四章

现时◷

刚刚发生了什么

“你始终生活在过去，”伊格曼说，“更深层次的问题在于，你所见的、意识所感知的大部分事物是基于‘须知’的要求。你只会关注对自己最有益处的事物。就像驱车行驶在路上，大脑不会持续问‘那辆红车现在在哪儿？那辆蓝车现在在哪儿？’而是关注‘能变线吗？能在那辆车驶来之前穿过十字路口吗？’”

我有位见解独到的朋友，他一直不明白为什么一周中的每一天对自己来说都有标志性特点。后来发现，周日是因为城市失去了喧闹，人们赶路的脚步声停息了；周一缘于院子中晾晒的衣物，会在房顶反射出白色的光；至于周二，我想不起具体的缘由了。而这位朋友好像没有说过周三。

——威廉·詹姆斯《心理学原理》

（William James, *The Principles of Psychology*）

— 1 —

经受创伤使时间变慢

1906年4月18日星期三，清晨5：28，威廉·詹姆斯像往常一样醒来。他住在帕罗奥图，在斯坦福大学教授一学期的课程。“生活很惬意，”他在给朋友约翰·杰伊·查普曼的一封写于5月份的信中这样说道，“就这一次，我很开心地成为加州工作机器的一部分。”

突然间，他的床开始剧烈摇动，詹姆斯坐了起来，但立刻被震倒，并开始“像小狗甩动老鼠一样”摇晃，他后来在另一封信中这样回忆。这是一场地震，詹姆斯此前一直对地震充满好奇，这次真的遇上了。他有些晕眩，但根本没有时间感受这些。写字台和衣柜都翻倒在地，灰泥墙开始出现裂缝，“可怕的咆哮响彻天际”，他写道。然后，一瞬间，一切又恢复了平静。

詹姆斯毫发未损，他跟查普曼说，地震是“一次难忘的经历，总而言之，让人脑洞大开”。他回想起斯坦福大学一名学生的经历，他被震醒的时候，正躺在四楼的寝室睡觉。起来后，他发现书籍和家具都被震倒在地，他自己也站不稳了。这时，烟囱从建筑中间坍塌下来，他连同书和家具一起被卷进了混乱的兔子洞中。詹姆斯写道："随着一声可怕的巨响，一切都完了。他和烟囱、楼板、墙壁及其他所有的东西一起穿过楼下三层，直接坠入地下室。他觉得'这是我的末日，我要死了'；但整个过程没有一丝恐惧。"

我知道自己正在坠落。我最后一次注意到的天空是无比广阔的蓝色。而现在，随着我面朝天空坠向大地，这片蓝色变得更加浩瀚无垠。

我也知道从 30 米高的地方坠落到地面只需要不到 3 秒钟，因为我事先计算过。就我的情况而言，这是在达拉斯零重力游乐园的"空心进球"项目上体验 30 米的自由下落过程，而项目设施差不多就是脚手架和悬在空中的几张网。我不清楚自己现在处于这几秒钟的什么位置，只知道坠落已经开始，尚未结束。

经常有人说，在经受创伤和极度压力时，时间会变慢。有位朋友骑车发生了事故，多年之后，那段"慢放片段"仍历历在目：他伸出手臂来阻止摔倒，此时一辆行进中的卡车在距离他头部仅几厘米的地方紧急制动。一位男子的车正好卡在了一辆呼啸而来的火车前方，但清晰的思路和动作让自己惊讶，他发现在碰撞发生前，自己有足够的时间把女儿从前排座椅中拉出来，并用自己的身体做掩护。与此类似，研究志愿者在看完一段抢银行的刺激视频后，汇报的事件时间比实际要长；新手跳伞员对首跳的时长也有偏高的预估。大体上这和恐惧程度有关。

现在的我正在穿过现时，看看自己是否也会觉得时间变慢。在这个膨胀的现时中，我能否完成更多的事情？比如反应更快些，对周围环境的感知更加细致入微？类似这种研究是如何开始的呢？尝试解决这类问题的科学家不免会遇到一个难题：应该何时研究所谓的"被展开的现在"？它是在发生的瞬间中难以靠近的现在吗？还是在事发之后，从不可靠的记忆中艰难辨认的现在？人类在探寻时间时，很容易遭遇文献中提到的最深奥的一个问题：现时有多久？相对于现时，人类的心智处在什么位置？心理史学家埃德温 · 加里格斯 · 波林

（Edward G. Boring）曾这样写道（其文笔很不错）："人类应该在一段时间中的什么时候来感知这段时间？"当然，奥古斯丁已经给出了答案："我们只能寄希望于在时间经过时进行测量，因为时间一旦逝去……将不复存在，也就无法测量了。"

是什么把我带到了现在，或任何我们所处的时间？一些心理学研究总结得出，我们所谓的"现时"被框在了眨眼之间，大约持续 3 秒钟。我对于双眼作为可靠的衡量标准表示怀疑，因为眨眼的速度时而很快，时而根本不会眨眼；并且，谁会一直注意这类事情呢？我下落的时候，耳边肯定有呼呼的风声，但我却听不到。3 秒钟的时间很难用来思考什么，我随后的回忆也可能有别于我现在所感知的。就目前而言，我能确切感受到的只是下降速度更快了。

大卫 · 伊格曼（David Eagleman）8 岁时从房顶摔了下来。"我对那件事的记忆仍然很清晰，"他告诉我，"其实房顶四周是悬空的沥青纸，我当时还不知道这个词，我以为是正常的边缘，就踩了上去，结果就摔下来了。"

伊格曼很清晰地记得，自己对时间的感知在摔倒的过程中变慢了。"出现了一系列静止不动的清晰想法，比如'我在想自己有没有时间抓住沥青纸'，"他说，"但在某种程度上我已经知道它可能会被我扯断，然后我发现反正自己也够不到。所以我转向铺砖的地面，看着它朝我飞来。"

伊格曼很幸运，他只是昏迷了一会儿，醒来发现只有鼻子摔破了。但时间慢下来的体验让他一直很着迷。"我从十几岁到二十多岁，读了很多关于时间和收缩的物理学著作，比如《宇宙与爱因斯坦博士》（*The Universe and Dr. Einstein*）等。我有一个有趣的发现：时间不是恒定不变的。"

伊格曼是斯坦福大学的一名神经系统学家，在校期间，除了其他事务，他还研究时间的感知，这属于校方近期分配的任务。此前，他在休斯敦的贝勒医学院任职多年。从事时间研究的人员有着不同的专长：有些人专注于生物钟，即管理日常生活的 24 小时生物节律；有的偏好“间隔计时”，指的是在 1 秒至几分钟的时间间隔以内，大脑进行计划、预估和决策的能力；还有为数不多的一群科学家（包括伊格曼）在研究毫秒或千分之一秒中时间的神经基础。毫秒看上去是一个微小的时间窗口，但实际上掌控着人类的多项基本活动，包括产生和理解言语的能力及巩固对因果关系的直观感知。把握瞬间及人类大脑对瞬间的感知和处理，其实就是把握人类体验的基准单位。但是，相对于已经被钻研 20 年之久的生物钟运转方式，研究人员才刚刚开始探究大脑“间隔计时器”工作原理、所处地位和单时钟模型的适用性。以毫秒计时的时钟如果存在的话，也将是更难解决的谜团，部分原因在于神经科学所使用的工具精度在近期才提升到足以探究这类计时活动的程度。

伊格曼活力四射，头脑中满是逾越标准学术边界的想法。我们初次见面时，他刚刚出版了一本小说《生命的清单》（*Sum*），并已开展一系列看似微不足道却极具创新的实验，其中就包括在达拉斯零重力游乐园体验“空心进球”的自由下落项目，以期探究时间是如何慢下来的。自那以后，他已经撰写了 5 本著作，主持过一套关于大脑的公共电视节目，上过多本杂志专访，其中就包括《纽约客》（*The New Yorker*），还做过 TED 演讲。后来他搬家到旧金山湾区，部分原因是实现两项创业性理念：一是为听力障碍人士设计的背心，能够将声波振动转为触觉感知，使人在某种程度上听到声音，类似于盲文帮助视力障碍人士阅读；另一项是面向智能手机和平板电脑的应用程序，可通过一系列认知游戏判断用户是否患有脑震荡。

这样的举措和关注度会招致怀疑，并引来行业人的嫉妒，尤其是神经生物学家，他们对于大脑神经系统的研究更为直接，却常常得不到认知科学家拥有的那份清澈或兴奋。“大卫的研究成果给我留下了深刻印象，因为很好笑。”一位重要的时间研究员告诉我。不过，伊格曼的同事则认为他的研究是“业界良心”。有一次我去找他，恰巧他邀请了杜克大学的神经生物学家和间隔计时权威沃伦·梅克（Warren Meck），来为自己的部门做演讲。梅克身材魁梧，笑容僵硬，在介绍自己的研究项目时，他说："我属于过去流，父亲的时代；而大卫是未来流。"

伊格曼在新墨西哥州的阿尔伯克基长大，在家中排行第二，他的父亲是名精神病医师，母亲是生物学教授。（他当时的名字叫 David Egelman，Egelman 的发音与 Eagleman 相同，但是总有人看到名字后读错或听到读音后写错，因此他后来把名字改成了现在的形式。）他说，在家里听到谈论关于人类大脑的对话是"家常便饭"。伊格曼就读于莱斯大学，攻读文学和空间物理学双学位。他的成绩不错，但大二时因无聊和消极的情绪而退学。他在牛津大学度过了一个学期，接着在洛杉矶居住了一年，在制片公司读剧本，策划奢华派对，尽管当时他尚未达到参加这类派对的合法年龄。随后他返回莱斯大学攻读文学学位，但很快开始利用业余时间在图书馆里研读关于大脑方面的所有书籍。

到大四的时候，他申请了加州大学洛杉矶分校的电影学院。一位朋友建议他考虑当一名神经系统学家，尽管他从十年级之后就再也没学过生物。于是他申请了贝勒医学院的神经科学研究生项目，将研究生课程重点放在了数学和物理上，并基于自己的课外阅读心得，总结出个人对大脑的独到见解，提交了一篇独立撰写的长篇论文。（"现在回想起来，真是好尴尬。"他说。）作为后备计划，他曾想过成为航空乘务员，因为能够"飞往不同的国家，还能写小说"。

他入围了加州大学洛杉矶分校的半决赛，但败在了最终剪辑环节。恰好贝勒医学院接受了他的申请。入学的第一周，他总是做噩梦。有一次，他梦见自己的导师告诉他，录取通知书写错了，应该发给一个叫大卫·英格曼（David Engleman）的学生。不过，他在研究生期间表现良好，还前往位于圣迭戈的索尔克研究所从事自己的博士后研究。不久之后，贝勒医学院聘用了他，并为他提供资金，建立"知觉和动作实验室"。这间实验室位于迷宫式走廊的悠长门厅中，周围排列着多间实验室。室内为他的研究生同学设有小隔间，还有会议桌、小厨房和他自己的内部办公室。当我问及他与时间的关系时，得到的回答是“很复杂”。他经常拖延交稿日期，说自己写作时总是站着，不喜欢睡觉。“假如我不小心睡了 35 分钟，”他说，“我醒来时就会想，‘这 35 分钟再也回不来了’。”

攻读博士后期间，伊格曼借助庞大的计算机模拟系统，研究神经元如何在人类大脑中相互作用。时间知觉一直不是他的研究课题，直到遭遇闪光滞后效应（flash-lag effect），这是一种鲜为人知的感官错觉，长期困扰着心理学家和认知科学家。在他的办公室里，他向我展示了阿尔·塞克尔（Al Seckel）写的《视错觉之书》(*The Great Book of Optical Illusions*)，书中描述了上百种错觉，其中包括最古老的一种错觉“运动后效”（motion aftereffect），有时也叫作“瀑布效应”（waterfall effect）。意思是说持续观看瀑布 1 分钟左右，然后转看别处，会感觉视野中的所有事物都在向上爬。“在物理学中，动作的定义是发生在一段时间内的位置变化，”伊格曼说，“在大脑中则不同，不需要进行位置变化，就能产生动作。”

伊格曼喜欢错觉。每种错觉在让人享受感官“演出”的同时，也会把人带入后台一探究竟。错觉是一种温馨提示：我们的意识体验是一种被加工的事实，并且大脑还能日复一日地呈现这场演出。闪光滞后效应属于时间错觉中相对较小的分类，有多种不同的呈现方式。其中一种是，当你盯着电脑屏幕的时候，如果一个黑色圆环穿过你的视野，移动（与是否随机无关）到某一点，其内部会出现闪光，如图 1 所示：

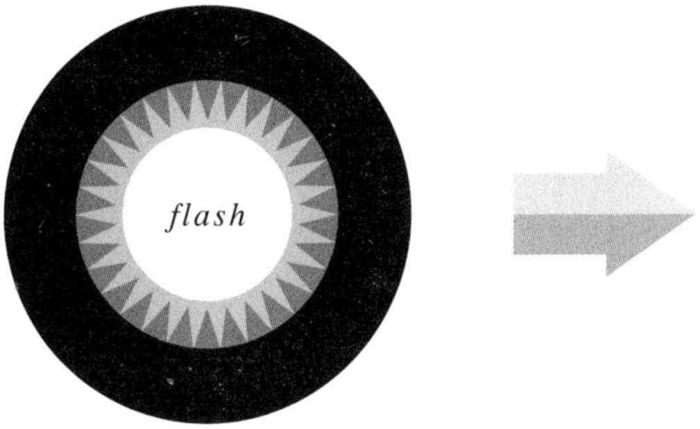

图 1　当一个黑色圆环穿过视野，圆环移动到某一点时，其内部会出现闪光

但这并不是你所看到的景象。相反，你看到的闪光和圆环肯定没有整齐排列，而是圆环刚好离开闪光点，如图 2 所示：

图 2　事实上，你看到的是圆环刚好离开闪光点

这种效应很明显，而且易于重复，导致你可能以为电脑显示屏出了问题。不过，该效应真实地反映出大脑处理信息的独特方式，并从根本上让人产生困惑：如果你在闪光的瞬间观察圆环，即闪光代表“现在”，那么圆环的位置为什么会“晚于”现在？

来自 19 世纪的一种常见解释是：你的视觉系统会预判圆环的移动位置。

这一点从进化论的角度可以解释得通。大脑的一项基础任务就是预判周围环境即将发生的情况：老虎会在何时何地进行突袭；应该如何抓握棒球手套才能拦到球。〔哲学家丹尼尔·丹尼特（Daniel Dennett）曾将大脑描述为“预判机器”（anticipation machine）。〕同理，视觉系统计算出圆环的运动轨迹和速度，但在闪光的瞬间，即“现在”，你可能发现大脑在“作弊”：它的预判超出了现在（确切地说是超出约 80 毫秒），然后映入眼帘的是一张圆环即将到达的位置图。

很容易对这一观点进行测试，伊格曼在测试后说：“我相信预判的说法是真的。只是很好奇，因为事情没有像我预期的那样发展。”在对闪光滞后效应进行的标准试验中，圆环的移动路径是已知的，这便支持了预判假说，因为根据圆环在闪光前的运动路径，观察者可以准确预判出闪光后圆环的位置。但是，伊格曼的想法是，如果打破这种期待会发生什么？如果闪光过后，圆环立即变换路径又会发生什么？比如突然转向、倒退或静止不动。

他自己设计了一个闪光滞后效应试验，来研究这三种结果。可以推测，在闪光的瞬间，仍可以看到圆环稍微离开闪光点，原因是根据闪光前的运动，预判的位置就是超前的。依照标准的解释，关键是闪光前的情况，圆环在随后的位置并不重要。但是，伊格曼对自己和其他测试对象进行试验时，发现了不同的情况。尽管每次试验都采用新的路线（向上、向下、后退），并且稍稍远离闪光点，运动方向随机改变，但观察者仍能清晰预判不可知的未来，精准度高达百分之百。这是如何发生的呢？

在一次变化试验中，圆环与闪光同时运动：由于没有闪光前的运动，大脑无法对其运动路径进行预判。观察者看到的圆环仍沿着实际的路线稍微偏离闪光。在另一项试验中，圆环从左向右移动，闪光出现，圆环仍保持相同的运动方向。然后，在闪光后的数毫秒中，朝反方向运动。如果逆行出现在闪光后的 80 毫秒之内，那么观察者会看到圆环沿着新路径发生闪光滞后效应，如图 3 所示：

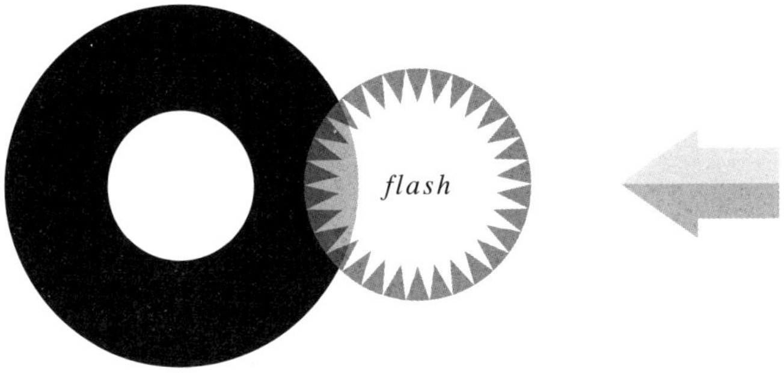

图 3 如果逆行出现在闪光后的 80 毫秒内，观察者会看到圆环沿着新路径发生闪光滞后效应

在闪光后 80 毫秒以内，运动方向出现的任何改变都影响着人们在闪光瞬间所见的内容。闪光后立即发生方向变化能导致最大的效应，延后时间越长，效应越小。直至达到 80 毫秒时，效应消失。

看起来，大脑在事件发生后 80 毫秒以内，仍在收集事件信息（如闪光）。这一数据可用于研究大脑对事件发生的时间和地点进行回顾性分析。伊格曼说："我被自己弄糊涂了，直到发现有这样一种简单的解释：如果无法预测（prediction），就只能后测（postdiction）。"

与预测不同，后测具有回顾性。从本质上看，闪光滞后效应的关注点是观察者所处的时间位置。预测假说的推测很合理：因为闪光发生在"现在"，所以它必须标记为"现在"，即现时瞬间；那么，小幅移动中的圆环必须是对未来的预见，即"超过现在"。实际上，观察者是以闪光为基点向前看的。伊格曼提出相反的看法：闪光看似发生于"现在"，但唯一能在现在过后确切看到圆环的方法是，你自己已经在那里等着了。

然而，很容易将圆环视为现在的真正标记，把闪光看作"现在之前"甚至可能是"现在的开端"，仿佛徘徊在不久之前的幽灵。伊格曼认为，实际情况更为怪异。圆环或闪光都不是现时的标记，他们都是来自不久之前的幽灵。意识思维（如对何时是“现在”的判断）会稍微延后于我们的实际体验。我们所谓的现实，其实更像是电视里现场直播的颁奖典礼，会制造短暂的延迟，以防有人出言不逊。“大脑生活在刚刚消失的过去里，”伊格曼说，“它会收集大量信息，等待，然后和盘托出。实际上，‘现在’发生在不久之前。”

我们经常讨论“实时”，却对其含义一无所知。所谓的电视直播节目会插入延迟；虽然通信信号以光速传播，电话沟通也会存在短暂的延时。即使是世界上最准确的时钟，也只能在下个月的某一约定日期协商公布何时是“现在”。

人类大脑也是一样。在任意毫秒内，视觉、听觉和触觉等不同形式的信息会以不同的速度进入大脑，按照正确的事件顺序等待被处理。例如，用手指敲打桌面，严格来说，由于光的传播快于声音，所以，敲打的视觉信号应该比声音信号提前几毫秒到达大脑。但是大脑会同步这两种信号，让二者看上去是同时发生的。当你看到有人在房间的另一侧与你交谈时，这样的体验可能更明显。幸好实际情况并非如此，否则我们的生活俨然一部劣质的译制片。但是，如果你在几十米远的位置看到有人拍篮球或砍木头，那么声音和动作就会稍显不同步。在这样的距离情况下，视觉和听觉之间的延迟达到了一定的长度（约 80 毫秒），因此大脑无法将这种信号视为同步。

这种现象通常称为时间绑定问题（temporal binding problem），是认知科学老生常谈的难题。大脑如何追踪不同数据片段的抵达时间，又如何将它们整合成为一种统一体验？大脑如何知道哪些属性和事件归属于同一时间？笛卡儿强调，感觉信息汇集在松果体中，并将松果体视为意识的舞台或剧场。当刺激抵达松果体时，你会注意到刺激并指导身体做出反应。如今很少有人重视“中央舞台”的说法，但它却始终困扰着包括丹尼特在内的一些哲学家。“大脑本身就是个总部，即终极观察者栖息的地方，”丹尼特曾这样写道，“如果认为大脑还设有更深层次的总部或是什么内部密室，并且是意识经验的必要或充分条件，那么这就是一种错误的想法。”

伊格曼注意到我们的大脑分有多个区域，每个都有独特的构造，有的甚至还有自己的历史，这是长期进化的拼接产物。单个刺激带来的信息（比如看到一只黑白条纹的老虎）在大脑中会产生不同的传输路径，并产生不同的滞后时间。神经潜伏期指的是从刺激发生到神经对其做出反应的时间，这段时长会根据大脑区域和环境条件的不同而发生巨大变化。同时，数据类型也是影响因素：上游的视觉皮层神经是大脑中处理视觉数据的重要单元，相对于昏暗的光线，视觉皮层神经对明亮光线的反应更为快速、强烈。想象一下，一队骑士从一座城市蔓延开来，请求另一座城市中的骑士一同捎带消息。骑士的速度有快有慢，如同最初的单个刺激在穿过大脑时变得“七零八落”。

“你的大脑一直在努力将外界刚刚发生的一切组合成一件事，”伊格曼说，“但问题是，这种信息不等时是我们逃脱不掉的。”

人们很容易认为视觉皮层采取“先到先感知”的原则，神经潜伏期有时会成为闪光滞后效应的原因：大脑对闪光和移动物体的处理速度有所不同，闪光从眼睛传播到丘脑再到视觉皮层时，圆环已经移至新的位置，导致看到两者在不同的位置。根据这一理论，大脑对事件的计时可以直接反映外部世界的计时。如果是这样的话，你可以想象出所看到的奇异景象，伊格曼说。图 4 是一摞箱子，不同点在于亮度，从高到低越来越暗：

图 4　一摞有着不同亮度的箱子

现在，整摞箱子开始在页面上前后快速移动。如果你的大脑在“线上”，即严格按照对单个箱子的处理顺序来感知整摞箱子，那么明亮的箱子会比昏暗的箱子早一些进入你的注意范围，原因在于明亮的刺激比昏暗的刺激早一些到达视觉皮层。故此，它们在物理空间上会显得稍微提前。最终，你将会看到整摞箱子出现倾斜，仿佛昏暗的箱子被落在了后面，如图 5 所示：

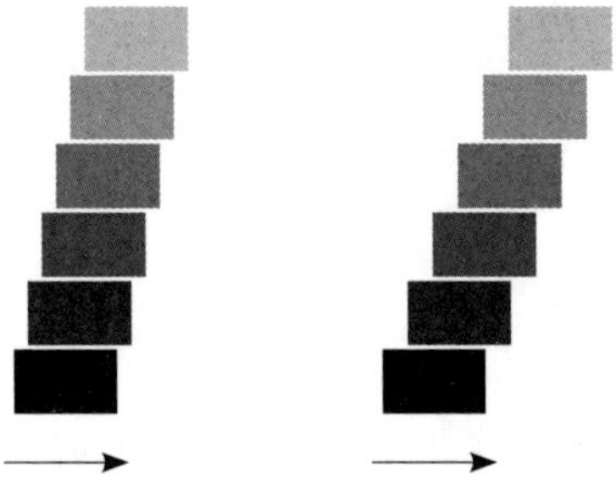

图 5　整摞箱子开始在页面上快速移动，你看到出现倾斜的箱子

然而，实际上整摞箱子是做垂直运动的。（伊格曼曾公布一项实验说明这一现象。）就此而言，如果你的大脑在“线上”，那么每次看到新场景、新图片、开灯或仅仅是眨眼睛，你就会看到类似的运动错觉。但实际上并没有，这说明我们对真实世界中事件的感知时序，并未直接反映出这些事件在我们神经系统中的传播时序。大脑进行的处理是“线下”的，而非“线上”。

大部分针对时间绑定问题的研究均侧重在方法上。例如，大脑是如何将多个事件整合到同一时间的？这些事件是在进入大脑时就被贴上了标签吗？大脑“走廊”里是否存在一种时间线或是毫秒级时钟——类似于电影剪接师所依赖的工具一样——能够将多个事件准确同步？伊格曼最初提出的问题则更为直接：同步工作是何时完成的？很明显，他认为这种同步不可能严格按照信号抵达的顺序迅速完成，其中肯定存在延迟——大脑从既定瞬间收集所有信息的缓冲期（最终在大脑内变得模糊），以便用于意识反应。在大脑中，如同外部世界的时钟和宇宙时标一样，需要时间来争取时间。

在视觉系统中，时间模糊范围是80毫秒，或比十分之一秒稍微短一点儿。如果一只明亮的灯泡和一只昏暗的灯泡同时亮起，那么昏暗的信号到达视觉皮层的时间要比明亮的信号晚80毫秒。大脑可能把这段间隔也考虑在内了。因此，当对事件发生的时间和地点进行评估时——比如两束同时发生的闪光，或一束光在移动的圆环中——会将判断推迟80毫秒，以便接收速度最慢的信息。后测过程类似于从大脑延伸出的框架或网格，“罩”在事件周围，追溯性收集可能在特定瞬间同时出现的所有感觉数据。实际上，大脑有“拖延症”，我们所谓的“意识”，即对现在发生内容的意识性理解（顺便一说，概念的定义几乎都这样），是大脑在拖延了至少80毫秒之后才给我们讲的故事。

— 2 —

眨眼让时间归零

我花了很多年试图理解后测。可每次我解释给自己听，都只会让自己变得迷惑。于是我向伊格曼讨教，他总会不厌其烦地从头解释给我听，细致入微，寓教于乐。最后，我明确指出：如果大脑等待速度最慢的信息到达——如果后测是大脑进行准确排序的方法——那么为什么仍然会出现闪光滞后效应这种错觉？如果大脑等待判断闪光的“现在”中发生的内容，为什么我却看不到闪光恰好出现在圆环中？到底为什么会出现错觉？

这就是事情的怪异之处，伊格曼说。闪光滞后实验向观察者的大脑提出一个日常生活中很少提及的问题：移动中的物体现在何处？闪光的瞬间，圆环在哪里？事件发生时，大脑会操作不同的系统来判断静止物体的位置，跟踪移动中的物体。当你穿梭在机场人群里或看雨滴下落时，大脑会根据运动向量（数学上的运动箭头）进行计算，从不会停下来问特定个人或雨滴在特定瞬间所处的位置。外野手追击高飞球时所借助的运动向量系统，类似于蝙蝠捕捉昆虫或狗狗抓咬飞盘。如果一只青蛙不停地问：“苍蝇现在在哪儿？现在在哪儿？现在又在哪儿？”那它肯定会挨饿，离灭绝也就不远了。包括爬行动物在内的众多动物并不具备定位系统，它们只能看到运动的物体。如果你静止不动，它们会对你“视而不见”。

“你始终生活在过去，”伊格曼说，“更深层次的问题在于，你所见的、意识所感知的大部分事物是基于‘须知’（need-to-know）的要求。你不会注意所有信息，只会看对自己最有益处的事物。就像驱车行驶在路上，大脑不会持续问‘那辆红车现在在哪儿？那辆蓝车现在在哪儿？’而是关注‘能变线吗？能在那辆车驶来之前穿过十字路口吗？’你很少会注意运动中的物体所处的瞬间位置，而且你对这件事始终一无所知，直到有人提及。提及的结果是，你对瞬间位置的判断总是错的。”

闪光滞后效应揭露出大脑中两种方法之间的鸿沟。在闪光前的时间里，你追踪的是圆环的运动向量，并且绝不会问圆环现在所处的位置。提出这个问题的是那束闪光，它重置了运动向量，随即大脑开始认为圆环的运动以闪光为开端，同时作为计时起点。在回答闪光提出的问题之前——圆环在计时起点所处的位置——大脑会等待 80 毫秒来收集那个瞬间中所有可能的视觉数据。与此同时，圆环仍在运动中，而这一点附加信息改变了大脑对运动开始位置的理解。结果，“圆环现在在哪儿”的答案出现了偏颇，即向圆环移动的方向微微移动了一点。

伊格曼设计了一项实验来证明这一点。在标准的闪光滞后实验条件中，观察者看到的是单个移动的圆环或点经过固定的闪光。而伊格曼对此做出一点改变，即经过闪光后，单个点变成两个点，并以 45 度角向两个方向分散开来。如果神经反应潜伏期是产生闪光滞后效应的原因，那么你对点产生感知的位置，恰巧是其发出的信号进入视觉皮层时所处的位置，它可能沿着其中一条或两条有角度的轨迹。但实际并不是这样，伊格曼的实验对象感知的点总是位于两条轨迹中间的某个位置，而这一位置是实际点从未出现过的。仿佛两种运动向量叠加在一起并取了平均值，伊格曼认为这才是实际发生的情况。

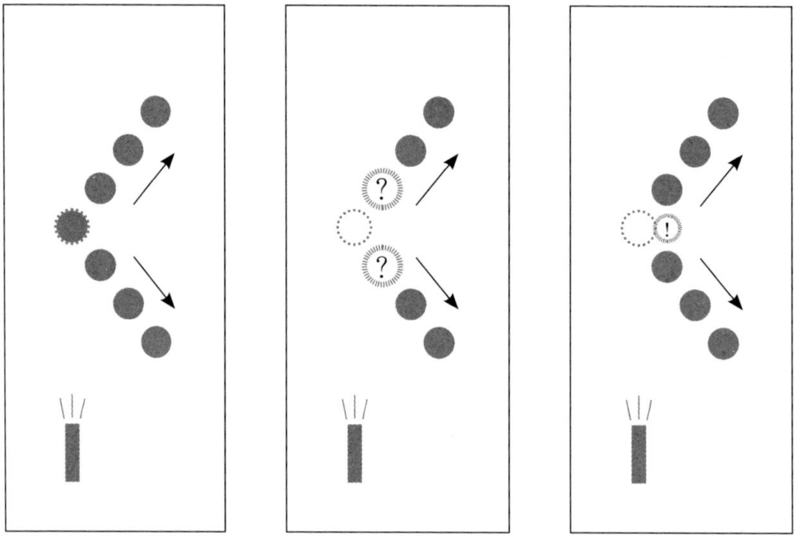

图6　左：实际发生的情况；中：你应该看到的情况；右：你实际看到的情况

这一现象被称为运动偏置，是后测的关键所在。假设意识思维进行回顾性感知：“现在”已经发生，在稍后的一小段时间里，大脑对那一瞬间发生的情况完成判断后，会继续处理数据（比如，点经过闪光后的运动）。在闪光的瞬间，点在哪儿？由于附加的运动信息影响了最终的分析，导致错觉出现：闪光的瞬间，感知到移动中的点出现在其从未出现过的位置。说来也怪，伊格曼的实验得出的结果几乎与预测假说的完全相同。这两种模型中，错觉产生的点代表着大脑对点将要出现的位置做出的最佳判断，只是这种判断是追溯性的，不是提前的，即非预测，而是后测。

思绪再次转向现时，如果你问自己：“现在发生着什么？”你对现时瞬间界定得越短，所得答案就越趋于：（A）事实发生之后；（B）错误。同样重要的一点是，直到你询问的那一刻之前，答案都是不可知的、不存在的。在后测中，大脑会对事件打开为期 80 毫秒的回顾性窗口，以便收集那一瞬间中出现的所有信息。但是，这个窗口并不是永久开放的，更像是胶片机瞬间打开的快门。思维中存在的时间并不是一段等待评估的连续 80 毫秒；相反，是问题的出现触发了 80 毫秒窗口的出现，而这一问题在日常生活中很少被提及。“你不需要的时候，是没有这种框架的，”伊格曼说，“需要的时候，你才会去收集一个。”

数千年来，哲学家对时间的属性一直争论不休。是涓涓流淌的河，还是一串珍珠般的片段？现时是始终滑行在河流上方的开放式框架，抑或一系列不间断现在中的一个，不断出现的框架中的一个？到底哪一个是正确的，连续运动瞬间假说还是独立瞬间假说？伊格曼认为两者都不对，某一事件或瞬间不会主动展示给大脑，也不是在等待人们的注意。相反，只有某一事件或瞬间结束后，大脑停下来对其进行处理和收集时，它们才进入存在状态。“现在”只存在于过后，并且因为你宣布它的存在而存在。

一天早晨，我来到伊格曼的实验室，尝试一项他仍在完善的实验，他将这项实验命名为“九块”（Nine Square）。他打开一台空闲的电脑，让我坐在前面。屏幕上显示 9 个巨大的方块，以 3 × 3 的网格排列，俨然一个“井”字游戏的棋盘。其中一个方块的颜色与其他的不同，在伊格曼的指导下，我移动鼠标单击那个方块。在我点击的瞬间，颜色就移到了另一个方块上，随后我单击那个色块，结果颜色又移动了。我重复这个动作，颜色继续跳到不同的方块上。我这样连续操作几分钟，满屏幕追着颜色跑。而“这只是热身阶段”，即在实验初期帮助实验对象熟悉整个流程，伊格曼说道。但是再过一会儿，他接着说：“在某一瞬间内，我将会明显感觉到时间倒流。”

通常，我们所说的“时间感知”指的是对时距的感知。例如，这个刹车灯有多长？今天是不是要比往常久一点儿？我把意大利面放入沸水锅里多久了？晚饭是不是吃不成了？但是，时间还存在其他方面。其一是同步性或同时性，即感觉到两件事在同一时间发生。另一个同等重要却经常被忽视的是时序，与同步性恰恰相反。列举两个事件，比如闪光和一段哔哔声。如果两者不是同时发生，则肯定是接连出现的。那么，你如何感知哪个先发生？这依据的就是时序。我们的生活里充满了数不尽的时序判断，绝大部分发生于无意识的毫秒之中。我们对因果关系的把握有赖于对事件顺序的准确评估，比如按下电梯按钮，电梯门是过一会儿打开还是先于按下按钮打开？自然选择可能在我们对因果关系形成的感知过程中起了决定性作用。假如你正穿过一片森林，听到树枝折断的声音，便可以判断是否与你的脚步声一致，这种情况可能是你自己制造的折断声音；或是发生在你的脚步声前或后，而这种情况可能就是老虎制造的。

这种评估由于过于基础，可能称不上“评估”。大脑当然知道事件先后，否则又会怎样呢？但是，伊格曼的点与闪光实验表明，大脑对于同时发生的事件会产生误判，甚至还可能颠倒前后顺序。“这种事情具备惊人的可塑性，”他说，“我们正在揭示时间感的可塑性。”有这样一项实验：你被安排坐在一台计算机显示屏旁收听。在哔声前或哔声后会在屏幕上出现一小束闪光，而你需要回答哪个是先发生的，并且估计两者之间相隔时长。届时，你几乎总能判断正确的顺序或是估算其中的延迟，即便延迟只有 20 毫秒或十五分之一秒。现在，设想你重复这一运动，不过这次没有哔声，而是需要按下键盘中的按钮：你从被动转为主动。同样，在按键前或后，屏幕上会出现一束闪光。如果闪光先出现，那么很容易估算闪光和按键之间的时长。但如果闪光后出现，估算会变得很棘手。事实上，如果闪光出现在按键后 100 毫秒或十分之一秒，那么在你看来两者之间是没有延迟的，你会认为按键和闪光是同时发生的。

伊格曼与之前的一名学生共同设计这项实验，这位学生名叫切斯 · 史戴特森（Chess Stetson），现为加利福尼亚理工学院的一名神经系统学家。他们发现，在做出动作（按下按钮）之后大约 100 毫秒的时间里，人们无法探测到任何连续性事件。一切好像都是同时发生的。关键要素是你的参与感。大脑特别喜欢

“贪图功绩”，擅长为自己的动作假定产生的效果。你做出动作——仅仅是按了个按钮——就会以为随后发生的事件都是你引发的。“仿佛你的大脑在动作发生后会发出包揽所有的牵引线束：‘这些都是我的功劳。’”伊格曼说。在耀眼的“牵引光束”下，事件真正的顺序即时序被打破，十分之一秒被完全无视。

大脑通过弯曲时间，贡献出一种奇异但让人满意的服务，它不仅增强我们的参与感，还让我们感觉自己比实际上要强大。2002 年，神经系统学家派屈克・海嘉德（Patrick Haggard）及其同事通过研究得出相类似的结论，他们进行的实验是让志愿者观察快速移动的时钟指针。在实验对象空闲之时，他们会按下键盘上的按钮，然后在时钟上做下记录。但有时实验对象所要做的并不是按下按钮并记录，而是听到哔声后记录下时间：从主动（按下按钮）变为被动（聆听）。有时条件也会随意融合：实验对象按下按钮，在随后的 250 毫秒时响起哔声，然后记录下按钮时间或听到哔声的时间（无法记下两种时间）。海嘉德发现，实验对象实际发出哔声时，按下按钮和听到哔声比实际时间看起来更接近：按键时间稍微延后（平均约 15 毫秒），而哔声稍微提前（约 40 毫秒），导致将一个事件的起因和效果在时间上彼此拉近了。海嘉德将这一现象称为“有意绑定”（intentional binding）。

大脑是如何施展这个“花招”的？伊格曼认为，大概是因为大脑对按键发生时间和哔声出现的时间抱有不同的期待。大脑会保持不同的时间线，并按彼此间的关系重新校准。校准是我们大脑日常工作中的一项持续性任务。从感知输入的不断冲刷中，沿着不同的神经通路以相应的速率进行处理，大脑必须整合出一幅连贯的图画，其中包括事件、动作、起因和效果。由于从接收信号后开始向前追溯，大脑必须对刺激的先后顺序、同时性和关联性做出判断。当你抓到一只网球时，网球触碰手掌的画面会比手掌产生的触觉先一步到达大脑，不过在某种程度上，你会感觉两种数据流是同时发生的。或许也可以从另外的角度看，你的大脑接收到两个数据包，一个是触觉，另一个是视觉，彼此间存在几毫秒的延迟。大脑是如何知道它们属于同一事件呢?

不仅如此，感觉信号的速度还会根据具体条件而变化，所以，大脑必须有能力调整自己对源事件出现时间的假设。例如，你先在室外抛接一只网球，然后进入室内一间昏暗的房间里。你的神经元处理昏暗光线的速度要慢于明亮光线，因此在室内，动作产生的视觉输入到达大脑的时间要长于室外，那么你的运动控制系统必须把时间差异考虑在内，否则你的抛接动作就会很滑稽。幸运的是，你的大脑会重新校准，并将新的时序视为“正常情况”，以此来调整其他感官期望。这种校准工作贯穿于日常生活的始终，提供对现实的顺畅解读，从容面对不同的行动、环境和速度。

伊格曼指出，当一个动作(按下按钮)和其效果(闪光)在时间上距离越近，或延迟完全消失后，你所体验到的就是重新校准。一般来说，你的大脑期待的是运动控制系统立即生成预期效果，不应存在任何延迟。所以，当大脑识别出因你的动作而导致了一个事件，或更确切一些，是在你实施动作后十分之一秒内出现的事件，那么大脑就会进行重新校准，并赋予该事件与动作同样的时间戳——计时起点。起因与后果被归为同时发生。虽然十分之一秒是很短暂的时间，但不代表可以被忽视，并且在其他情形下足以引起人们的注意。很明显，大脑认为有些瞬间对自己(或我们人类)没有益处。

通过这种错觉能推测出另一种更为奇怪的情况。如果大脑能通过重新校准将起因和后果归为同时发生，就存在进一步混淆时序的可能性，即后果先于起因出现。伊格曼携手史戴特森和其他两位同事，共同设计了一项实验来测试这一想法。相同的仍是志愿者按下按钮来制造闪光，不同点是伊格曼在按下按钮和闪光出现之间插入200毫秒的延迟。实验对象很快就适应了这种延迟，并未注意。只要时滞不超过250毫秒，观察者就会认为按下按钮和闪光同时发生。(在日常生活中，大脑总是使用因果关系的“诡计”。例如，你在键盘上输入一个字母后，大约需要35毫秒才能在屏幕上看到，而你是不会注意到这种延迟的。伊格曼在设计反因果实验时，确切测量出了该延迟时长，旨在将其剔除出考虑范围。）

当实验对象适应延迟后，实验者就会将延迟撤出。突然间，闪光和按键同时出现，在这种情况下，罕见的事情发生了：志愿者记录闪光出现在按下按钮之前。他们的大脑已将闪光重新校准到按键的位置，即计时起点。在这种情况下，早于（预期的）延迟闪光出现的闪光，就会被认为发生在计时起点之前，因此看上去就会在按下按钮前出现。起因和后果——时间，至少是时序——好像回转了。

伊格曼接着把我之前试过的“九块”实验进行了提速。我再次点击了改变颜色的方块，看着颜色移至另一个方块，接着再点击。虽然我事先知道点击鼠标和光标移动之间存在100毫秒延迟，但我还是没有丝毫察觉。我实施点击——我的大脑通过这个动作宣称自己是后续事件的“发起人”——让自己对接下来的延迟“视而不见”。因此，在点击几十次之后，我并未发现延迟已经被取消，倒是注意到了结果的变化：让我吃惊的是，在我点击鼠标之前，颜色就已经跳到另一个方块了，并且恰好是我预计的那块。

这让我感到些许不安，电脑好像已经猜到了我的下一个动作，并帮我做完了。我又重复做了几次，确保我认知的情况确实是真实发生的，结果每次都得到了应验：就在我准备移动光标的空当，颜色就自主移动到我预计的位置。虽然我知道会发生这种情况，但还是忍不住再看一次。这种体验很真切，色块的移动与即将发生的鼠标点击之间出现明显的脱节。在我注意到色块移动时，我发现自己试图停止点击按钮，这当然是违背因果关系的行为：因为色块已经移动，说明我已经让它发生运动，也就意味着我在试图阻止自己已经做完的事情。同时，由于我无法控制，也因为我已经实施了动作，所以我最终还是按下了按钮。直到那一刻，伊格曼的研究让我感到开心的程度，不亚于人们在嘉年华上玩几圈游乐设施后的欣喜若狂。通过这项实验，我仿佛突然间从一个裂缝掉入到另一个维度中。

一次，伊格曼在一所大学对这一现象做了演讲，结束后有两位现场观众分别向他讲述了同一个有趣的体验。他们说，该所大学刚刚安装了全新的电话系统，但情况有些奇怪：比如你要给朋友打电话，在你还没来得及按下最后一个数字按钮时，另一端的电话就已经响铃了。这是怎么回事呢？伊格曼怀疑这种错觉出现的原因在于使用者在电脑键盘和电话拨号按钮之间的切换。电脑键盘的按键和效果间存在 35 毫秒延迟，而电话拨号按钮的延迟更短一些。你的大脑已经适应了大脑键盘延迟，并将这种同时性的感觉应用到电话拨号，结果就会吃惊于动作和效果之间的紧凑感。

这种因果倒置的错觉虽然让人有些不安，却属于感知体验中高度自适应的正常情况。当感官数据如潮水般从不同路径以不同速度涌入时，获取正确时序、准确辨别因果的唯一方法是不断重新校准；而对不断涌入的信号进行时序校准的最快方法就是与世界互动。在引发事件时，你会对后果进行预测，后果会紧随着你的行为。同时，你已经根据感官经验对同时性进行了界定，会借助一种基线或计时起点对其他相关数据的时序进行预估。“每次实施脚踢或敲击动作时，大脑都会认为随后出现的任何情况皆与动作同时发生，”伊格曼说道，“你在强迫世界接受同时性。”行为就是期待，期待就是校正时间。

这种观点推动着他认为是自己异想天开的理论之一。回想大脑承担着多种滞后现象和潜伏期：同一个源头发出的光线，明亮的光线在神经元中“注册”通过的速度快于昏暗的光线；红色光线快于绿色光线，而这两种光线都快于蓝色光线。当你看到一幅画或一个场景中包含红色、绿色和蓝色波长——假设一面美国国旗放在绿色草坪上——这幅画面或这个场景在你的大脑中会变得时间模糊，而这种模糊程度会根据你当时处于阴凉处还是太阳下而产生巨大不同。

但是，在某种程度上，你的大脑在“注册”数据流时会将其视为来自单一、同时的源头。下游神经元是如何知道哪种输入信号最先抵达，或这三种颜色为一个整体呢？神经系统如何学习到红色总是早于绿色，绿色早于蓝色，又如何知道这种“红—绿—蓝”信号输入意味着同时源于单个事件？倘若大脑不具备以上能力，你看到的旗帜便是不断出现的颜色：先是红色条纹，然后是蓝色部分的星星，最后是旗帜下面的草坪。视觉体验完全变成了巨大的迷幻旋涡。

为统一这种体验，大脑需要一种可以间歇性重新校准视觉信息流、间歇性将时间归零的方法。伊格曼认为，只要眨眼就可以办到。眨眼具有的明显作用是保持眼球湿润，但同时还起着大脑的光线“开关”的作用。光线第一次返回时，你的感官体验可能是“红—绿—蓝”的模糊场景，但多次重复之后——每天要进行数千次——大脑开始明白“红—绿—蓝”的模糊场景跨度只有几十毫秒，等于同时发生。我们以为眨眼是被动行为，但也可能是一种主动干预，如同按下开关，是将个人意愿施加在视觉世界中的方法。这是感官的一种训练机制，一种强行重启。同时性的出现，不仅因为接收到同时发生的事件，还因双眼的功劳。“眨眼”说：“我把这个叫作‘现在’。”那么随后出现的行为和感知均以此声明为基准。这是现在，这是现在，这是现在。

— 3 —

时间与语言的终极奥秘

有一次，我受邀前往意大利，在一个专题研讨会上做演讲。我被安排最后一个发言，因此，整个下午我都在听小组其他成员演讲，他们用的都是意大利语，而我对此一窍不通。他们的话语让我感到天旋地转，有时，台上似乎讲了个笑话或是引用了至理名言，我表示赞赏地点点头，仿佛听懂了一般。我感觉自己就是太阳系黑暗边缘中的冥王星，遥望着太阳的光辉，想象着要是能跻身其中该有多幸福。

当第四个或第五个发言人上台时，我发现身前的桌子上面摆放着一副耳机，能够将会议流程在意大利语和英语之间实现同声传译，这时我突然发现后面角落中的玻璃房里有人在辛勤忙碌着。翻译起了点作用，戴上耳机后，我知道了台上这位发言人是名教育哲学家，正在将达尔文与牛顿物理学联系在一起。也许是他延伸得太广，也许是我学识太浅，或是两者都有，翻译开始跳线，出现大段的停顿，其间只听到一位女译员在费力地理顺信息。我朝着玻璃房瞥了一眼，看到里面有两个人。不一会儿，耳机中出现年轻男子的声音，随后意英翻译变得更加快速、准确。

终于轮到我上台了，观众席中只有两三个人戴上耳机，其他听众让我感到些许不安。我首先就自己不会意大利语向大家表示歉意，然后便开始了演讲。我故意放慢语速，想着能减轻译员的负担。但很快发现：语速放慢一半，意味着我只有一半的时间来完成40分钟的演讲。故此，我急忙进行现场编辑——跳过示例，省去转接部分，砍掉整个思考过程，结果导致连我自己都不太明白自己口中所讲的内容。戴耳机的几位脸上的表情和不戴耳机的其他听众一样，充满了茫然和困惑。

1963年，法国心理学家保罗 · 弗雷斯（Paul Fraisse）在《时间心理学》（*The Psychology of Time*）中回顾了距当时一个世纪前后所有关于时间的研究，这是第一本进行整体性研究的著作，从时序到客观现时的感知长度，书中涵盖了时间的所有方面。在考量无数项实验之后，弗雷斯得出结论，说出“包含20 ~ 25个音节的句子所需时间——至多是5秒钟”。我个人的现时差不多也是这个长度。弗雷斯又补充道，我们对时间的大部分感觉和认知“均源自由时间造成的挫败感，时间要么是在延缓我们现时欲望得到的满足，要么就是在迫使我们预见现时欢乐的终点。因此，持续时间的感觉就来自对现时与未来的对比”。特别需要指出的是，厌烦就是“因两段持续时间（你陷入的这段和你想要进入的另一段）不重合而导致的感觉”。这是奥古斯丁“意识强度”的另一个版本，随着我继续演讲，发现自己太过紧张了，我应该像太阳一样把知识“照耀”给每一个听众。但我仍是那颗“冥王星”，太阳系里面的“行星”把望远镜都对准我，思考着如何处理这个遥远、陌生又不苟言笑的对象。

当天晚上，在小组成员聚餐时，我见到了那位翻译，他叫阿方斯，是一名语言学研究生，能说一口流利的法语、葡萄牙语和英语。他又高又瘦，一头深色头发，戴着圆框眼镜，俨然意大利版的哈利 · 波特。

我们都认为“同声传译”纯粹是一个矛盾体。不同的语言有着截然不同的句法和语序规则，所以无法逐字逐句地从一种语言翻译成另一种语言。经常发生的情况是译者对听者有所保留：译者先听取关键字或短语，并记在脑中，等待发言人随后对其解释，届时译者才开始大声翻译，此时发言人又继续阐述新的字句和观点。倘若译者等待时间过长，就会面临忘记原始短语或丢失正在进行部分的风险。虽然“同声”意味着发生在现时中的行为，但实际上却是对记忆的连续表达，这样表达就明了多了。

翻译来自不同语族的语言更具挑战性，阿方斯说，比如德语译成法语就难于意大利语译成法语或德语译成拉丁语。在德语和拉丁语中，动词经常出现在句尾，因此译者常常需要等到句子结束，才能开始翻译。如果译者翻译的是法语，动词一般会出现在句首，译者可以选择稍等下文，或可以猜测句子的走向。

我告诉阿方斯，自己在处理英语时也经常遇见类似的情况。在很长一段时间里，我进行采访时会使用磁带录音机，以便捕捉每一句话。但是获得准确度的代价是耗费大量的时间。1 个小时的采访可能需要 4 个小时进行转录，或许只为了为数不多的有用观点或引言。不过，手写笔记更不现实：我的字很糟糕，着急的话就更没法看了。有时进行电话采访，我就一边听采访对象发言，一边在电脑上做记录，这样至少看起来整洁一点儿。不过我打字的速度要比大部分人的语速慢得多，所以我回看笔记时，经常会发现语意不详的片段，比如：

If something surprising to it, have a faster.

这次比较幸运，因为我可以在写下之后不久就进行改正，我还记着发言人原话说的是：“If something surprising happens, you have a faster reaction to it.”（如有令人惊喜的事情发生，那么你的反应会更快。）检查这些片段，我找到了问题所在。最初，我稳扎稳打，正确获取前 3 个词——“If something surprising”。

但我的受访对象语速太快，导致我乱了方寸，因此决定开始〔动词“happens”（发生）之后〕记忆他所说内容的关键部分，并在他停顿时迅速写下来。我像杂技演员一样把他说的话扔到“空中”（短期记忆中），留着稍后再用。与此同时，我记下随后听到的词（to it）。在他接着说的空当——没有停顿，哎——我记下还能从刚刚过去的瞬间里回想起的几个词（have a faster）。以上所有这些都是在无意识情况下完成的，在一个小时的对话中要重复无数次，每次花费的时间只够说个短句。我能记住什么信息真可谓奇迹了。（如果遵循阿方斯的方法，即写下而不是记住关键短语，那么我可能会好过些。）

听阿方斯的讲述，译员像是奥古斯丁会认可的人——在过去与未来、记忆与预期之间来回拉扯。根据阿方斯的估计，译员平均能承受 15 秒至 1 分钟的滞后，即译员听到说话内容与做出“同声”翻译之间的时间差。译员水平越高，能承受的滞后就越长，这意味着在产生译文之前，能在头脑中装载更多的信息。译员可能需要事先准备三四天，来熟悉即将面对的行业术语。阿方斯说，如果进展顺利，同声传译和冲浪很相似。

“你必须用尽可能少的时间思考词语，”他说，“当你听到一段韵律时，要随着它流动。不要想着停下来，因为如果落后了，你就会失去时间，就会迷失。”

有一段话从“这里”开始，加进几个词和一两个从句，最后在“这里”结束。我花了几秒钟时间写出这样一句话，但可能背后需要几年的时间把背后的想法付诸纸上。但你可能两秒钟就读完了——快到连你自己都忘了是否已读过，或不确定阅读这段话是否需要时间。通过某些标准衡量，这就是现时。

但严格说来并不是，因为大量认知行为出现在那一段时间跨度里，尽管大脑或思维并不清楚自己在竭尽全力将这种认识行为混淆为意识本身。你在阅读时，并不会真正注意到自己的眼睛在页面上飞快掠过，预览接下来的字句或回顾已读过的部分。研究表明，30% 的阅读时间是用来回看已读内容的。如果你要消除这种“倒退现象”，可以借助索引卡来遮盖读过的文字，这样可以充分提高阅读速度，但前提是相信某些速度课程提出的主张。

德国心理学家和神经系统学家恩斯特 · 鲍博安（Ernst Pöppel）在自己的著作《意识的限度：关于时间与意识的新见解》(*Mindworks: Time and Conscious Experience*）中，描述了一项针对自己的试验，旨在揭示阅读体验的不连续性。他从西格蒙德 · 弗洛伊德撰写的一篇关于无意识心理的文章中截取了一段：

SOME REMARKS
ON THE CONCEPT OF THE UNCONSCIOUS
IN PSYCHOANALYSIS

I should like to present in a few words and as clearly as possible the sense in which the term "unconscious" is used in psychoanalysis, and only in psychoanalysis.

1 ▶ A thought—or any other psychic
2 ▶ component—can be present now in my con-
3 ▶ scious, and can disappear from it in the next in-
stant, it can. after some interval, reappear
completely unaltered, and can in fact do so from

图 7　弗洛伊德撰写的一篇关于无意识心理的文章片段

阅读时，有一台设备会跟踪他的双眼在页面上的移动情况，记录所看的位置和持续的时间。随后他大致绘制出一幅运动曲线图：曲线上移代表他从左到右阅读第一行文字，后下摆至谷底代表他已读完这行，开始阅读第二行。虽然他的阅读体验很顺畅，不过双眼的移动却迥然不同。他的视野路径俨然一系列台阶，视线前行十分之二或十分之三秒来“吸收”文字含义，接着跳到下一个“吸收点”。

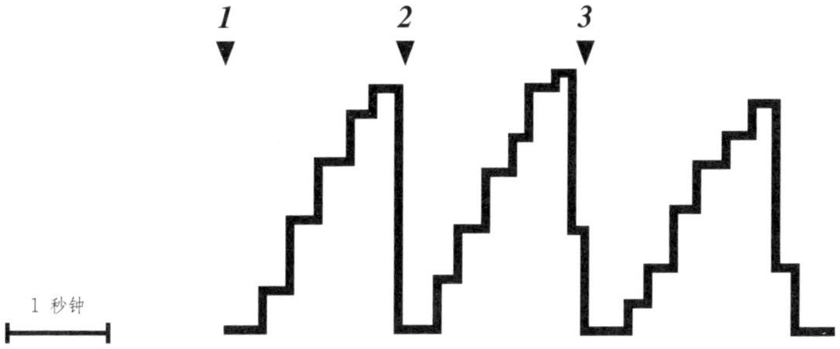

图 8　鲍博安的视野路径就像一系列台阶，视线前行十分之二或十分之三秒来“吸收”文字含义，接着跳到下一个“吸收点”

随后，鲍博安加大阅读难度，从康德的《纯粹理性批判》(*Critique of Pure Reason*) 中挑选了一篇长度相当的文章。时间代码映照出增加的阅读难度：与弗洛伊德相比，康德的每行文字都要花费鲍博安两倍的阅读时间，而视线停留以便吸收信息的时间也多出两倍。

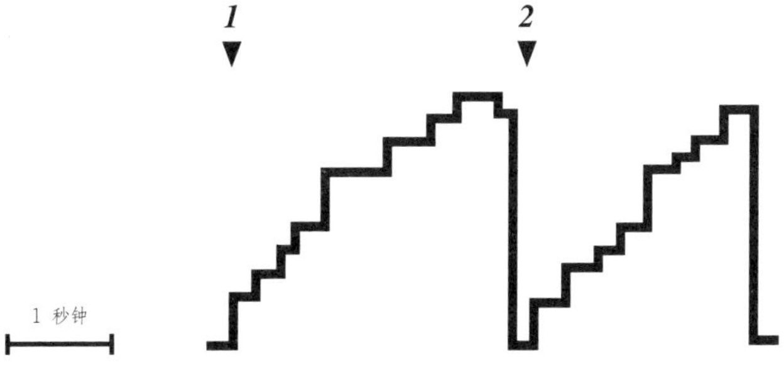

图 9　阅读康德的每行文字需要花费比弗洛伊德的文字两倍的时间

最后，鲍博安尝试阅读中文，他备注“文章作者不详”。从曲线图可以看出，他花了几秒钟时间来试图阅读几个汉字，但第一行看到三分之二时就放弃了，直接跳到了行尾：

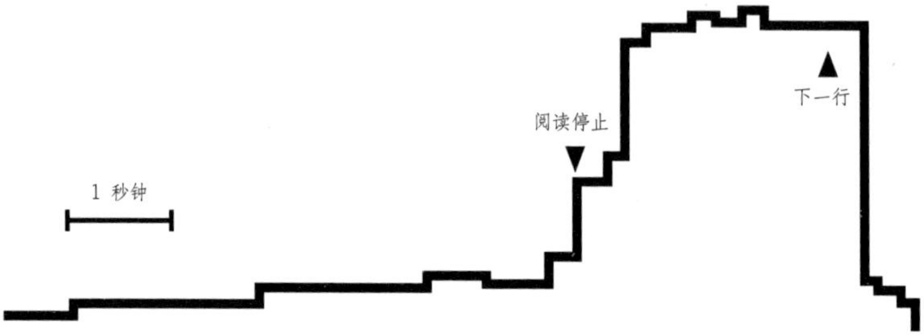

图 10　尝试阅读汉字，但第一行看到三分之二时就放弃了

鲍博安得出的观点是，我们有时体验的“现在”，其实充满着认知活动，比如音节、扫视、获取意义等，这些活动不能完全通过自省获得。此外，他还提到，每个瞬间中的忙碌都是经过缜密安排的。连续说出多个音节、眼睛扫过每个字词都同步得“如同一列按照时间表运行的火车的各节车厢”。但是，这是如何做到的呢？

1951 年，哈佛大学心理学家卡尔·拉施里（Karl Lashley）在一篇文章中阐述了时间与语言的关系，这篇《行为中的顺序问题》(*The Problem of Serial Order of Behavior*)现已被奉为经典。拉施里提出，由于字词要传达意思，所以必须以特定的顺序出现。“Little a mary had lamb”这样的短语没有任何意义，但重新排列为“Mary had a little lamb”（玛丽有一只小羊）就可以理解了。正如我的意大利翻译所说，各种语言间有着截然不同的句法。拿英语为例，形容词一般位于它所形容的名词前面，如“yellow jersey”（黄色运动衫）；而在法语中则出现在后面，如“maillot jaune”（足球衫黄色）。这些规则具有可塑性，可以在社交中习得，并且会随着时间发生变化。尽管如此，对于任何语言来说，字词顺序都至关重要，因其蕴含意义。

在大多数情况下，我们不会注意到句法，仿佛句法在意识无法触及的短暂时间里会自己显露出来。（当首次看到“Little a mary had lamb”时，大脑急于找出顺序，以至于可能已经明白了所要传达的意思，却忽视了错误的语序。）有时，我们还会把顺序搞乱。拉施里指出自己在打字时，有时会出现拼写错误，把“these”（这些）写成“thses”或者“rapid writing”（快速写作）误写成“wrapid riting”。〔实际上，我在输入以上句子时，错把“typed”（输入）写成了“dypet”，而后又进行了修改。〕值得注意的是，这些错误常常属于预判失误，即一个应该稍后出现的字母或词语却提前出现了，也就是现在，仿佛思想之眼（需要一个更好的专业名词）眺望了一下，导致手指及其当前的工作受到影响。那么，我们如何在不思考的情况下生成正确的时序呢？拉施里认为此问题“是大脑心理学中最重要却被忽视的问题”。

依照鲍博安看来，虽然拉施里未曾用文字表达过，但其头脑中的组织机制其实是一个时钟。“在脑力安排下，将字词架构串接到正确顺序的途径，属于时钟法，”鲍博安写道，“大脑中的时钟可确保所有管理机构正常工作，并保持大脑中参与字词排列的所有区域均同步运转，以便在整体计划中，可以在正确时间履行指定的任务。”这个大脑时钟是“通过正确排序的文字媒介传达一种思想的前提条件”。没了它，我们将无法自我表达。

“所有复杂的行为都包含时间，”洛杉矶加利福尼亚大学的神经系统学家汀·布诺曼诺（Dean Buonomano）和我初次见面后说，“我们尚不完全清楚大脑是如何在不理解时序内容的情况下操纵这个世界的。”

布诺曼诺是少数几位投身于毫秒级生理时间研究的学者之一，和业内多位科学家共同执笔撰写了多篇文章，其中包括伊格曼。他一直专注于探究我们在日常生活中体验的时间是如何与神经元活动建立联系，并借此表现出来的。他说，神经系统科学是门年轻学科，它擅长回答某些种类的难题，例如，大脑如何解读空间信息。举个例子，20世纪60年代的研究发现，你之所以能够分辨垂直线和接近垂直的线，得益于视觉皮层中的独立神经元，它可以对不同定向分别做出反应。在某种程度上，空间中的点映射到视网膜神经元的方式类似于音符映射到钢琴键。但是，如果问神经系统学家如何判断银幕上的一条线长于另一条线，他们很可能无言以对。

“我认为时间之所以一直被忽视，是因为科学还没成熟到出现足够尖端的研究方法。”布诺曼诺说，甚至提到“时间”这个词能激起多重定义和限制条件。“这个领域有意思的一点是，”他说，“没人能说清大家在讨论什么问题。”

布诺曼诺和我在咖啡馆大厅见面，随后穿过校园，走进棕榈树林中的小道，来到他的办公室。他 8 岁时，当时身为物理学家的祖父送给他一块秒表作为生日礼物，从此他便开始着迷于时间。这块表让他爱不释手，并用它对自己的任务进行计时，比如在完成一个拼图或走过一个街区时等。后来，他在期刊《神经元》(*Neuron*)上发表文章，阐述时间如何在大脑中运作，当时的期刊封面就是那块秒表的照片。

布诺曼诺指出，当以毫秒为单位看待时间时，有必要清晰分辨时序和计时。时序是一段时间中事件发生的顺序；计时是持续时间，即事件持续多久。这两种现象虽然有别，但可以巧妙地融合在一起。最简单的示例是莫尔斯电码(Morse code)，该电码研发于 19 世纪三四十年代，主要应用于电报业。莫尔斯电码是一种完全由脉冲构成的语言，包含了点、线和夹杂于其中的空白。现代国际通用的莫尔斯电码有 5 种语言学要素：基础点或“dit”(短音)；线或“dah”(长音)，长度相当于 3 个点；无音间隙，长度相当于 1 个短音，位于 1 个字母的点与线之间；无音间隙，长度相当于 3 个短音，介于字母之间；以及位于词与词之间的 7 个短音长的无音间隙。

为了能正确表达和理解莫尔斯电码，需要准确把握时序和计时。如果颠倒顺序，数字 4 就会变成数字 6(— · · · ·)；倘若中间要素计时错误，字母 D 直接就变成字母 G(—— ·)。

优秀的编码员每分钟能生成翻译 40 个字，纪录为每分钟 200 多个字。在这样的速率下，单个短音的长度可以介于 6 毫秒（六千分之一秒）到 30 毫秒（三百分之一秒）之间。一次，《华尔街日报》（*The Wall Street Journal*）采访了查克 · 亚当斯（Chuck Adams），他是一位已退休的天体物理学家和编码员，平时会利用自己的业余时间将小说翻译成莫尔斯电码。在发表了“每分钟 100 字”版本的赫伯特 · 乔治 · 威尔斯的作品《世界大战》（*The War of the Worlds*）之后，亚当斯收到一名男子发来的反馈电子邮件，信中说亚当斯拉长了字与字之间的间隔，即标准 7 个短音变成了 8 个短音。亚当斯的翻译速率让这位读者很恼火，因其时间跨度只有一万二千分之一秒。

为准确辨识这类短暂的持续时间——不是每秒一次，而是每秒成百上千次——需要对持续时间建立敏锐的感觉。鲍博安说得对，语言需要时钟。但是，这个时钟在哪儿？又是如何运转的呢？对此，布诺曼诺告诉人们不要从字面上理解毫秒时钟。用于描述思维的常见模型种类常常无法捕捉神经元真正复杂的运转过程。对如何评估持续时间的标准阐述，需要涉及常被称为“起搏器—累加器”（pacemaker-accumulator）的时间模型，其大致内容如下：在大脑中某个位置存在类似于时钟的东西，可能是以稳定步调振动的一系列神经元，这些神经元生成的脉冲或摆动被以某种方法收集并存储了起来。将一定数量的摆动加起来（比如为 90 秒），那么当总数累积超过这一数值时，你就会意识到自己等待红灯的时间可能过长。

但是，神经元的世界并非如此有条理。“很难把大脑世界比喻成现实生活。”布诺曼诺说。他坚信毫秒时钟并非如一组脑细胞一样清晰可辨，而更像是遍布神经元网络的一种流程，不存在于任何一个特定位置。“计时是流程中一项基础内容，因此不会设有母钟进行计时，”他说，“这里不需要母钟，因为不牢靠。”

当刺激到达大脑——比如莫尔斯电码中的一个短音撞击听觉神经或一道闪光进入眼睛——会在神经元之间触发电兴奋传递。信号以神经化学递质的方式，从一个神经元跨过一个小缝隙或突触传递到另一个神经元，这一过程将诱发第二个细胞发射和传输自己的电信号，类似于一位科学家把一把钥匙扔给走廊另一端的同事。但是，第二个神经元发射和恢复需要花费 10 ~ 20 毫秒的时间。如果在这段时间里出现了另一个信号，那么将以不同于前一个信号的兴奋度进入该神经元。卡尔 · 拉施里写道，最能描绘这种情况的方法是“把大脑想象成湖面”。当刺激出现时，会生成信号进入神经元网络，并产生一波又一波的兴奋，如同石子投入水中。接着另一个信号加入其中，在已经泛起涟漪的湖面上制造自己的波纹，如此连绵不绝。大脑中一直上演着这样的场景。神经元并非静止不动，等待莫尔斯电码的短音推动它们产生行为，而是一直处于忙碌状态——传递信息、短暂休息、再次传递。“输入信号进入的绝不是一个安静或静态的系统，而是一个始终处于兴奋、有序的系统。”拉施里这样写着。

布诺曼诺说，这些涟漪转瞬即逝，最多持续几百毫秒。不过，这意味着神经元网络能将刚刚出现的信息保存一小段时间。因此，网络中同时存在两种状态，即最新的刺激产生的行为模式和刚刚过去的刺激留下的短暂残留，布诺曼诺将后者称为“隐藏状态”（hidden state）。这是一种短暂的记忆，是毫秒时钟的本质。两种状态的并存——神经元小组产生的若干兴奋峰值的交替出现、消失——揭示了两者之间时间流逝的情况。与其说时钟是个计数器，不如说是结构探测器，对比湖面上连续出现的波纹快照，并将空间信息转化成时间信息：状态 A 和状态 G 重叠，说明已经过去 100 毫秒；状态 D 和状态 Q 重叠说明已过去 500 毫秒；等等。布诺曼诺在电脑上模拟运行了包含这类隐藏状态的神经元网络，结果发现模型运转正常，说明神经元网络能够分辨不同的时间间隔。

布诺曼诺说，这个模型还引出另一项重要预测。如果有两种刺激，比如两种完全相同的音频信号，彼此相隔 100 毫秒（短于神经元网络的重置时间），那么当第二个进入时，网络还处于第一个刺激产生的兴奋中。不仅如此，隐藏状态还将改变新状态的呈现方式。“神经元当前的输出依赖于刚刚发生的过去。”

他说。换句话说，如果完全相同的刺激相隔特别近，你对此的体验将变成不同的持续时间。布诺曼诺巧妙地设计了一套实验来证明这一点。在一个版本的实验中，志愿者听到两声快速连续的短暂音调，然后要求说出两者之间的间隔时长。间隔变化多样，分辨也很容易，直至布诺曼诺在目标音调前插入了一个持续时间和频率完全相同的“误导”音调。如果提前时间短于100毫秒，实验对象便很难准确判断两个音调之间的间隔时长。

布诺曼诺说，真实发生的情况是，误导音调改变了对第一个音调时长的感知，进而阻碍了对目标音调之间的间隔评估。在该实验的另一个版本中，志愿者听到两声快速连续的音调，其中一个音调比另一个长，随后要求指出哪些音调在先。如果误导音调提前目标音调100毫秒出现，那么估值的偏差就会增大，因为实验对象很难判断哪个音调更长，进而更难推测正确的出现顺序。在毫秒范围中，计时和时序变成了“双胞胎”。的确，其他研究人员发现，如果两个音位快速连续出现，那么某些类型的阅读障碍患者就很难准确分辨两者的顺序。这可能由于无法正确估算毫秒级的持续时间和时间间隔。不管怎样，布诺曼诺的模型告诉我们，尽管大脑可能存在毫秒时钟，但这个时钟既不摆动，也不计数。

— 4 —

时间蒙太奇

1892年，50岁的威廉·詹姆斯表示已“厌倦实验室工作”，便把自己在哈佛大学的心理学实验室交由雨果·闵斯特伯格（Hugo Munsterberg）进行管理。闵斯特伯格是一位德国实验心理学家，3年前与詹姆斯在巴黎举行的第一届国际心理学家大会上相识为友。闵斯特伯格曾在莱比锡城师从詹姆斯的导师威廉·冯特，并被众多历史学家誉为将心理学应用到工业和广告业的鼻祖。他帮助宾夕法尼亚铁路局和波士顿高架铁路公司编写心理测试，用于选拔最可靠的工程师和有轨电车驾驶员。他曾提出，提高工人工作效率的一种方法是重新规划办公室设置，使员工在工作时很难彼此交谈。他的著作颇丰，其中包括《商业心理学》（*Business Psychology*）、《心理学与经济生活》（*Psychology and Industrial Efficiency*）等，还发表过一系列著名文章，例如1910年刊登在《麦克卢尔》（*McClure's Magazine*）杂志的《寻找毕生的事业》（*Finding a Life Work*）。文中提出多项心理学试验，能够揭示“人们真正的使命”，反击“美国存在的盲目的事业发展观”。

闵斯特伯格的另一个著名身份是史上首位影评家。他钟情于早期影院，曾发表《我们为什么看电影》（*Why We Go to the Movies*）等文章，并在 1916 年出版著作《电影：一种心理学研究》（*The Photoplay: A Psychological Study*），他强调电影应该被视为一种艺术形式，其中一个原因在于电影的效果是人类思维运转的真实再现。闵斯特伯格将这种媒介应用到自己的工作中，研发出一系列心理测试，可在电影正式开始前播放给影院公众，帮助他们“了解从事特种工作需要具备哪些特质，以便每个人都能找到适合自己的场景”。这是他于 1916 年在首届国家电影博览会上演讲中的一段话。他曾设计过一项测试，旨在“训练执行力思维，必须在场景出现时立即捕捉其含义”。在测试中，观察者会看到一行不规则字母，并被要求将这些字母重新排列，组成一个词汇。

历史学家斯蒂芬 · 柯恩（Stephen Kern）曾写道，影院的出现扩大了叙事的可能性。正如摄影是在捕捉时间，而电影则是解放时间。一则故事能够以不同的速度向前跳、向后倒或横向发展。倒转镜头，时间也跟着倒转了：比如一个人能从水里单脚跳出，安全落在岸边；打碎的鸡蛋可以完美复原。在《时空文化 1880—1918》（*The Culture of Time and Space, 1880–1918*）中，柯恩援引弗吉尼亚 · 伍尔夫（Virginia Woolf）的观点：“这是现实主义者用来讲故事的卑劣勾当：从中午一直延续到晚上，这是虚构的、不真实的、违背常理的。”但对于闵斯特伯格来说，电影在时间里能够实现前后跳跃，恰好是对人类记忆活动近乎完美的诠释。特写镜头就是观察者全神贯注的视角。他曾写道，“摄影机的工作就是我们思维中注意力的写照”；并在另一篇文章中补充道，“摄影机所展示的内在思维必须存在于摄影机动作之中，这样才能超越空间和时间的局限，注意力、记忆力、想象力和情绪便可以投射在感官世界中”。

在随后的几十年间，电影和视频变成了最常用的比喻手法，用来解释流行性话题：大脑如何感知时间。眼睛是我们的摄影机和镜头，现时是对某些短暂的、或许可测量的持续时间的快照，而时间消逝则变成了这种快照的照片流。

在这些图片被记录下来时，你的记忆会为它们打上标签，让事件和刺激在稍后的时间里如电影一样可以被重新组合和唤醒。这种时间观已渗透到神经系统学的各个角落，但伊格曼的大部分研究却在反对这种观点，他想让世界明白，大脑中的时间有别于电影中的时间。

一天下午，他在办公室急匆匆地和我说起自己近期撰写的一篇关于“车轮效应”（wagon-wheel effect）的文章。这种错觉在老西部片中很常见，比如移动中的驿站马车的辐条轮看起来像是在倒转。这种效果是由于车轮转速和摄影机的帧频不匹配造成的。如果辐条在电影定格期间转动一半但未达到一整圈，那么辐条看起来就像是在倒转。

如果光线条件刚好，现实生活中也会出现这种错觉。或许在一场漫长的会议中，你偶尔抬头看看会议大厅顶棚上的电扇，就会感觉它们在倒转。直接的诱因是荧光灯的闪烁频率超过意识注意，造成一种微弱的频闪效应，将电扇的连续运转打碎成一串不连贯的图片，在你的视网膜上快速闪烁，就像电影放映机在屏幕上快速播放静止的图片。电扇转速和荧光灯闪烁频率的不匹配导致了错觉的产生。

在极少的情况下，可以在持续光照下看到这种错觉。1996 年，杜克大学的神经系统学家戴尔 · 珀维斯（Dale Purves）在实验室中重现了这一现象。他在一只小鼓的周边涂上一圈波点，让实验对象在侧面观察小鼓快速转动。小鼓向左转时，波点也开始左转；片刻之后，波点倒转，开始向右转动。不过，并不是所有实验对象都看到了这一现象，有些是过了几秒钟就看到了，另一些则花了几分钟。另外，人们无法预知反转在何种转速下会突然出现。总之，有人看到了这种现象，并且确实发生了。

为什么会这样？珀维斯和其同事提出，实验室中的错觉如车轮错觉一样，有力证明了我们的视觉系统具备如同电影摄像机一样的运转机制：错觉产生自感知帧频和小鼓转速之间的不匹配。持续光照下出现错觉“说明我们正常情况下看到的运动，如同电影中的情况一样，是通过处理一系列视觉片段获得的”。还有其他几位科学家将此项研究视为一项证据，证明我们将世界处理为一系列可感知的独立瞬间。

伊格曼对此持怀疑态度。如果我们确实通过类似于电影画面的独立瞬间来感知世界，那么，结果会变得更加有规律、可预测。例如，车轮转到一定速率后就一定会出现错觉性反转现象。但他举出了反例，一项他称之为“我的 15 美元试验”的项目。他在一家旧货店买了一面镜子和一台旧录音机。随后在一面鼓上标记一系列波点，并放在可转动的设备上，以重现原始试验场景。接着他把装置放在了镜子前，届时实验对象能够同时看到位于左侧、向左转动的真实小鼓，以及位于右侧、向右转动的映像。如果大脑能像电影摄像机那样以独立的快照进行感知的话，那么两面鼓（真鼓及其映像）应该同时出现倒转现象。

但实际上并未发生。虽然两面鼓都出现了倒转，但并未同时发生。伊格曼总结得出，错觉不涉及任何感知帧率，也与我们如何感知时间无关。相反，它与瀑布错觉（或运动后效）相关，并涉及一种叫作“对抗”（rivalry）的现象。当你看到标有波点的鼓从右向左转动时，众多探测到左转的神经元受到刺激。但是由于运动探测机制使然，一小部分探测到右转的神经元也受到刺激。结果如同选举投票一样，大部分情况下是多数派获胜，最终你能正确感知鼓的运动。但从统计学角度看，少数派也存在一定的胜出机会，在极少情况下胜出时，就会生成反转的错觉。“这是神经元数量的比拼，”伊格曼说，“小众偶尔也会赢的。”

电影摄像机的比喻仍暗藏在神经系统学领域中。想象一系列完全相同的图片——比如一双球鞋　　在你面前的屏幕上快速闪过。尽管所有图片的持续时间相同，但第一张图片仍会显得比后面的图片停留时间长。对照研究表明，停留时间多出 50%。这一现象俗称为剪影效应或开端效应。（声音也存在这种效应，比如哔声加上触觉脉冲，只是效果不大明显。）同样，一系列相同的图片之中插入一张不同的图片，比如连续的球鞋图片中插入一张船只的图片，那么这张船图看起来也会停留较长时间，尽管这张图片的持续时间和其他图片一样。科学家将此称为“新异刺激效应”（oddball effect）。

此现象的标准解释涉及时间的起搏器—累加器或计数器模型：大脑中的某个地方像时钟一样以特别小的时标进行运转，能够生成可以被收集或保存的稳定脉冲或摆动。现在出现一张新异的图片，由于与以往不同，所以吸引着你的注意力，提升了对新异图片数据的处理速率，进而导致你在观察新异图片时，内部时钟的摆动略微加快。因为你在观察新异图片时，大脑收集的“摆动”相对更多，因此你感知的新异图片持续时间更长。犹如你在看一场电影，新异图片的出现导致帧率出现暂时性放慢，并把时间拉长。一位科学家曾将新异体验称为“时间的自主性延伸”。

伊格曼却认为其中另有蹊跷。想象一下，你在观看一部电影中的追逐场面，警车飞出坡道。如果你调慢播放速度，音质和画质都会受到影响，警报声的音调也会降低。不过，现实生活中的持续时间在发生扭曲时，一次只包含一种感觉形态。“时间不是一个整体。”伊格曼告诉我。大脑中的时间不是一个统一的现象，因此新异刺激效应的根源在哪里？他认为应该不是注意力。一方面，注意力速度比较慢，当你突然间“注意”一件事物时，需要花费120毫秒（多于十分之一秒）调动注意力资源瞄准目标。图片闪现的速度加快后，你仍然会体验到新异刺激效应。此外，如果是注意力导致时间发生“膨胀”，那么更能引起注意的图片会更加明显地触发新异刺激效应。但是，当伊格曼在试验中采用“吓人的新异图片”时——比如蜘蛛、鲨鱼、蛇的图片，或按照情绪特征从国际图片数据库中抽取的其他图片——这些图片并没有比正常的新异图片停留更长时间。

他觉得可能是标准答案有些“本末倒置”了。并不是首张图片和新异图片比正常图片的停留时间长，它们的持续时间是相同的；相反，由于大脑已经熟悉了随后出现的图片，导致它们的持续时间稍微低于正常水平，相比之下，首张图片和新异图片的停留时间就显得更长一些。因此，不是新异图片“膨胀”了时间，而是相同的图片“压缩”了时间。大脑生理学的研究表明，确实存在一些类似的情况。借助脑电图、PET（正电子发射计算机断层扫描）技术和相类似的神经元活动监控设备，科学家发现：实验对象受到一连串重复或相似的视觉（或听觉、触觉）刺激时，相关神经元的激发率会随着过程的发展而削弱，但是观察者并没有意识到有何变化。仿佛在连续观察完全相同的图片时，神经元的处理效率会提升。这种现象叫作“重复抑制效应”，可能是大脑用来保存能量的一种途径，也可能是让观察者提高对重复或相似事件的反应速度。神经元借此可缓解压力，而意识思维对此却一无所知。

以上可能解释说明了开端效应和新异刺激效应。在标准答案中，新异图片吸引了更多的注意力，也就消耗了更多的能量，这种“花销”可能拉长了新异图片的持续时间。但是，倘若重复抑制效应是根本原因，那么就会出现相反的情况：连续图片的持续时间缩短，新异图片在相比之下显得有所拉长，注意力也是。其实注意力并没有扭曲时间，时间之所以发生扭曲，是为了引起你的注意。这是对人类自尊心的又一次打击。我们以为注意力是意识本身的表达方式，但它只不过是另一种及时反应；如同一些观众在传说中的现场演播室的情景喜剧中发出的“油腻”笑声。

我们习惯性地以为自己体验到时间错觉——一张图片或一件事比正常情况持续更长或更短的时间——是因为大脑在某种程度上密切关注着“正常情况”的含义。看起来好像在某个位置存在一个时钟，能追踪实际的时间，并在我们对时间的体验发生变化时提醒我们。但是，众多科学家开始探究其背后的真实情况究竟如何。“大脑不为物理时间编码，只为主观时间编码。”一位著名的心理学家这样告诉我。这一观念至少可以追溯到威廉·詹姆斯，他曾强调人类无法说出实际的持续时间，只能表达我们对持续时间的感知。对新异刺激效应的修订版解释貌似支持这种观点。新异图片的持续时间并非超过正常水平，只是看起来超过了其后面出现的图片时间。人类对持续时间的评估不是独立存在的，会与其他刺激事件的持续时间进行比较。

“说我们能理解最纯粹的持续时间可能并不准确。”伊格曼说。我们测量持续时间的时钟与其他任何时钟一样，只有与其他时钟建立联系后才有意义。“你甚至无法知晓时间膨胀和时间压缩之间的区别，你只能问一个与之相对的问题：哪个感觉更长？因为我们根本不知道哪个是‘正常’的。”

为探究这一想法，他开始着手一项 FMRI（功能性磁共振成像）实验，我也主动参与其中。功能性磁共振成像是一项监视大脑中含氧血的流动情况的技术。研究志愿者处于平躺状态来执行某项思维活动，FMRI 仪器会大致揭示出哪些大脑区域参与其中。在实验中，实验对象会经历基础版的新异刺激测试，我看到一连串 5 个一组的单词、字母或符号，例如“1……2……3……4……1 月份”，然后说出是否出现新异图片。在此过程中，FMRI 仪器会探测我的神经元活动在面对新异对象时是否加快或减慢。“我在 FMRI 仪器中可能经历了持续时间扭曲现象。”伊格曼说，“但我不会被问及此事，因为重要的是神经元做出的反应，而不是意识反应。”

FMRI 实验室位于大厅内侧，一名工作人员监视着计算机操作台，而操作台后面是一面巨大的玻璃窗，透过窗户可以看到摆放机器的房间。工作人员要求我拿出衣袋中的所有东西，于是我交出自己的笔和一些零钱，还有岳父赠送给我的手表。实验大约需要 45 分钟，在此期间我会一直静躺在狭小的空间里。我突然间意识到，除了试验要求的那些心智能量外，我还需要尽力记住接下来要发生的一切，因为我没有其他的记录设备。我对工作人员说自己以前从未体验过 FMRI 设备。

“你有幽闭空间恐惧症吗？”她问。

“我不知道，”我说，“答案一会儿就揭晓了。”

机器设有一个圆形开口，从中伸出一个长长的金属床架，我躺在上面。工作人员给我一副头戴式耳机，在我的右手里塞了一个遥控器，然后把一个类似于接球手面具的半圆形笼子罩在我的头顶。接着她给我盖上保暖被单，随后走出房间并按下按钮，我随即头朝里滑进了设备里面。

设备内部和我的身体差不多宽，我浑身上下都能感受到一股来自机器磁共振的强烈脉冲。我突然间觉得自己身处的环境类似于子宫。在“接球手面具”内部，距离我双眼不远的地方有一小面镜子。镜子摆放的角度形成潜望镜的效果，我不用动身就能越过我的头顶看到机器的另一端，那里放置有一台显示着空白光线的电脑屏幕。这让我失去了方向感，头脑中迅速闪现许多奇怪的想法，比如我正倒立着眺望远处的地面；又似从船只的舷窗向外窥探；或许我摇身变成了某人体内的“小矮人”，正透过那个人的眼睛张望四周。能听到的唯一声音是电子颤振，或类似于老式电影放映机的那种摇晃的声音。片刻间我以为自己正在欣赏一部默片或是我家的家庭录像。

正在这时，问题出现了。用于运行试验的软件程序崩溃了，白色屏幕变成了布满编程代码的蓝色电脑桌面。随即耳机中传来帕利亚达斯镇定的声音，安慰我说一会儿就好。我看到屏幕上出现来回移动的光标，并输入一种让人无法理解的语言和符号。忽然，我有一种非常真切的感觉，既迷幻又诡异，仿佛看到了自己头脑中的编程基质，我俨然成了电影《2001 太空漫游》（*2001: A Space Odyssey*）中的哈尔，看着人类修复自己。或许，我根本没出任何问题，也没有帕利亚达斯。我只是在对现时情况做出反应，并通过某些偶然发生的故障，揭开了反应机制的神秘面纱。

显示器恢复成白色，试验也最终开始了。单个字词或图片逐一出现：“床……沙发……桌子……椅子……星期一”，接着是“2 月……3 月……4

月……5月……6月”，等等。每个系列结束后，屏幕上会出现一个问题：“是否存在新异情况？”此时我的任务是按下手中的遥控器——左键为“是”，右键为“否”——来表明自己是否看到某些不属于较大范畴的事物。这一程序重复了多次，5个字词或图片快速连续出现，接着是一段较长的停顿，屏幕会变白，然后问题出现。我在事前被告知必须等到问题出现后才能按下按钮，因此在我等待期间，我发现自己陷入了空白。这种空白不断拍打着我的记忆，干扰着我对过去的把控，以至于问题出现时，我需要拼命回想仅仅片刻前看到的字词或图片。新异——新异是什么意思？

我昏昏欲睡，只要序列结束，出现白色停顿，我就立刻把手指放在正确按钮上，以防我在需要答题的时候忘记了正确选项。每当一张图片出现，我都感觉它在隐约变大，特别真切，随即在我眼前消失。可以说，我迷失在了现在之中，然而一丝杂念好像从未来向我发出召唤，或许是把我推向模糊的未来：我有点饿，耳机夹得我头疼，腿脚已经不听使唤。还有多少问题要回答？我睡着了，又醒来，这是来世吗？我好像孕育了某样东西，或是我凭借某样东西获得了重生，这样东西可能是一个想法、一段编码或一个字。

最终，我从金属管道中脱身，发现我还是我，完好无损，身在休斯敦的一间实验室中。实验室工作人员撤掉被单和我头顶上的笼子，我起身离开时，她递给我一张CD，里面包含了我头脑中数百张黑白图片：“这是你大脑在时间上的呈现。”需要等上几个月，在伊格曼完成几十项FMRI试验和数据分析后，这些结果才能被赋予意义。而现在，我只是数据点采集中的一个点。

“恭喜你，”工作人员高兴地说，“你是我们中的一员了！”

如果时间不止于颜色的属性，会怎样？

伊格曼渐渐开始认为，时间感知至少在毫秒级别属于编码效率问题。你对刺激的持续时间的估算是神经元处理刺激所需能量的直接体现。大脑反应某一事件所需的能量越多，那么该事件的持续时间就越长。

新异刺激效应便是一种证明。当你看到一连串完全相同的图片时，神经元做出反应的振幅会降低，不断重现相同图片所需的能量也会缩减。这类图片记录的持续时间较短，但你对此一无所知，直到出现一张新异图片，其持续时间在对比之下显得略长。在寻找更多证据的过程中，伊格曼收集了能找到的所有相关期刊论文，涉及大约 70 项不同种类的研究，覆盖 1 秒及更短的持续时间。所有这些都支持他的假设。例如一个点在电脑屏幕上短暂停留，你需要判断它的持续时间：点越亮，持续的时间可能越长。同样，点的面积越大，持续时间越长；移动中的点比静止的点持续时间长；快速移动的点比缓慢的持续时间要长；闪烁频率高的点比频率低的持续时间长。一般而言，刺激越强烈，持续时间越长。同理，较大数字的感知持续时间要长于较小的数字。例如你看到“8”或“9”持续大约半秒钟，在尺寸大小和持续时间完全相同的情况下，与“2”或“3”等较小的数字相比，持续时间也会显得稍长一些。脑成像研究显示出相同的结果：与较小的物体相比，尺寸较大的物体会引发观察者更剧烈的神经反应；物体处于移动、快速闪烁或若隐若现状态下均能触发更为激烈的神经反应。时间——持续时长——看起来是大脑对某项任务的能量消耗的一种表达。

在这方面来看，持续时间比较类似于颜色，伊格曼说。世界上并不真实存在颜色，相反，是由于我们视觉系统所探测到的某些电磁辐射波长（其实是窄谱），并将其转译为红色、橙色和黄色等。“红”并不与红苹果绑定在一起，而是从我们的思维发出，是对物体能量辐射的一种“翻译”。或许持续时间也是经由我们的思维处理的。“在实验室中，我们之所以能让某样东西看起来持续更长或更短时间，原因在于时间并不是大脑可以被动记录的‘真实事物’。”他说。认为时间和颜色一样虚无“真是太疯狂了”，他坦白道：“很明显，如果有人听到这种看法，他们会说：‘既然这样，那又该如何解释自我感知的轨迹、我的生命叙事呢？’”

一天下午，我跳进伊格曼的皮卡车，和他一同前往达拉斯零重力游乐园。一共 4 个小时的车程，不久我们就驶离了休斯敦郊区，进入得克萨斯平原：一片荒芜的褐色，沿途只有服务区和快餐店。其间我们途经一个巨大的木质标牌，上面写着“迷失：地图是我的作品”，也可能是“作品是我的地图”。我们当时的车速是 80 英里小时。

我们做梦或用药，甚至经历某些精神体验时，实际发生的情况可能比大脑（经常在无意识状态下）自然呈现给我们的更加奇异。“我们如同水里的鱼儿，一直想弄清楚水是怎么回事。”他一边开车一边说。自由落体实验不久便成了他的一个招牌。实验理念很简单：志愿者要进行已设计好的自由落体运动，刺激程度足以让人感觉时间好像慢了下来，伊格曼想借此探究“时间慢下来”的真正含义。这是对他儿时事情的再现，也是试图证明那个电影隐喻：当时间慢下来，所产生的感知会有多广泛？关于这一点，我读过和听过的有关时间静止的个人经历真是不胜枚举。就连我的母亲也曾经和我讲：有一天，她行驶在高速路上，突然间从一辆卡车上掉下一台冰箱，砸在她的正前方，她紧急转向，感觉像做慢动作一样绕过了冰箱。虽然我从来没经历过类似的事情，不过只要花上 32.99 美元和一点税，就可以在零重力游乐园以轻松、安全的方式体验那种神秘又迷幻的体验，何乐而不为呢？

实验的关键是出自伊格曼之手的类似于腕表的装置，上面有很大的数字显示器，他起名叫“感知型计时表”。显示器上显示的不是时间，而是连续快速的数字正像和负像。

图片交替速度相对较慢时，佩戴者可以看清楚所显示的数字，但速率提升到某个临界点后，佩戴者对图片的感知会发生重叠并彼此抵消，导致只能看到空白的屏幕。由于临界点因人而异，因此在进行自由落体实验之前，伊格曼会找出每个人的临界点，然后把交替速率相对调快几毫秒。我在自由落体过程中要观察这个装置，如果时间确实慢了下来，那么我在单位时间内便能感知更多内容，也就能准确读出显示器上的数字。

游乐场位于达拉斯城外数英里处，去往那里的必经之路上可谓尘土飞扬，道路两旁错落着加油站和刚刚长出新叶的小树。接近目的地时，我越过树顶望见高大金属建筑的上半部分，貌似埃菲尔铁塔，只是它尺寸更小些，而且外表是蓝色。伊格曼注意到我在写东西，于是模仿播音员的腔调朗诵道："他们铺就了一条狭窄的土路，通往远处的高塔……"

矗立在我面前的是规模庞大又拥挤的游乐园，它的大小类似于六旗乐园。但是里面只有一间白色售票厅，后面坐落着 5 个惊险刺激的游乐设施。最壮观的设施当属我在远处眺望的蓝色高塔——自由落体项目。当时是星期五下午，场地里只有两名游客——两位年轻男子，明显是对双胞胎，他们都是一头短发，笑起来很阳光，而且我得知其中一位第二天结婚。

伊格曼和同事最初设计实验时曾去过星盘游乐园，尝试了那里所有的过山车项目，但刺激程度均不足以扭曲持续时间。乍一看，眼前的这个项目也没有多可怕，不过其他项目看着倒让人有些不寒而栗。"得州发射器"是个巨型弹弓：中间是能够容纳两名游客的金属球体，借由橡皮筋似的绳索悬挂在两根 15 米高的立柱上。球体先由绞盘固定在地面，然后弹射到空中进行自由摆动、旋转。"摩天飞轮"有 50 米高，外形酷似只有两片扇叶的大风车。扇叶两端各设有一个单人乘客舱，这庞然大物转动起来肯定让人尖叫不止。相比之下，"空心进球"项目就"文静"得多：共有 4 根塔柱，上方 60 米处设有一个正方形平台，下方距离地面 15 米处拉有上下两张网。

"我想说的一点是这个项目非常安全。"伊格曼说。奇怪的是，在他未开口之前，我一直没认真考虑过安全问题。"这些项目的统计数据我都看过，从未发生过任何事故。"

我们坐在一张野餐桌旁，看着那对双胞胎开始体验。他们站在平台上，旁边是设施操作员，一位身穿 T 恤的肌肉男，协助他们穿上安全设备。平台中央设有一个正方形开口，操作员将一条绳索紧紧系在一个男孩身上，然后谨慎调整他的身位，让其以后背朝向地面的姿势穿过开口，悬挂在平台下方。接着，他就掉了下来——如同一块鹅卵石径直坠入下面张开的网中，他在网中左右摆动以减少冲击力。几分钟后，双胞胎的另一位也坠入网中。伊格曼让我猜测一下他们的下落时间，并写下：2.8 秒和 2.4 秒。两个小伙子结束体验后向我们走来，瞪大眼睛。“下落时间比你想象的要长。”其中一个说。

轮到我上场了。为了让双胞胎下到地面，缓冲网的位置有所降低。接着平台像电梯一样下降，我踏步上去。操作员帮我套上安全带，设备重得出乎意料。操作员说这是为了防止下落时发生翻滚而精心设计的，让人能以半躺的姿势落入缓冲网。他把我的安全带挂在顶部，防止在缓冲网归位之前发生意外。平台在震动一下之后开始上升，接近顶部的时候，拉动平台的绳索开始发出令人不安的嘎吱声，我们也在风中微微摇晃。突然间，我想起自己有严重的恐高症，于是我不停地环顾四周，就是不朝平台中央的缺口往下看。在距离半英里的地方，我看到推土机和其他挖掘设备在采石场里忙碌着；朝另一个方向看去，路对面是卡丁车赛道工地，再往远处是车水马龙的高速路。

平台最终停止了上升，操作员把顶部绳索从我身上解下来，然后把我头顶上的一根系在我的安全设备前端。他的动作迅速、娴熟，活像个刽子手。接着他提示我松手，这时我才意识到自己的双手正紧紧地抓着栏杆，我花了半天时间才完成松开的动作。然后他指导我背对缺口站立，并向后倾斜，让身体的重量拉紧绳索。我觉得自己和一个玩轮胎秋千的小孩差不多，唯一的区别在于我身处 60 米的高空，在微风中瑟瑟发抖。

他小心翼翼地把我推送到缺口上方，然后缓缓下降设备，使我穿过缺口，接着完成最后的调整工作。我在空中摇晃着，向上凝视我紧握着的“金属生命线”。或许是因为看不到地面，我的恐惧稍微消退了一些。奇怪的是，仿佛磁铁一般的强大地球引力倒让我感到一丝心安。

我得松开绳索，操作员说。我在违反人的一切本能的前提下，照做了。我握紧左手，并与右手紧扣在一起。这样在下落时，才能将绑在左前臂上的伊格曼的设备固定在我的视线里。一方面，我定睛观察那个小小的显示窗，据说里面有数字在快速交替——正像、负像、正像、负像——我根本看不清；另一方面，我焦急等待着回到地面。

我正在下落。

我记得设备脱离绳索时发出了金属碰撞声，但后来才听到。而最先涌现的真切感受是被牵制，或者说是向下撕扯。我仿佛被绑在了船锚或是重物上，然后被推了下去。接着我发现那个重物就是我，我自己就是那个下沉的船锚。

直到一切都结束，我才听到那声金属碰撞的声音。我卸下重重的设备，快速下落引起的胃部不适让我一直处于紧张和眩晕状态。我担心这种状态不会消散，反而愈演愈烈，并最终从身体内部把我击垮。“我觉得时间类似某种张力或拉扯，”奥古斯丁写道，“说成是意识本身的撕扯也不足为奇。”对此我不置可否，只感觉自己浑身上下都在撕扯，整个人僵硬呆滞。

我自己对现时的定义比较随意：只要有足够的时间来意识到你在思考现在，你就已经进入了下一个现时的时刻。当我下落时，各种感觉开始累积——释放安全装置的金属声、沉重的身体——我感觉到自己的意识在整合这些感觉，并寻找一个词汇或术语来捕捉当时的情况。一个想法萌芽了，马上就要出现，它是……这个过程要持续多久？随着最后的接触，一切都结束了，我坠入网中，沉在里面，并下降到地面。

返回休斯敦的路上，我很不舒服。由于缓冲网没有想象中那么柔软，导致我坠入之后伤到了脖子，头也很疼，口也很渴。说实话，我心里很沮丧。几年前，有一次玩跳伞，那次恐怖的经历至今让我心有余悸：一架小型飞机艰难地攀爬至 4000 米的高空，犹如一艘摩托艇飞上了天；从舱门纵身一跃，进入茫茫的空气中；还因为自由下落速度过快而根本感受不到下落。在某种程度上，在达拉斯的经历让我又重演了类似的一幕：当时来不及观察周围环境和远去的天空，而现在一切都已结束，我什么都没记住。

伊格曼事先曾教我如何在下落时盯着计时器，以便读出上面显示的数字。现在他想知道答案。

“那么，你看清数字了吗？”

没有，可能是光线太强或手臂的角度不对，导致我看不清。伊格曼已经对 23 名志愿者进行了实验，他们普遍反映自己感知的下落时间比观察得出的时间长约 36%。但是，他们当中无人能读出设备上的数字。

“人类在慢动作中是看不清的，除非视觉感知能像摄像机一样，”他说，“如果把时间放慢 35%，即把摄像速度放慢 35%，那么当屏幕上的数字以现在的速度交替显示，会变得很容易看清。你可以扭曲持续时间，但原因并不是时间放慢了脚步。”

那么，为什么我下落的时间好像长于我观看的那对双胞胎的下落时间？我推测是肾上腺素起了作用，但其工作效率又相对较慢。伊格曼指出：内分泌系统收到通知后，需要先释放激素，再触发肾上腺释放肾上腺素。所以，更可能的因素是杏仁核，这是大脑中核桃大小的一片区域，负责记录记忆，特别是情绪记忆。视觉神经和听觉神经的神经元直接与杏仁核相连，而杏仁核可将消息直接传遍大脑其他部分和全身。此时的杏仁核起着扩音器的作用，将输入信号进行放大、传递，进而马上引起关注。它可以在十分之一秒内做出反应，比位于更高位置的大脑区域（如视觉皮层）的反应更快。比如你看到一条蛇或形状类似的物体，杏仁核会拉响警报，让你甚至还没认出是什么东西之前，就尖叫着跳起来。再者，由于杏仁核连通着大脑所有区域，所以还能承担第二记忆系统的角色，储存形式极为丰富的记忆。

自由下落中的身体“处于绝对恐慌的状态，违背达尔文提出的所有身体本能，”伊格曼说，“你的杏仁核在惊声尖叫。”整个过程虽然短暂，但你的感觉穿过杏仁核之后，会加深记忆中的纹理，类似于在录像时将分辨率由标清切换成了高清。等你回到地面上回想一切时，丰富的记忆会让下落时间显得比实际情况长得多。对于持续时间发生扭曲是否起到作用（你的反应是否可以更快或更准确），很难得出定论。“有很多事情是实验无法证明或排除的，”伊格曼说，“不过，唯一可以排除的是世界会像电影摄像机一样慢下来。因为此时此刻，我们没有任何证据可以证明这件事。”

第五章

现时⏲

时间开始的地方

我们来到这个世界时，五种感官是彼此隔绝的，只有通过体验——触摸、咀嚼、玩耍或与事物互动——才能逾越鸿沟，相互交流。慢慢地，我们明白哪些输入信号是相互关联的，并对特定物体的构成形成了丰富的认知。

比如，为什么作家意识不到时间？我们假设他全身心投入到工作中，这意味着他在写作期间，没有做其他事情（吃饭、逛街）的愿望，甚至身体疲惫时也不愿停下来。但是这种专注并不能阻止他意识到变化的发生，比如撰写页数的变化。

——保罗·弗雷斯《时间心理学》

（Paul Fraisse, *The Psychology of Time*）

— 1 —

婴儿如何构建自己的世界

亚当现在 10 个月大，是个很结实的男婴，有着一双褐色的大眼睛。此刻，他身处一间狭小、昏暗、接近隔音的心理实验室中，面前的桌子上摆放着两台电脑显示器，而亚当则稳坐在舒适的高脚椅上，盯着两台显示器来回看。显示器里正播放着视频，内容是一位女性面对着亚当说话，语速很慢。两个视频中是同一位女性，有着相同的笑容和表情，但没有声音，只能看到她的嘴唇在动。

为了寻求安慰，亚当偶尔会转向坐在旁边的妈妈。两台显示器中间架设着一台小型摄像机，镜头正对着亚当，将他的面部表情实时投射到房间外面的监视器上。我和两位实验室助手透过监视器，看到亚当的眼睛扫视四周，他的表情在几秒钟里从投入切换到机警、无聊、好奇，然后再循环往复。监视器后面是单向的窗户，可以直接看到坐在椅子上的亚当。这种设置颇具奇幻屋的效果：我们透过单向窗观察亚当，亚当正看着显示器上的内容；与此同时，我们还看着监视器上的亚当，而他也会不时地盯着摄像头，这让我惊觉他正在看着我们或是知道我们正在观察他。不过，他的目光很快又切回到面前的两张脸上，双眼凝视、眉毛上扬，小手指指点点。昏暗的光线中，穿戴五点式装置的亚当俨然成为一位飞行员，或飞向遥远太空的宇航员。

这间实验室是西北大学发展心理学家大卫 · 鲁蔻威兹（David Lewkowicz）开设的。在过去的30年间，鲁蔻威兹一直在探索发育中的头脑如何排序、理解在出生时以及出生之前涌入的感觉信息。大脑如何跟踪不同数据片段的抵达时间，又怎样进行数据整合以呈现统一的体验？大脑到底如何断定哪些属性和事件属于同一时间？亚当面前的两个视频能充分彰显出这种能力的微妙作用。对于成年观察者，即便没有声音，也很容易判断出这位女士在两个视频中说着不同的内容——因为两个屏幕中的嘴唇动作不相同。片刻之后，声音出现了，可以听到女士说话的内容。“起床，”她平和地说道，“快起床，我们今天早饭吃燕麦粥！然后在家里玩……”旁白与左侧的说话表情相匹配，我让音频和视频呈现出极高的吻合度——声音和嘴唇运动完全同步——导致我的注意力立刻被吸引到她的话语中，仿佛旁边的视频并不存在。当出现不同的旁白内容时——“你今天能帮我修房子吗？”——我立即让其与右侧视频相匹配。有些情况下会使用不同女士的明亮笑脸，而语言则换成了西班牙语。我们对同步性的偏好非常强烈，即便听不懂说话内容，成年观察者也能判断出与所说话语相匹配的嘴唇动作。

那么婴儿具备这样的能力吗？答案可能是否定的。新生儿的听力不佳，视力也无法看清半米以外的事物，对世界的感知很有限。“婴儿受到视觉、听觉、嗅觉、触觉和体内感觉的联合刺激，俨然一场应接不暇、震耳欲聋的混乱。”威廉 · 詹姆斯在1890年的言论也许有其正确性。但是，鲁蔻威兹发现，婴儿进行排序的时期早得出奇。数百名儿童和小孩参加过他的这项言语—表情实验。在实验中，这些小小的被试验者并排看着两个人的脸部，他们嘴唇在动，却没有声音，就这样持续1分钟，随后出现音频。研究人员通过屏幕观察儿童的双眼对两张脸的关注程度是否出现差别。4 个月大的婴儿普遍倾向于言语、表情相一致的那张脸，即便他们不认识这张脸，也不理解说话的内容，甚至不熟悉语言的音调。

不过，鲁蔻威兹强调自己能通过最简单的方法让其正确匹配，即让音频的起始点与视频的起始点吻合。婴儿能够捕捉到同步性，并发现多个事物在同一时间发生。“不久”意味着很快发生；“最终”则表明稍后出现。但前提是，人类从很小的时候就能辨别“现在”和“不是现在”，而这种差别足以触发我们的感觉发育。“你基本没有视力，”鲁蔻威兹说，“听觉也很差，促使你身体运转的要么是一场应接不暇、震耳欲聋的混乱，要么是某些最基本的、原始的机制，而这种机制就是同步性。”

1928 年，欧洲顶尖的物理学家、哲学家和自然科学家在瑞士阿尔卑斯山脉中的达沃斯城聚集，召开了一场学术盛会。在此之前，这里是久负盛名的度假、休养胜地，是养精蓄锐的“世外桃源”。一次，汉斯 · 卡斯托普（Hans Castorp）——托马斯 · 曼（Thomas Mann）于 1924 年发表的小说《魔山》（*The Magic Mountain*）中的主人公——来到达沃斯探望患有结核病的表亲，连绵不绝的山脉让他陷入沉思，他看着自己的怀表，思考着托马斯 · 曼引自海德格尔和爱因斯坦以及其他当代思想家关于时间主观性的理论。卡斯托普想弄明白：为什么困在井下达 10 天的矿工，在被解救后却只觉得过去了 3 天？为什么“有趣和新颖的事物消除或压缩了时间的容量，而单调和空虚会延缓时间的流逝”？我们如何看待一个人经常把“昨天”说成“如隔三秋”？还问道：“密封保存是否能躲过时间的侵蚀？”

到了 1928 年，肺结核救济院行业开始衰败，达沃斯开始转型成为学术、休闲之地。爱因斯坦曾受邀主持首届达沃斯会议，甘地和弗洛伊德做了演讲，同台的还有瑞士心理学家让 · 皮亚杰（Jean Piaget），他在 31 岁时就因儿童如何理解世界的研究成果而闻名于世。皮亚杰从小就展示出对自然世界的强烈兴趣，11 岁时便开始了首次科学观察，对象是一只患有白化病的麻雀，或按他的严格说法是“一只展示出白化病全部外在特征的麻雀”。他在事业初期是一位动物学家，研究无脊椎软体动物，但很快着迷于探究儿童思维如何随时间的推移而发展变化。他提出，我们来到这个世界时，五种感官是彼此隔绝的，只有通过体验——触摸、咀嚼、玩耍或与事物互动——才能逾越鸿沟、相互交流。慢慢地，我们明白哪些输入信号是相互关联的，并对特定物体的构成形成丰富的认知：一只勺子有着这样的外形，它摸起来是那样的感觉，用它敲击桌子会发出某种特定的声音。皮亚杰提出的许多示例均源自对自己孩子的研究。他与孩子们做简单的试验，并记下详细的笔记，因此几乎能够以天为单位对新出现的感知进行观察。如今，他所获得的主要观点已成为广泛共识：儿童对世界的感知方法与成年人不同，儿童的感知能力与感官的成熟和整合息息相关，这一过程需要数年才能完成。

皮亚杰完成演讲后，爱因斯坦向他提出了一系列问题。这位物理学家想知道：儿童是如何理解持续时间和速度的？速度一般定义为一段时间内的位移与这段时间间隔之比——米 / 秒或英里小时，儿童在最初是这样认知的吗？还是速率的概念更为简单、直接？儿童能够同时把握速率和时间，还是逐一处理？他们是否认为时间是“一种关系，或一种简单、直接的直觉”？皮亚杰随后开始着手调查，其间所进行的研究为著作《儿童的时间观念》（*A Child's Conception of Time*）奠定了坚实的基础。在一次由 4 ~ 6 岁的儿童为对象的实验中，实验对象面前摆放着两条隧道，其中一条明显长于另一条。接着，皮亚杰使用金属棒向两条隧道里各推送一个玩偶，使得两个玩偶同一时间到达各自隧道的另一端。皮亚杰这样描述道：“我们向小孩子们提出问题——一条隧道是否长于另一条隧道？”

“是的，那条更长。”

“两个玩偶穿过隧道的速度是否相同？还是一个快于另一个？”

“速度相同。”

“为什么？”

“因为它们到达的时间相同。”

皮亚杰重复过无数次此项实验，在实验中曾使用过发条蜗牛和玩具火车，甚至还和孩子满屋子跑。他们同时起跑，同时停下脚步，但由于皮亚杰速度更快些，孩子被落在了后面。“我们是不是同时起跑？是。我们是不是同时停下来？不是。那么谁先停的？我。是不是有人先停了下来？是我。那你停下的时候，我还在跑吗？没有。我停下的时候，你还在跑吗？没有。那说明咱们是同时停下的脚步？不是。我们跑步的时间是否相同？不相同。谁跑的时间更长？你。”通过这种典型的信息交换，皮亚杰发现，只要两人开始和结束的时间相同，那么孩子便能够把握同时性；但如果彼此的位移出现差别时，孩子就会把物理长度和持续时间相混淆。时间和空间、速度和距离被视为一个整体。

皮亚杰的研究表明：作为成年人，我们有时所谓的“时间感”其实包含诸多方面，这些方面并非同时出现。“时间，如同空间一样，需要一点点架构，经过一套关联系统的精心打磨。”他总结道。自那以后的数十年间，发展心理学家从不同维度解读时间，包括持续时间、节律、顺序、时态和时间的单向性。威廉·弗里德曼（William Friedman）是欧柏林学院的一位心理学家，他在儿童感知时间方面的著作数量与皮亚杰不分伯仲。在一项研究中，他给 8 个月大的宝宝播放一段视频，内容是一块曲奇饼从高空掉落到地上摔碎了。如果弗里德曼把视频倒放，会引起宝宝们更大的关注。这说明他们对时间箭头有一定的感知，可以辨识出不寻常的场景。

儿童在 3 ～ 4 岁时，开始建立起对年代顺序的感知。纽约市立大学心理学家凯思琳·尼尔森（Kathleen Nelson）发现，她的小实验对象能够回答类似“什么时候发生了什么事情”的模糊问题，并且准确度惊人。大部分小朋友能够按顺序说出曲奇饼的制作过程：将面团放进烤箱，从烤箱拿出饼干，就可以吃了。向小朋友展示一张苹果的图片和一张水果刀的图片，他们会准确选出一张切块苹果的图片放在后面。

4 岁左右的儿童能够对常见事件的持续时间做比较：观看动画片的时间要长于喝一杯牛奶的时间，而晚上睡觉的时间则更长。如果听到一种声音持续 15 秒，那么便可以准确重现出这段时长。但是，他们还是分不清过去和将来。一般来说，虽然儿童在 3 岁时便可以准确使用时态，但直到 4 岁时才能分别出“之前”和“随后”的区别。如果问 4 岁小孩 7 周之前是什么时候见到的同学，大部分会回答“上午”，但说不出具体的季节。如果在 1 月份时，问一个 5 岁男孩：“圣诞节和你 7 月份的生日哪个先到？”答案很可能是圣诞节。弗里德曼发现，处于这个年龄阶段，过去的事情会犹如时间岛屿一样矗立在思维中——足够醒目，但彼此间并不相关或并不同属于较大的“群岛”；未来事件的“版图”也尚未形成，尽管也不是不可预测的。弗里德曼还发现，5 岁的儿童能够理解动物会成长，而不是收缩；风会把一沓整齐的塑料勺子吹向空中，但不会把它们再次摆放整齐。

心理学家表示，我们会在社会生活中逐渐学习和吸收这类时间知识。如果给一个 6 岁的小朋友一组描绘典型学校生活的图片，那么他完全可以按照时间先后顺序正确排列图片，甚至能够从后往前准确排列。7 岁时，小朋友已经能够处理涉及一年中的季节、假期等因素相类似的任务，但只限于顺时的方向。逆时顺序——“如果现在是 8 月份，你能够让时间倒流，那么你先遇到的是哪个节日？情人节还是复活节？”——则至少需要 10 岁才能处理。弗里德曼认为这种不对等性折射出经验的累积过程，对于 5 岁的儿童来说，每天最常见的事情已经重复了成百上千次——起床、早饭、午饭、零食、晚饭、睡前故事、入睡；相比之下，对各个月份和节假日（彼此间有着不同的名字）的接触相对较少。理解时间是需要时间的。

我们对时间的理解影响着我们对时间的熟练运用程度。弗里德曼发现，导致幼小儿童很难掌握逆推月份和星期的一个重要原因，是初期学习经常遵照列表进行。星期和月份被视为一个系列——Monday（星期一）、Tuesday（星期二）、Wednesday（星期三）、Thursday（星期四）——类似于字母表。在回答诸如“February（二月）和August（八月）哪个先来到？”的问题时，其实就是在心里从头至尾查一遍列表。（研究显示，幼龄儿童在处理类似问题时经常会默念。）但是，我们只是按照向前的顺序进行学习，如要真正打破模式，掌握逆向关系，则需要多年的学习，直到进入10岁以后才可以。此外，文化和语言因素也起着一定的作用。一项针对中美二年级和四年级学生的研究显示，中国儿童更容易回答诸如“11月份之前的第三个月是什么月份？”的问题。这是因为在普通话中，星期和月份是由数字构成的，November即“11月份”。因此，时序的问题，对于美国小朋友来说是在记忆列表中找寻线索；而对于中国学生来说，则变成了简单的算术题。

鲁蔻威兹是在上高中时发现皮亚杰的。那是1964年，他13岁，随着家人从波兰举家搬迁到意大利，随后又转至美国。当一家人抵达巴尔的摩时，鲁蔻威兹对英语一无所知。在美国的最初几年间，他虽然不太适应社交活动，但与故乡排挤犹太人的对立环境相比，这里显然更为平和。高中时期的他从事警卫工作，虽然有些无聊，但他喜欢参与一些搬家的现场工作。阅读皮亚杰的著作打开了他对心理学和儿童行为的研究，如同鲁蔻威兹所说，是在了解“一切的源头”。

如今的鲁蔻威兹身形单薄但目光炯炯有神，头发已经开始灰白，说话时偶尔会流露出东欧口音。我前往实验室拜访他期间，他不止一次地强调：“我热爱自己的事业！”有一次，我们碰见两名研究生正在审查当天早些时候进行的试验视频。隐约可见一名8个月大的婴儿出现在监视器中，眼睛瞪得溜圆。“这就是我们的数据源头，”鲁蔻威兹激动地说着，“这双眼睛是通向一切的窗口，我们的工作就是检测视线所及的地方。”婴儿虽然不说话，但他们的目光却展现出可量化的量度。在鲁蔻威兹所进行的实验中，他按照一定的公共协议，通过电脑监视器向婴儿展示某样事物，一直重复直至该婴儿失去兴趣，开始东张西望。研究人员远程观察婴儿的眼睛，当发现婴儿看着屏幕时，研究人员会按住鼠标，并在婴儿目光从屏幕上移走后松开鼠标。按住鼠标的时长是对注意力的一种量度。如果婴儿注意力周期在 3 个短片后下降至某一阈值时，电脑屏幕会自动显示新的刺激物料。

“婴儿起着主导作用，”鲁蔻威兹说，“他们会告诉我们想看的内容，并透露出大脑活动情况。婴儿喜欢搜寻奇异事物，会不断寻找新信息和新事物。而我们的任务是让他们无聊透顶，让他们重复观看同一事件，然后做出些许改变，看他们是否能够发现。如果答案是肯定的，说明他们明白了原始事件。我们只需要按住按钮测量他们的观察时间，简单却有效。”

在时间感知领域的研究者看来，关于婴儿的研究仍属学术前沿。弗里德曼曾将幼儿期称为“认知发展学科的荒野”。但电脑和眼动追踪设备的出现，使得针对生命初期的研究变得易于开展，并开始探究人类出生后对时间的认识。例如，研究显示 1 个月大的婴儿已能够区分类似于“pat”（轻拍）和“bat”（蝙蝠）的音位，其持续时间的差别可以缩小至二百分之一秒。另一项研究发现，两个月大的宝宝能够感知句子中的词语顺序。如果向婴儿反复播放一段语音，如“Cats would jump benches”（猫咪能跳到凳子上），然后突然间将这句话改成“Cats jump would benches”（猫咪跳到能凳子上），那么婴儿的精神会活跃起来。有一次，鲁蔻威兹带我进行了一次实验，其中涉及多种不同的形状——三角形、圆形和正方形——逐一从电脑屏幕顶端掉落到底部，每种形状接触到屏幕底部时会发出不同的声响。他向实验对象（全部为 4 ~ 8 个月大的婴儿）展示某一特定序列，直至他们熟悉并失去兴趣；随后推出新的序列——形状和声音不变，只是顺序有所变化——观察他们能否看出不同。结果宝宝们几乎无一例外均能觉察出变化，这在鲁蔻威兹看来是对时序的感知能力。

“这方面的文献确实很少，”鲁蔻威兹说，“认知发展学早期曾出现过对所有课题的爆发式研究，但并不包含时间。但它确实是这个世界最基本的特征之一。”他补充道，“我觉得婴儿所生活的时间世界与我们的截然不同，我想潜入他们的大脑中一探究竟。”

在本科求学期间，鲁蔻威兹曾加入一支研究章鱼的性行为的团队，并参与搭建世界上首座实验室水族馆，能够在室内饲养动物。攻读硕士学位期间，他在一间新生儿特护病房中工作，研究病房中 24 小时的持续光照和噪声是否影响婿儿的发育。在他研究的众多课题中，有一个是关于为什么保育室中 90% 的婴儿都脸朝右躺着。〔这仍是个未解之谜，部分研究者认为可能与人类右利手（right-handedness）有关，甚至有可能是导致右利手的原因。〕他借鉴皮亚杰的方法，开始探究人类思维在发展早期，是如何整合涌入的感觉信息的。

在出生后的第二至第三个月中，新生儿属于皮层下的动物（subcortical animals），因为大脑皮层——丰富的外层神经元，能帮助大脑整理知觉，为抽象思维和语言提供基础——尚未就绪，也未开始影响或抑制神经系统的诸多基本功能。大脑皮层出现后，婴儿才懂得微笑，仿佛终于认识了外部世界。直到那时，鲁蔻威兹说：“你会觉得他们之前仿佛没有插上电源。”他的一项早期实验表明，在出生后的几周里，婴儿整合感知世界时，依据的不是涌入的信息类型，而是信息数量。成年人具备这样的能力：当向实验对象展示多束不同亮度的光线，随后播放不同响度的声音，那么实验对象能够根据强度将光线和声音归类——这束光线的亮度和那段声音的响度大约持平。不过，鲁蔻威兹发现，3 周大的婴儿也能做出类似的关联。

“出生时，小宝宝只能从强度、能量的角度，以非常初级的水平将听觉和视觉信息关联在一起，”鲁蔻威兹说，“可以说，这意味着小宝宝具备构建各自世界的基础，他们借助简单的机制来了解哪些事物存在关联。”

鲁蔻威兹突然想到了人脸。虽然婴儿只能看清半米以内的事物，但总能看到看护人的脸。这张脸是一种复杂的刺激物，有唇动、表情和不断变换的语调。鲁蔻威兹再次回到皮亚杰提出的关于多感官整合的问题：婴儿是否能够连贯感知一张说话的脸？这样的感知行为何时以何种形式出现？这种行为需要具备哪些必要的属性？鲁蔻威兹很快发现，对于婴儿来说，一张说话的脸所传递的是一个生物体加上不知所云的词汇或语言内容，这其中包含着时间和时序。当这张脸张开嘴时，会制造一段持续的声音；语速快慢和节奏类型成为婴儿整理和理解信息的强大工具。他们可能熟悉歌曲《小星星》的旋律，但分清“小星星”是独立的 3 个字以及其字面意义则是另外一回事。(我的孩子在进入学龄之前。曾一度研究如何拼写单词“LMNOP”。)最终，婴儿能够感知到唇动同步于声音。一句说出口的话拥有多种时间维度，而新生儿则需要盯着“导师”的脸慢慢学习。

— 2 —

时间起源于字词

一日清晨，鲁蔻威兹在办公室抱怨当地的有线电视服务商。前一天晚上，他想看一部纪录片，但音频和视频严重不同步，导致他懊恼地关掉了电视。“画面中的人还没开口说话，音频已经播放完了。”他生气地说。当地有线电视服务商提供的所有频道偶尔都会出现这种情况，鲁蔻威兹见过的所有购买这项服务的当地人也都有着相同的经历。而这一问题，正是他科研事业的写照。

对时间的感知涵盖诸多方面，但最重要的一点可能是同步性——独立的感觉流（诸如听到的声音和看到的唇动）是否同时发生？是否归属于同一事件？我们对这类问题非常敏感，研究显示如果你看到影片中有人说话，只要音频和视频同步差异达到80毫秒或低于十分之一秒，那么你就会觉察到这种不同步。如果音频落后于视频400毫秒（接近半秒钟），那么你通常就很难理解这段视频的内容。

感知统合（Perceptual unity）起到关键性作用，思维为获得这种效果，牺牲了准确性。20 世纪 70 年代的研究揭示，如果你在屋子里的某个角落受到了某种视觉刺激（比如小狗在咀嚼），而与此同时屋子的另一处发出声响，那么这段声响听起来会比实际情况更近一些。这一现象属于“口技效应”（Ventriloquism Effect），由不稳定的多感官整合所导致。有时甚至不需要发出语音，几段普通的声音和一只手偶玩具，中间隔开一段距离，就能触发感知统合。

与此相关的一种错觉叫作“麦格克效应”（McGurk Effect）：如果一个人同时从听觉和视觉上感知到音节，就会产生混淆的现象。例如，如果你看到视频中的人说“ga”，而音频发出的是“ba”，那么你很可能听到的是“da”。触觉也能产生麦格克效应。一项在加拿大开展的研究中，实验对象听到一个人发出 4 种声音：借助听不到的气息发出送气音节“pa”和“ta”，以及不需要送气的音节“ba”和“da”。如果科学家同时向实验对象的手部或颈部吹气，那么倾听人就会把“pa”听成“ba”，把“ta”听成“da”，仿佛“吹气”变成了听觉刺激，而不是触觉刺激。这种效应具有很高的一致性，研究人员甚至在考虑助听器是否可以引入气流传感器，让听力障碍人士能够用皮肤“聆听”世界。

大脑一直努力将外界输入的数据整合成对世界的连贯呈现。成年人之所以能够辨别出电视中的声音和唇动不同步，是因为我们对声音和唇动有着丰富的体验，知道它们会协同合作，并理解其中包含的字词和意思。“但是婴儿在这方面没有任何经验，”鲁蔻威兹强调说，“也没有任何预期。”观察婴儿注视着一张说话的脸，可以获得对现时完全不同的理解。鲁蔻威兹为此制定了一项研究协议，他称之为“讲话脸实验”。

他在办公室里通过电脑屏幕向我展示了一小段视频。视频中的女士在最初是闭着嘴巴的，随后缓慢、清晰地发出音节“ba”，并再次闭上嘴。鲁蔻威兹把这段视频播放给一群 4 ～ 10 个月大的小宝宝——每一个婴儿都会反复观看直至失去兴趣，届时视频将会被更换。虽然是同一位女士发出的同样的音节，但音频和视频并不同步。第一个“ba”音节发出后，等待了 366 毫秒（三分之一秒），女士的嘴唇才开始动。在成年人看来，如此严重的不同步简直无法忍受，但婴儿们却“泰然处之”，因为他们并未发现两股信息流相差近半秒钟有何不妥。

“他们不明白，”鲁蔻威兹说，“不过他们发现了这个。”说着，他再次为我播放了视频，而这次音频的不同步达到了三分之二秒（666 毫秒）。“声音都播放完了，嘴还没张开！”

这种间隔——能将不同的感觉数据流归于同一事件的短暂的时间跨度——被广泛称为“多感官时间接近窗口”（intersensory temporal contiguity window）。从诸多方面来看，这是对“现在”行之有效的定义，尽管这个“窗口”的大小受控于刺激类型和观察角度。当婴儿观察一张说话的脸时，“现在”持续三分之二秒。不过，鲁蔻威兹发现，如果增加视频中的波点属性，比如换成一只皮球在屏幕中来回反弹，那么只要声音延后达到三分之一秒，他们就会有所察觉，说明他们的“现在”缩短了，但与成人相比仍显得过长（至少在整合一种以上感觉数据流方面）。

“我觉得婴儿活在一个慢节奏的世界里。”鲁蔻威兹说，却理不清其中的理由。可能是因为新生儿大脑中的神经元传播信号速度较慢，发育初期的神经系统缺少髓磷脂，这种脂肪物质罩在神经元外部，使其绝缘，能够加速传导。髓磷脂会在幼年时期开始积累，整个过程会持续大约 20 年。“婴儿的大脑反应较慢，这一点毋庸置疑，”鲁蔻威兹说，“但从感知的角度来看，则很难想象。婴儿的世界节奏慢到底指什么？站在婴儿的视角，这就是世界。问题是，婴儿如此感知世界，会产生什么样的后果？”

令人吃惊的是，婴儿竟然能够感知同步性。作为成年人，能够辨认出嘴唇和声音出现不同步，原因在于我们了解字词、唇动和声音直接的关系，而婴儿对此却一无所知。诚然，他们在观察一张在说话的脸部时，几乎不会看嘴巴（至少在最初的 6 个月里不会）。鲁蔻威兹发现，他们的注意力几乎全部集中在了眼睛上，只有长到 8 个月左右的婴儿才会开始持续观察唇动。

那么，婴儿是如何判断两种感觉是否同步的呢？鲁蔻威兹回想起自己在攻读博士期间进行的研究，其结果显示新生儿能够根据刺激的强度，对两种不同的感觉形态（视觉和听觉）进行匹配。因此，鲁蔻威兹怀疑婴儿采用相类似的方法处理同步问题。他对“说话脸”实验稍加改动，设计出一项新实验，并联合意大利帕多瓦大学的多名同事，一同向 4 个月大的小宝宝做这项实验。在实验中，小宝宝们会并排看到两段无声视频，其中一段是一只猴子的面孔，嘴巴呈“○”形，仿佛在吼叫，但没有声音；另一段是同一只猴子伸出下巴做呼噜状，同样听不到声音。当播放任意一种叫声时，婴儿会持续关注与之匹配的视频，即猴子唇动的起止时间与音频完全吻合。研究人员随后进行了一次更为基础的实验——婴儿听到的不再是猴子的叫声，而是与任一猴子唇动时长相匹配的简单音调。同样的，小宝宝们（有些出生不到一天）仍能注意到与音频相匹配的视频。

在鲁蔻威兹看来，这项研究成果明显地指出了新生儿对同步性的感知与同步的内容无关。仿佛婴儿具备一种“超级智能”——将猴子唇动和声音相匹配的能力——这比电路要复杂一点。婴儿能够将音频的起止点与视频相匹配，其神经系统注意到两种能量流的发生和结束，如同注意到同时开启和关闭的光线与噪声——如果两个事件相吻合，便定义为同一事件。这一点类似于玩拼图游戏时，只拼四周的图案一样。婴儿借助同步性来定义多个事件的界线，而忽略内部“图案”（这是更高等级的信息）如字词、音位或对唇动内容的简单理解等，这些信息更可能引起成年人的注意，而由于婴儿的神经和感官系统尚未发育完全，所以无法处理这些信息。

“好像宝宝们并不在意刺激所包含的内容，”鲁蔻威兹说，“只要展示起止时间相同的事件，他们就会相互关联。”

再回到隔音室中，10 个月大的亚当也有着相似的表现。透过面前的两台显示器，他看到两组不同的无声独白。当播放任一音频时，他会盯着与之同步的唇动，连贯性令人吃惊。即便声音和无声独白是西班牙语——一种他从未听过的语言，亚当也能准确做出判断。借助简单的同步性算法，即事件的起止时间相同的算法，他便能够在几乎不理解说话内容的情况下，将声音与唇动相匹配。

在同步性方面，鲁蔻威兹认为自己已经找到了核心机制，即婴儿整合感官世界的方法。出生时，婴儿的神经系统尚未发育成熟，无实践经验，没有能力提取高等级信息，不过却能够探测不同感觉形态的开始和结束。我们来到这个世界时，虽然不知道什么是猴子，但深谙现在正在发生和结束的事件。“如果起初就能这样的话，”鲁蔻威兹说，“那么婴儿就掌握了一种强大的生存工具，即事物是协同发生的，另有证据的除外。这有益于架构一个连贯、多感官的世界。”他笑着补充道，“这么做有点偷懒，不过强于詹姆斯所说的‘应接不暇、震耳欲聋的混乱’。”

有人可能认为年龄的增长会加深婴儿对同步性的适应力，但事实并非如此。鲁蔻威兹在实验室中发现，8 ~ 10 个月大的宝宝不再能够区分发出“哦啊”声和“呼噜”声的猴子，匹配猴子叫声和唇动的准确度无异于乱猜。然而，他们依然能够准确匹配人类的声音和相对应的唇动。随着感官系统的发育，起初的“漏斗”（funnel）演变成“过滤器”（filter），对所处理的内容建立起更为严格的要求，这种现象叫作“知觉窄化”（perceptual narrowing）。

“在发育初期，婴儿对世界的认识很宽泛，”鲁蔻威兹说，“他们依靠的是一种简单的机制，即‘同时发生的事物同属为一’，因此能够将听觉、触觉和视觉信息相关联。但其所依赖的基础仅仅是能量，并无其他，因此发生错误在所难免。之所以能够把猴子的面容和发声联系起来，完全是因为眼前所探测到的只有忽大忽小的嘴形和起伏的声音，并不在乎二者是否属于同一物种，而只管将事件关联到一起就好。”很快，婴儿便对特定面孔和声音形成实用性认知，特别是应该注意或忽略哪些面孔。经验在其中起着较大的作用。由于婴儿在日常生活中很少能见到猴子，因此对此类面容细微差别的辨别能力，永远不及对实际生活产生影响的信息的掌握。

出于类似的原因，婴儿在成长过程中对外语的感知能力也会削弱。鲁蔻威兹邀请来自英语和西班牙语家庭的婴儿观看并排摆放的两台显示器：其中一台显示一位女士缓慢发出无声的音节“ba”，另一台则无声发出音节“va”。随后两张面孔被替换成一只旋转的皮球，并多次大声、缓慢播放其中一个音节。当声音停止后，显示器再次出现两张面孔，此时研究人员开始记录婴儿注意力的投放位置。6 个月大的婴儿能够无视语种差别，持续关注与音节相匹配的唇动。然而，来自西班牙语家庭的 11 个月大的婴儿，做出判断的准确率则大幅下降。这是因为在西班牙语中，音节“va”和“ba”的发音相同，例如单词 vaca（奶牛）的发音是 baca。因此，在西班牙家庭中长大的婴儿不再辨别两个音节，而双语家庭中的宝宝则能够继续区分。

随着对母语环境的不断熟悉，我们开始对外语变得越发迟钝。研究显示，来自高加索的婴儿能够清晰区分高加索人的面容和亚洲人的面容；然而婴儿长到 1 岁后，辨别非高加索人面容的能力会明显下降。保加利亚的音乐体制比西方的音乐体制复杂得多，来自那里的婴儿在成年后能够察觉出节奏上的细微差别。不过，如果婴儿是在 1 岁后才首次听到这些音乐的，则会记着这些差别，但却永远也听不出来。

通常，复杂的软件程序会建立在简单程序的基础之上，这些简单的程序叫作“核心程序”（kernels），承担着基础的算法提升任务。对视听同步的感知能力类似于一种“核心程序”，能够帮助新生儿的神经网络整合感官数据流，而无视其中的内容。这一过程无须先前的知识或经验，只要具备对相对刺激量的估算能力。坐拥这样的基础，婴儿便得以开始理解其中的含义——应对互相冲突的信息，区分感官输入的优先级。

鲁蔻威兹并不认为这种能力是天生的，不过发展心理学中的一个著名学派宣称人类生来就具备理解核心概念的能力，诸如因果关系、地心引力和空间关系等。这种能力是自然选择的结果，并可能暗藏在基因中。然而，鲁蔻威兹和他的许多同事认为这种观点过于含糊和简单，他们觉得把根源归结于基因就是终结了讨论，也阻挡了更多新奇探索的发生。"这是个魔术盒，"鲁蔻威兹说，"是'活力论'（vitalism）的又一次爆发。"

他倾向于将人体视为一种发育中的感知器官。我们人类是时间的产物，婴儿出生时具备多项基本行为能力（如吮吸），但很快就会让步于其他更为复杂的行为。这些基本行为能力是婴儿对个体发育的适应，它们完成初始作用后便逐渐消失了。婴儿对同步性的捕捉便属于这一范畴，这种能力可以迅速启动新生儿的感官系统，但随着新生儿对世界的不断认知，这种捕捉能力会很快被更高级的处理顺序所取代。

按照相同的方法，婴儿的出生在生理学上也不是什么奇迹。新生儿是已存在于子宫的黑暗中数日，尚未发育完全的一种器官的最新鲜的化身。多项研究显示，刚刚出生 1 小时的婴儿很明显会选择自己母亲的声音，而不是陌生人的。有人会将此归结于基因选择或与生俱来的天性，然后给出一个进化论方面的理由。（比如，可能由于自然选择使得婴儿能够立即辨认出自己的母亲。）然而实际上，这种语言绑定形成于子宫中，并通过经验习得。多名研究人员已证实，人类的听觉能力形成于妊娠期的最后 3 个月，胎儿通过过滤进来的声响能够对外部世界产生大概的了解。有一项经典研究显示，婴儿在听到自己母亲朗读诗歌时，心率会加速；而在听陌生女士朗读同一首诗歌时，心率会放慢。一名法国新生儿可以清晰分辨出同一个故事的法语版、荷兰语版或德语版。另一项研究显示，到两岁时，法国宝宝和德国宝宝的哭叫声存在的明显的差别，均反映出各自妈妈的母语特性，他们实际是在模仿他们在子宫中听到的声音。

人类并不是在这方面表现独特的唯一物种。绵羊、老鼠、某些鸟类和其他动物都可以在子宫或蛋中听到声音。澳大利亚细尾鹩莺的幼鸟出壳前几天，鸟妈妈会对着鸟蛋鸣叫，以便教授未出生的幼鸟如何乞食。这种乞食鸣叫在每个鸟巢中有着不一样的形式，能够模仿这种鸣叫的幼鸟更有可能被喂食。此时，鸣叫是一种密码，让细尾鹩莺妈妈能够辨认出自己的幼鸟，赶走侵入鸟巢的寄生杜鹃。

在鲁蔻威兹看来，看似与生俱来的事物是又一个需要破解的谜团。“当你看到出现任何一种认知或感知技能时，在我看来，问题不在于是否处于现时，而是‘如何实现的？如何出现的？’如果你问我婴儿是否能够感知时间——是的，他们可以，但取决于你如何定义时间。如果你问我，他们是否对时间信息和结构信息敏感——是的，但问题是，这个过程是从何开始的？”

如果研究一张说话的脸显得有些怪异，那么再考虑一下，在出生后的最初几个月里，婴儿对世界的感知几乎就是一张张说话的脸。在妊娠期最后 3 个月里，胎儿的感官世界仅限于触摸和声音。出生后，出现了光线和动作等新的需要整合的维度。新世界里的大部分内容是父亲或母亲的话语，婴儿虽然听不懂字词本身的意思，却能够通过话语的声响了解视野和声音的结合机制。倾听言语能够帮助新生儿掌握并超越同步性——无数项研究证明，如果视觉刺激辅以听觉刺激，更能引起婴儿的反应，反之亦然。通过重复的信息来提炼出重点，通过把握重点来产生理解。

鲁蔻威兹说，想象你自己正身处一场喧闹的鸡尾酒晚宴现场，虽然你没太听清某人说的话，但如果你能看清对方的唇动，便很有可能理解其说话的内容。在婴儿看来，一张说话的脸就意味着重复。我们语速缓慢、抑扬顿挫、分段表达，以便起到强调作用：“这是……你的……奶瓶……”唇动配合着声音，甚至喉结也会上下浮动。“我们借助节奏和韵律以及所有这些提示，是在帮助婴儿了解这些事物的协同性和词语的含义，”鲁蔻威兹总结说，“你想得对，这是一套教婴儿说话的完美系统。”

不仅如此，我们还有一套系统来帮助婴儿了解时间的基本属性。对时间的感知包含诸多方面——时序、时态、新鲜感、同步性和持续时间。但是，时间本身就是一个事件，即不同时钟间的对话，这种对话也可以发生在手表之间、细胞之间、蛋白质之间或人与人之间。因此，除了通过对话来让婴儿了解同步性，还能有其他方法吗？至少对于新生儿来说，时间起源于字词。

第六章

时间的质量

记忆可以从多个角度对时间流速造成影响。情感经历常常在记忆中占较大比重，因此对于一位疲惫不堪的家长来说，你上中学的4年要比普通的4年显得漫长许多。我们似乎尤其会记得青春期和二十几岁的时光，且对这段时光的记忆比其他时期的更清晰，这种现象叫作“怀旧性记忆上涨”。

也许是井太深，或者是她下坠的速度太慢。总之，她有足够的时间环顾四周，猜测接下来会发生什么。

——刘易斯·卡罗尔《爱丽丝梦游仙境》

（Lewis Carroll, *Alice in wonderland*）

— 1 —

时间都去哪儿了

和每年一样，今年也过得飞快。无论眼下是7月还是4月，还是或许未到的2月，我的思绪却早已飞到了9月，幻想着届时要迎接的新学期或新工作，仿佛中间的夏季早已过去；有时也会跳到6月，在一瞬间就度过了整个春天；至此，思绪又会跳跃到下一年的1月，并顺势算出自己经历过多少个1月，进而感叹5年、10年就这样过去了。由于太多细节都已消逝，所以你为这些岁月起个名字："我的20岁""住在纽约的那段日子""孩子出生前的时光"。这样一来，仿佛你的青春也像小鸟一样飞走了；即便尚未飞走，也很容易想象到，你在未来的某一天感叹着青春易逝。

时光荏苒，数千年来，人类一直发出这样的感叹。古罗马诗人维吉尔曾这样写道：岁月流走永不回。14世纪末，乔叟（Chaucer）在代表作《坎特伯雷故事集》（*The Canterbury Tales*）中提到"光阴易逝不等人"。18、19世纪的众多美国评论家纷纷感言："时间慌张地拍动着翅膀快速前行""时间快速扇动前行的翅膀""时间飞快啊，因为它有着雄鹰一样的翅膀""时间在飞逝，永恒在召唤”。其实在英语还没出现之前，时间就已经不等人了。我和苏珊结婚不久，我的岳父有一次意味深长地说道：“头 20 年，会像这样（打一声响指）过去了！”十几年过去了，我好像明白了他的意思。有一天，竟然连乔舒亚也长叹道：“还记得以前的美好吗？”当时他还不到 5 岁。（在他看来，过去的美好是几个月前吃的一款巧克力蛋糕。）而最近，我也惊讶于自己感慨时间太快的频率。曾几何时，我很少说“时间荏苒、岁月如梭”，但当我回想那个阶段的生活，并对比现阶段的生活，我不禁惊出一身冷汗：居然过去了这么多年。并再次发问：时间都去哪儿了？

当然，白驹过隙的不仅是年份，还有每天、每小时、每分钟和每秒钟，只是速度稍显不同而已。大脑对几分钟至几小时的时间流逝的感知，不同于几秒钟或 1 ~ 2 分钟的短暂间隔。比如当你估算从家到超市大约需要多久，或判断刚看完的长达 1 小时的电视节目在时间流走上感觉比往常更慢或更快，回答这类问题时的心理过程，有别于当你觉得亮红灯比以往时间更长，或当你回答研究人员提出的问题时（电脑屏幕中的图片显示的时长）的心理活动。至于年份，则又是完全不同的领域，在稍后会提及。

时间飞逝的关键“在于你谈论的是何种时间”，来自英国斯塔福德郡基尔大学的心理学家约翰 · 韦尔登（John Wearden）曾这样和我说。过去 30 年间，韦尔登一直致力于探索人类与时间的关系。2016 年，他出版了《时间感知心理学》（*The Psychology of Time Perception*），这是一部关于该领域的概述和历史发展的简易读本。有一天夜里，我打电话给他，当时他在家里正准备看一场冠军杯球赛。我为打扰了他表示歉意。“没事儿，”他回答说，“我的时间没那么宝贵，说实话，我的繁忙都是假象，其实我只是在等球赛开场。”

韦尔登提醒我，人们对时间的感知有别于光线和声音。我们对光的感知是通过视网膜中的特殊细胞接收到光子，触发神经信号并快速传导到大脑实现的。而声波的探测则是由耳朵中的绒毛完成，绒毛的振动转变成电子信号，大脑将这种信号处理为声音。但是，我们并没有时间的接收器。“时间器官的谜团已经笼罩心理学长达数年之久。”韦尔登说。

我们与时间的接触是间接完成的，一般取决于时间所包含的内容。1973年，心理学家詹姆斯·杰尔姆·吉布森（James Jerome Gibson）写道：“可以感知的是事件，而不是时间。”这一理念已成为诸多时间研究者的基本理论。他的大概意思是说，时间不是某种事物，而是贯穿事物的通道——时间不是名词，而是动词。我可以这样描述自己的迪士尼游乐园之旅——有米奇、飞越太空山，还有从飞机舷窗俯瞰的云朵——我能在旅途中对旅途形成认知。但如果除去景色、活动或思考，那么我就无法对旅程形成体验。就像缺少了文字的“阅读”，你能从中理解什么？

时间就是呈现事物运动和人类感知的“文字”。

吉布森的观点和奥古斯丁相类似。“不要再和我说时间是一种客观存在，”奥古斯丁写道，“我在意的是正在发生的事物留给你的印象，即便事物已经结束仍会保留下来的印象——这是我所理解的现实，而非因消逝而引发印象形成的事件。我测量时间间隔时，测量的实际是印象本身。”我们无法经历“时间”，经历的只是时间流逝。

认知并标记时间的流逝就是认知变化——周围环境的变化，自身情况的变化，抑或是威廉·詹姆斯所说的内在的思想变化。“时过境迁”，对“现在”的感知需要对“过去”有所理解，而要形成对此的比较则要依靠记忆。因为只有通过回想其以往的情况，才能说时间变快了：“那部电影感觉比我以前看过的都长”，或“晚上的饭局过得真快，我就看了两次手表，两个小时已经过去了”。在一定程度上，时间是一种事物，即人们对其他事物产生的记忆轨迹。

“每个人都曾有过全神贯注看一部书的经历，”韦尔登说，“然后抬头看墙上的挂钟惊呼：‘已经10点了！’我曾以为人们可以在时间间隔中测量对时间的感觉，但实际上并不能。原因在于你尚未对此产生感觉，出现的只是推测。

这是导致一切变得复杂的原因。我们讨论着对时间流逝的感觉，但通常情况下，这种对时间的判断都基于推测，而非直接的体验。”

的确，当我们感叹“时间为什么过得这么快”时，我们真正表达的是“我不记得时间去哪儿了”或“我忘记了时间”。当我在熟悉的道路上长时间行驶时，尤其在夜里，我经常会有这样的体验：我头脑中思绪万千，口中哼唱着电台里的歌曲，同时小心驾驶着车辆。我会观察前方的道路，注意大灯照射下的每一个英里标志牌，而后它们逐一消失在后视镜中。当我驶出高速路口时，回想起刚才的行为，发现记不清一路经过了哪些弯道，这不免让我有些后怕：我是不是没有认真开车？但答案显而易见，否则我可能早已命丧黄泉了。那么我是如何到达目的地的呢？时间又去哪儿了呢？

就此而言，当我们说“我忘记了时间”，通常指的是忘记了开始的时间。韦尔登曾开展过一项研究来证明这一点。他让200名研究生参加一项问卷调查，要他们各自描述一个感觉时间加速流逝或放慢流逝的场景，并要求他们详细记录当时所做的事情，回想在此期间是否觉得时间正在加速流逝或放慢流逝；此外，如果服过任何药剂，也要做出记录。结果，收到类似于以下内容的回复：

> 我和朋友出去喝酒的时候，时间过得飞快。跳舞啊，聊天啊，再看手表发现已经凌晨3点了。

> 饮酒会导致时间加速——可能是因为我同时在进行着社交，所以很开心。

韦尔登发现，从整体上看，在同学们的回复中，时间比平常过得更快的情况要明显多于更慢的情况。如果受访者处于某种程度上的醉酒状态，发生这种情况的概率会高出三分之二。酒精是导致时间飞逝的因素之一。如果受访者持续处于繁忙、高兴、注意力集中或社交（经常伴随着饮酒）状态时，时间会一直加速流逝；而当他们在工作，或感到无聊、疲惫或悲伤时，时间则会放慢脚步。值得一提的是，很多人反映自己根本感觉不到时间飞逝，直至受到来自外界的提醒——日出、偶然间看一下手表或酒保的催促。但在此之前，他们通常对时间没有任何感知。有一位受访者称："通常只有当酒吧要打烊或有人提醒我时，我才意识到时间的存在。"

至少在几分钟到数小时的范围内看来，时间飞逝的原因是显而易见的，甚至形成了一种循环：时间飞逝是因为你没定期看时钟，随后，当你注意到时间时，比如距离你上次看时间已经过去了两个小时，你会感到两个小时是一段很长的时间。然而，由于你没有对这两个小时进行任何数算或记忆，所以只能通过周围事物来推断出时间在飞逝。正如韦尔登的一位受访者所说："和两个朋友吸食完可卡因之后，就在她的房间里坐了一晚，我以为结束时间大约是凌晨 3 点，结果发现是早晨 7 点。所以说，时间流逝比我想象的快得多。"

这一点和我们清晨起床或空想时的感受别无二致。"此时，我们的意识中会莫名地充满无数的想法，"保罗 · 弗雷斯在《时间心理学》中写道，"当远处的时钟响起，我们惊讶地发现已是深夜或凌晨。"弗雷斯补充道，这也解释了为什么许多人从事一成不变的工作会觉得时间飞快：当你无聊时，就会想到时间，甚至会不停地看手表，而空想时则不会。不过，1952 年，宾夕法尼亚大学的工业心理学家莫里斯 · 维特列斯（Morris Viteles）通过一项研究发现，只有 25% 的从事单调工作的工人有这样的感受。〔在诸多社会活动中，维特列斯曾制定"维特列斯司机选拔测试"，帮助密尔沃基电气铁路聘请最优秀的有轨电车驾驶员；并曾撰写著作《工作的科学》（*The Science of Work*）和《工业中的动力和道德》（*Motivation and Morale in Industry*）；还曾做过一场演讲，题为"机器与单调"（*Machines and Monotony*）。〕

韦尔登也曾注意到，一段时间是否飞速消逝取决于开始对此思考的时机——过后回想还是正在经历之时。时间在过去或现在都可以缓慢前行。无论是一次堵车还是一场晚宴，当你身处其中时，如果觉得无比漫长，那么你很可能会对这件事久久难忘。不过，时间很少在当下就显得飞速流逝，韦尔登说，原因显而易见：时间之所以如白驹过隙，是因为你当时并没有察觉。当你坐下来思考最近一部让你感叹“哇，时间过得真快！”的电影是什么时，你可能觉得很无聊并不时看手表，也可能全身心投入到电影中而忘了时间。在参加各种会议时，韦尔登喜欢问其他心理学家，他们自己或亲朋好友是否曾有过时间正在飞逝的经历，而答案永远是没有。

“酒过三巡之后，这些心理学家的一致结论是：时间加快的经历极其少见，简直可以说是不存在，”韦尔登说，“你身处其中时，是无法对时间进行加速处理的。”当你开心的时候，时间并没有加速飞逝：只有当欢乐的时光结束后，才会感到令人扼腕的短暂。

— 2 —

被“塑形”的时光

“爸爸，快设置定时器！”

清晨，我正在厨房煮咖啡，乔舒亚溜了进来。这对双胞胎现在两岁了，自从学会说话后，他们就不断抱怨对方：他有这样东西，为什么我没有，这不公平。每个人都极力维护正在成长中的自己，唯有平均分配才能让世界安静下来。于是苏珊和我制定了轮流制，但很快发现这实际上是一种时间感知问题：对于没有拿到某样东西的孩子来说，对方拥有的时间总是显得更长一些。持续时间只存在于旁观者的眼中，而非拥有者的眼中。

故此，我引入了时钟，其实它是一种煮蛋计时器，设置倒计时，然后等待秒钟触发响铃。孩子们很赞同这种做法，因为它既不属于独断专行，也不会因为愤怒而将东西一分为二，亦不必过分关注轮流的信号。这种客观性近乎一种魔力，让孩子们不断呼喊我用这种方法来解决他们的纷争。但即便如此，他们还是出现了厌烦的情绪。尤其是乔舒亚，他会一次又一次地抓过计时器并强制其响铃，这样就能早点结束他兄弟的轮次，并迫使他把东西交出来。如果可以扭转时间，当然要按照自己的意思来。

通常，我会把时间设置为两分钟，苏珊有一次设置成了四分钟，想为我俩赢取点谈话时间。但中途——即将接近两分钟时——乔舒亚满脸疑惑地走了进来：计时器为什么还不响？很显然，通过长期施行两分钟轮换制，他记住了时间间隔；也证明我成功让自己的儿子对时间产生了认知。苏珊说："他们对时间的学习方法类似于语言学习。"她是对的，这一点在我们为人父母之后才深有体会。然而，也存在更为复杂的一面。我们的孩子已经具备了某种计时能力（类似于时钟的雏形），也是这种能力让我在遇到红灯时或是在火车月台时感到失去耐心，心想着我搭乘的班次早该到了。孩子们只有在他们具备了某种捕捉时间的能力时，才会对时间产生认知。

1932 年，哈德森 · 侯格兰德（Hudson Hoagland）出门向药店走去。侯格兰德是波士顿地区一位著名的生理学家，主要致力于研究激素如何对大脑产生影响。在其职业生涯中，侯格兰德曾执教于塔夫茨医学院、波士顿大学和哈佛大学，并协助创办基金会研发口服避孕药。在 20 世纪 20 年代，他曾对上流社会中一位名叫玛乔芮的灵媒展开过调查（这位灵媒的诡计最终被魔术师胡迪尼揭穿）。但此时，侯格兰德正在买阿司匹林，家中患了流感的妻子正发着 40℃的高热（华氏温度 104 ℉），于是唤他出去买药。

虽然整个过程只花了 20 分钟，但当他回到家中后，妻子却坚称他出去得过久。这激起了侯格兰德的科研兴致，他一边让妻子数出 60 秒，一边用秒表计时。侯格兰德的妻子是一位音乐家，受过专业的训练，熟知一秒钟有多久，但这次仅用了 38 秒钟就数到了 60。在随后的几天中，侯格兰德又重复了几十次测试，发现随着妻子逐渐康复、体温降至正常，她计数的能力也恢复了以往的水平。"与体温较低时相比，体温升高后，她会无意识地加快数算速度。"侯格兰德在几年后的一篇期刊文章中这样写道。当他对患有高热或体温被人为升高的人群开展此项实验后，也得出了相类似的结果。仿佛实验对象体内设有时钟，体温升高后会加快摆动。他们当时并未觉得时间在加速流逝，但在实验结束时，与墙上的挂钟做对比后，被试者都不免会发出惊叹，时间比他们预想的慢得多。“发热的时候，所有事情都一样，所以我们可能连赴约都会早点到。”侯格兰德写道。

侯格兰德的发现启发了其他研究人员，他们着手开展约翰 · 韦尔登在一篇综述论文中提到的“严肃心理学中一些最为奇异的实验操作”。在实验中，志愿者被置于加热室中，并要求穿上运动服或能够加热的特制头盔，然后敲出 30 秒间隔，或调整节拍器速度（比如每秒 4 次），或每隔 4/9/30 分钟报告一次。在一次实验中，甚至要求实验对象在一个水箱中一边骑健身车，一边完成计时测试。在 1966 年发表的一篇期刊文章中，侯格兰德对以往研究结果和部分后期学术成绩进行了回顾，并从生理学角度做出了解释。他写道：“人类的时间感基本依赖于部分大脑细胞的氧化代谢速度。”

侯格兰德的解释尚未得到证实（也不清楚他是否明晰自己的意思），但学术界对常规课题的关注却一发不可收。在时间的诸多方面中，目前开展研究最多的是对持续时间的把握问题，即人们对一段时间间隔（一般较短，可能从几秒钟到十几秒）的持续时长的估算能力。这属于即时性体验范畴，在此期间，我们会制订计划、预估结果、制定决策；也可能空想、变得急躁或无聊。如果停车灯让你焦躁不安，或一口咬定你的兄弟拥有那样东西的时间超过了公平范围，则说明你正在操作这段时间跨度。我们的许多社交活动都发生在这些细小窗口中，并依赖于对间隔时长的敏锐察觉。一般来说，与假笑相比，真诚笑容的开始和结束的时间更快。尽管这种时间上的差异非常微小，但观察者足以从中辨别出真假表情。

在超过一个世纪的时间里，研究人员发现，我们在经历时间的过程中，会对时间进行“塑形”。时间加快或减慢取决于你是否开心、悲伤、愤怒、焦虑，充满恐惧或不祥预感，抑或演奏、聆听音乐等。1925 年的一项研究表明，在一场演讲中，演讲人对于时间的体验明显快于听众。研究人员讨论“时间感知”时，通常指的是人们对几秒钟或几分钟的感知。

巧合的是，在对两分钟时长的认知方面，人类婴儿和其他动物无太多差别。20 世纪 30 年代，俄国生理学家伊万 · 巴甫洛夫（Ivan Pavlov）发现，犬类在短暂时间跨度的认知方面堪称“专家”。巴甫洛夫的实验研究发现，如果一只狗在进食时听到响铃，那么最终可将这只狗训练成只要听到响铃就分泌唾液，而狗的这种反应叫作条件反射（conditioned response）。巴甫洛夫揭示出犬类能够对响铃的时间跨度形成条件反射，如果按照一定的时间间隔（如 30 分钟）对狗进行喂食，那么这只狗在接近这一间隔时，即便没有对其进行喂食，仍会分泌唾液。这只狗已经对时间跨度形成内在认识，仿佛能够倒计时，并在结束时期待着奖励。犬类拥有类似于人类的、可以量化和总结的心理预期。

实验室中的小白鼠也展现出相似的能力。假设你按照以下方法训练一只小白鼠：灯光亮起为间隔的起点，小白鼠在 10 分钟后推动了控制杆并得到食物奖励，将此过程重复几次，接着仍亮起灯光，但无论小白鼠推动多少次控制杆，都没有食物奖励。然而，小白鼠将会保持自己的反应：在接近 10 分钟时便开始推动控制杆，达到 10 分钟时会增加推动的频率，随后不久便放弃了。和犬类一样，小白鼠对时间间隔形成了自己的期待，并且如果间隔结束时没有得到预期奖励，也知道立刻停止反应。这种期待行为适用于多种不同的时间跨度：一般来说，无论小白鼠形成条件反射的时间间隔为 5、10 或 30 分钟，它开始和停止推动控制杆的时间点都为整个间隔的 10%。比如间隔为 30 秒，那么小白鼠会在间隔开始前 3 秒开始推动控制杆，并在间隔结束后 3 秒停止；如果间隔为 60 秒，则会提前 6 秒开始推动控制杆。1977 年，哥伦比亚大学的数学物理学家约翰 · 吉本（John Gibbon）将这种关系收录到一篇颇具影响力的论文中，他在这篇论文中提出了自己的“标量预期理论”（Scalar Expectancy Theory）。该理论有时被简称为“S.E.T.”或“set”，是由一系列方程式组成，以证明动物的预期（反应率）会随着条件反射间隔的临近结束而升高，并且与间隔的总时长成正相关。如今，任何想要解释动物如何感知时间间隔的学术行为，都要遵照这一标准。

小白鼠还能完成其他不可思议的计时“特技”。比如当其被置于一个迷宫中时，如果有两条路线通往同一块芝士，那么它会很快找到距离最短而且速度最快的路线。如果两条路线距离相同，但各设有一个临时等待区——一个为 6 分钟，另一个为 1 分钟——那么小白鼠很快就能选出耗时最短的觅食路线。这表明小白鼠不仅能够区分不同的时间间隔，还能凭直觉判断出哪个间隔是浪费时间。

鸭子、鸽子、兔子甚至鱼都有类似的能力。（吉本曾对八哥做过实验。）2006 年，爱丁堡大学的生物学家证实蜂鸟在野外展示出计时能力。研究人员布置了 8 个花朵形状的投食器，里面装满甜水。其中 4 个每隔 10 分钟蓄水一次，另外 4 个则每隔 20 分钟蓄水一次。在假花周围建立领地的 3 只雄性蜂鸟很快掌握了两种蓄水频率，并能够做出预判。它们对“10 分钟”投食器的造访次数明显更多，还主动避开“20 分钟”投食器，直至接近蓄水时限；并且在两种投食器都即将重新蓄水前，开始全面采食。同时，它们还展示出超强的记忆力，不仅能够辨识花朵的具体位置，还知晓哪些是刚刚采过的，尽量避免因扑空导致浪费时间。为能在真实的野花丛中高效觅食，它们必须记住不同种类花朵的大致位置和续粉率（续粉率会在一天之中不断变化），并由此计算出最优穿行路线，争取在竞争者到来之前——但也不会提前太早——采食花朵。即使花朵漫山遍野，时间仍占据重要地位，蜂鸟需要全力以赴去觅食。

当然，人类素来就喜欢优化时间安排，虽然有时认真，有时散漫。如果我现在跑过去，能赶上即将驶离站台的火车吗？在这边排队结账的队伍是不是更长，我应该什么时候换到另一支队伍中？要想回答这样的问题，必须具备测量和比较这类短暂时间间隔的能力。虽然看似复杂，但在动物界这算是一项基本技能，就连大脑只有豌豆粒大小的生物都可以驾驭，说明存在一种既基础又古老的时钟。

在 20 世纪大部分时间里，对于计时和时间感知的研究大致可分为两派，但彼此间却知之甚少。其中一派以欧洲为中心，主要研究时间的存在体验，将哲学内容引入心理学中。19 世纪德国实验主义者从心理物理学出发，认为时间真实存在。恩斯特 · 马赫（Ernst Mach）曾认为人类特有的时间感觉器官可能位于内耳。1891 年出现了一篇颇具影响力的文章，即《论时间概念的起源》（*On the Origin of the Idea of Time*），法国哲学家让 · 马利 · 居约（Jean-Marie Guyau）在文中放弃了时间的客观视角，提出一个颇为现代却带有浓重的奥古斯丁色彩的观点：时间只存在于思维中。“时间并非一种前提，而是一种意识的产物，”他写道，“它不是我们强加在事物上的先验形式。在我看来，时间纯粹是一种系统化的趋势、一系列心理表征的组织形式。而记忆则是唤醒和梳理这些表征的行为。”简言之，时间是人类保持记忆条理清晰的系统。

后来，研究人员对时间观念逐渐失去兴趣，开始探索和记录能够干扰时间感知的途径。戊巴比妥钠和笑气（一氧化二氮）等药品能够让被试者低估间隔时长，而咖啡因和安非他命则让被试者对间隔时长产生高估的效果。在持续时间相同的情况下，高音调的声音显得比低音调更长；而与“充实”的时间相比，“无聊”时间总是更漫长。比如，花 26 秒钟玩易位构词游戏或反向打印字母表，与静坐 26 秒钟相比，前者肯定感觉更快。皮亚杰是首位致力于研究儿童感知时间的科学家，并指出人类随着时间的推移才能形成对时间的感知。

1963 年，法国心理学家保罗 · 弗雷斯将十九世纪的时间研究（包括自己的）成果归纳总结到了著作《时间心理学》中。这本书在本行业中的地位相当于詹姆斯的《心理学原理》，在其百科全书式的叙述中，记录了当时已是分支领域的研究内容。“这本书对人们所研究的内容产生了巨大的影响。”杜克大学的行为神经科学家沃伦·梅克告诉我，“那是黄金时期，至少在科学界，出书立说还算件严肃的事情。”

与此同时，远在美国的另外一组科学家（包括沃伦·梅克）正在时间研究领域另辟蹊径，尽管他们中的大部分人并不知晓这一点。如今，梅克被视为间隔计时领域的知名前辈，近几年一直致力于为该领域树立一套核心概念。“结束‘群龙无首’的局面。”他对我说。

梅克在宾夕法尼亚州东部的一处农场中长大，他喜欢称自己为农民，因其大部分职业生涯都在实验室中培育、管理小白鼠和以小白鼠为对象进行实验。梅克在大学的前两年就读于宾州州立大学在当地的分校，与他的高中母校仅一街之隔；随后转学至加利福尼亚大学圣迭戈分校，并在一间研究动物学习和条件反射的实验室中担任全职技师。在当时，即20世纪70年代，美国心理学界的主导是行为主义，这个由伯尔赫斯·弗雷德里克·斯金纳（B. F. Skinner）带领的学派主张通过在实验室中全面控制动物的行为，来研究动物的学习机制。对于该学派的科学家来说，认知和知觉几乎不具备研究价值，而被试动物只不过是会动的机器。虽然巴甫洛夫早已证实动物学习不同时间间隔的能力是构建条件反射过程的关键，但行为主义者则认为间隔计时是为了达到某种目的的手段，而该目的本身并不具备研究价值。

如梅克回忆，圣迭戈实验室酷似话务员指挥室，密布着中继线路。在大部分此类实验室中，原始的科技要求所有分支必须步调一致。条件反射主要通过鸽子在多种不同的延迟中做选择而得到巩固，比如鸽子听到提示音后，等待20秒钟再推动杠杆才能获得食物。梅克说：“固定的间隔，变化的间隔——我们以为动物犹如时钟一样运动。”他的同事想弄清楚动物到底能学习哪些事物，“但我感兴趣的始终是大脑的哪个部分起作用，而斯金纳学派不大会问这类问题。”

梅克前往布朗大学继续求学，与罗素·邱奇（Russell Church）和约翰·吉本共同做研究。前者是一位著名的实验心理学家，致力于研究老鼠的计时行为；而后者是标量预期理论的创始人。这一时期，吉本已将注意力完全转向计时，探索哪些认知过程促使动物能够区分不同的短暂时间间隔。1984 年，三位研究员发表了一篇开创性论文——《记忆中的标量计时》(*Scalar Timing in Memory*)，文章以吉本 1977 年的文章为蓝本，提出动物计时行为的研究模型。

他们提出一款基本时钟，类似于沙漏或水钟，具备两种功能：借助某种起搏器的装置发射速率稳定的脉冲，并存储计时过程中累积的摆动数或脉冲数。它既能摆动，又能计数，俨然一款带记忆功能的时钟。在某些版本的时钟里，还设有第三种功能（即开关或决策平台）用以判断是否累积脉冲。比如所要研究的间隔已经开始，那么开关处于关闭时，脉冲会累积；而开关开启后会停止累积脉冲。研究人员将该模型称为标量预期理论，但更为普遍的名称是“起搏器—累加器模型”或“信息处理模型”。牛津大学心理学家米歇尔·特雷斯曼（Michel Treisman）曾在 10 年前提出相类似的理论，他将该理论运用到人类行为研究中，但并未引起广泛关注。新版模型首次应用于动物学习后，便引发了关注狂潮。

在谈话中，梅克着重指出，1977 年吉本发表的那篇关于标量预期理论的论文，并未提及任何时钟、秒表或起搏器，尽管诸多当代学者持相反观点。“是通过一组闭合型数学方程式”预判老鼠的按键行为，梅克说。后续的论文（梅克描述为“卡通版 S.E.T.”）“故意”引入了大量的行外术语，旨在让“更多数学能力较差的心理学家接受该理论”。在业内，联合作者将标量预期理论称为“傻瓜版 S.E.T. 模型”。当梅克和同事最初在论文中使用“时钟”时，行为主义思维固化的编辑仍坚持将其删除。

“那篇论文可谓命运多舛。”梅克说，“‘时钟’是一种认知架构，但凡有自尊心的斯金纳学者必然不会使用；但如果不出现，就无法进行描述。特雷斯曼并没有因为使用‘时钟’一词而‘激起民愤’，而我们却因此得罪了不少动物学界的学者。”

起搏器—累加器模型在动物研究员（研究计时）中得到迅速普及，因其提供了一种概念机制（如果不属于生理学机制），用以解释他们长久以来研究的部分时间扭曲现象。一个时钟包含 2 ～ 3 个组成部分，即一个节拍率或起搏器，一块存储器或累加器，可能还包括一个决策门（a decision gate），并且它能够对其中任意要素进行调整。

例如，对使用不同药物的老鼠进行研究，可以得出这样的结论：包含可卡因和咖啡因在内的兴奋剂会导致老鼠对短暂的时间间隔做出过高的判断。认为这类药物让时钟加速摆动是有理可依的，因为在相同的间隔中，存储器中累积的摆动数多于平常情况，所以当系统“计算”累积时长时，便会高估持续时间。然而，诸如氟哌啶醇和匹莫齐特等药物能够抑制大脑产生多巴胺，这些是人类常用的抗精神病类药物，则起到相反的效果，能够减缓节拍率，导致老鼠低估时间间隔。

人类被试者使用上述或同类药物后，也能得出类似的实验结果。兴奋剂能加速时钟，导致人们高估时间间隔；而镇静剂则引发低估的效果。此外，疾病也能破坏起搏器时钟的正常工作。患有帕金森病的患者大脑中多巴胺等级低，他们在认知测试中会不断低估短暂的时间间隔，说明多巴胺的缺失能够放慢生物钟的步伐。

起搏器—累加器模型还能帮助人们解释一种奇怪的现象，即在实验中，一段时间间隔是否长于或短于正常情况，取决于对被试者的提问方式。比如，当你受邀判断一声提示音的持续时间时，回答方式可以是口头回答（“我认为提示音持续 5 秒钟”），也可以通过敲击、查数或按下按钮重现相同时长。假设听到提示音之前，你服用了小剂量的兴奋剂（少量咖啡因），那么口述预估时长时，答案很可能长于实际时长；而通过按键回答时，答案则会短于实际时长。这体现出人类生物钟的复杂性。如果在药物作用下提速，那么对同一段持续时间做出高估或低估的答案，关键取决于回答方式。

起搏器—累加器模型能够用来解释以下悖论。假如提示音实际为 15 秒长，你的生物钟摆速在咖啡因的作用下比平常快，因此在一定的时间跨度中累积的摆动数增多，可能平时 15 秒钟内摆动 50 次，而现在则摆动 60 次（数字为假设）。当声音停止后，你需要口头评估间隔时长。你的大脑数算摆动数，数值越大代表时间越长，60 大于 50，因此你回答的声音时长要稍大于实际时长。现在，假设你需要通过按压按钮来回答间隔时长。生物钟在咖啡因的作用下加速摆动，因此达到 50 次摆动（大脑对 15 秒时间的测量值）所需的时间明显少于平时，因此在 15 秒钟未到之前便会释放按钮。最终出现口述答案过高，而按钮时长过低的现象。

很快，起搏器—累加器模型“冲出”动物实验室，“走进”人类时间感知的研究领域中。“一直以来，人类研究员和动物研究员都很少来往，”梅克说，“动物研究员往往都是控制狂，但计时领域则不同。约翰·吉本首次将人类研究员和动物研究员联结在一起，当我们引入 S.E.T. 计时器时，人类研究员便爱上了它。”

居住在英国的约翰·韦尔登是其中一员。在 1984 年论文发表后，他把握时机将研究对象从老鼠转到人类。如今，他是一名起搏器—累加器模型的狂热支持者。在他那些颇具挑逗性的实验中，有一项是向被试者展示一种视觉刺激或让他们聆听不同长度的提示音。但在此之前，他会先播放一串长达 5 秒钟的嘀嗒声，嘀嗒频率可能是每秒 5 次或 25 次，并预计此操作会导致被试者的间隔计时出现加速效果。随后被试者被要求对刺激的时长进行判断，果不其然，那些事先听过嘀嗒声的被试者均高估了刺激时长。

接着，韦尔登开始考虑：如果可以加速生物钟的运转，时间跨度被延长，那么人们是否可以利用这段“延长”的时间做更多的事？时间仅仅被拉长了吗？

或者时间真的被拉长了吗？“假设你的最快阅读速度是 60 秒 6 行文字，”韦尔登说，“如果向你播放一串嘀嗒声后，会使 60 秒比实际持续时间长，那么你现在能否在 1 分钟内读完超过 6 行的文字？”

事实证明是可以的。在一项实验中，韦尔登让被试者观看电脑显示器，里面有罗列成排的 4 个箱子。其中一个箱子中会出现一个“十”字，被试者需要按下与其位置相对应的按键。韦尔登发现，如果被试者在实验开始前听过一段嘀嗒声（持续 5 秒钟，嘀嗒频率为每秒 5 次或 25 次），那么他们的反应时间会明显缩短。在另一项类似的实验中，被试者看到的不是“十”字，而是一道加法题，并附有 4 个可能的答案。同样，如果事先听过一串嘀嗒声，那么被试者找出正确答案的速度就会提高。

除了加快反应速度，他发现人们的学习速度也得到了提升。在另一项实验中，他向被试者展示 3 排字母，持续时间最长半秒钟，然后立即让被试者说出记住的字母。同样，事先听嘀嗒声可增加字母的记忆量，虽然量少，但意义重大。（同时也升高了报错率，即回想出的字母不存在的数量增多。）加速生物钟，提升节拍率，为被试者提供了更多的时间，用以记忆和处理信息。

人们早已熟知，对持续时间的评估根据环境而产生巨大变化，包括精神状态、周围情况，以及观察和计时的具体事件等。“我们对时间的感觉能与不同的情绪协调一致。”威廉·詹姆斯写道。在过去的十余年间，科学家已发掘出诸多颇具趣味的——基于被试者的情绪或正在体验的内容（抑或二者兼备）——加快或放慢间隔计时时钟的方法。如果在短时间内观察显示在电脑屏幕中的面部图片，那么对图片持续时间的判断，则取决于图中面容是否年轻、漂亮，年龄和民族是否与自己相仿，等等。在屏幕显示时长相同的情况下，小猫和黑巧克力的图片与恐怖的蜘蛛和血肠的图片相比，前者显得持续时间更长一些。前不久我曾看到一篇题为《阅读禁忌语会让时间飞逝》（*Time Flies When We Read Taboo Words*）的论文，文中讲到研究人员测试粗言秽语对时间的扭曲效果。

出于学术考虑，文中并没有收录任何禁忌语，但文章末尾处提示可以向作者索要。于是我发出请求，当我在电脑上打开禁忌语列表时，真切地感受到查看“fuck”“asshole”确实比“bicycle”“zebra”的持续时间更长。

关于起搏器—累加器模型，韦尔登最中意的一点是能够映射出一种常见体验：随着事物或持续时间的展开，人们能够从自身感受到时间的累积。可以把生物钟想象成一种电子表，数字的增长与外界时间的流逝成正比。较长的时钟时间跨度代表更多的生物钟摆动次数，而较多的生物钟摆动又说明流逝了一段较长的时钟时间。

当然还有其他类型的时钟，想象一种不使用数字而采取图形探测模式的时钟，例如：一块电子表，将数字替换成图案。第一秒显示小狗，第二秒是花朵，第三秒是小猫，第四秒是书本，等等。即便除去对时间的有序度量，单凭间隔之间的任意联结，人们仍能够进行计时。

“举个例子，我可以先训练你看到小狗、车辆或任何什么东西后便按下按钮，最终让你每隔 4 秒钟按钮一次，”韦尔登说，“实际上可以借此模仿很多行为。”这就是以图形探测为基础的时钟，神经生物学对计时的某些阐述也采用了类似的模型。比如，汀 · 布诺曼诺提出的毫秒时钟模型，便假定人们对短暂时间间隔的敏感度源自大脑对不断变化的神经模式的监控能力，如同观察池塘中泛起的涟漪。但是如果缺少对时间的有序度量，便很难辨识不同长度的时间间隔。韦尔登说：“如何判断 10 秒钟比 5 秒钟长？能确定的是两者不一样，但无法指出哪段更长。”

实际上，人们是借助算术处理时间间隔的。在一项实验中，韦尔登训练被试者辨识一段 10 秒长的间隔，方法是在间隔开端和末尾处各播放一次提示音。经过几次演示后，作为标准间隔让被试者熟记于心。接着，他引入一段新的间隔，长度介于 1 秒与 10 秒之间，同样也在前后端播放提示音，并让被试者判断新间隔与标准间隔之间的关系。是标准的一半？三分之一？还是十分之一？（为防止被试者计算测量持续时间，即作弊行为，韦尔登要求他们一边在电脑上完成一项小任务，一边听间隔提示音。）

“当你提出这些要求时，被试者面生胆怯，认为自己无法完成。”韦尔登说。然而，他们的回答却准确得出乎意料。听到的间隔所占比值越小，对持续时长的估算也越小。“他们的估算几乎完全呈线性分布，从客观角度度过间隔的一半，那么主观角度也同样度过一半，进而呈现出线性累积过程。”此外，被试者之间的差异较小，他们对一段间隔的十分之一或三分之一的判断几乎相同。韦尔登还发现，人们擅长将时间间隔叠加在一起。他曾让被试者聆听 2 ~ 3 段不同的时长，并要求他们在脑中将它们整合成一段较长的持续时间，然后与他播放的较长时长相匹配。“他们回答得很准确，”他说，“那么，人们在没有对时间进行有效度量的前提下，又是如何完成这项任务的呢？”

— 3 —

时间传染病

最近的一个星期六上午，苏珊和我偷偷进城参观大都会艺术博物馆。我们从未以情侣的身份来过这里，即便是孩子们出生之前也没有过。当时大批游客还未到来，我们有将近一个小时较为清静的时间，细品艺术的饕餮盛宴。我们各看各的，但心系彼此。苏珊漫步在马奈和凡·高的作品中，而我则走进侧面的小画廊，大概有一节地铁车厢的长度，里面陈列着一组出自德加之手的铜质雕塑，由玻璃柜保护着。有一些半身像、几匹奔驰的骏马，还有一个全身的女性雕塑，只见她举起弯曲的左臂，好像刚从美梦中醒来。

画廊的尽头摆放着一个长长的柜子，其中是 24 个神态各异的芭蕾舞女雕塑。一位舞者在检查右脚的鞋底，另一位正在穿长袜，还有一位将右腿往前伸、双手后摆矗立着。阿拉贝斯克（Arabesque，舞者最常练习的舞步之一，其用途广泛，通常和其他芭蕾舞步组合完成，例如伸展动作或者腿部动作）式前倾：单脚站立，身体前倾，手臂外展，仿佛孩子在模仿一架飞机；阿拉贝斯克式正向抬腿：左腿直立，右腿抬起、脚尖朝前，左臂弯曲绕过头顶。这些雕塑虽然静止不动，但所呈现的意境却颇具动感，并足以引起人们对时间的感知，而我则仿佛置身于一场排练之中，舞女停下动作，只是为了让我能够充分欣赏优雅的力学之美。这时涌入一群看似舞者的年轻人，他们的领队说：“快，哪个是你们自己？”于是年轻的舞者们迅速做出各自的选择，并开始模仿。离我最近的少年抬起右腿，双手放在臀部，肘部朝后弯曲。“你选的造型我很喜欢，约翰。”领队评价道。

时间，在我们开心的时候快如流水；也会因沮丧、车祸或从房顶摔下而变得缓慢；还会在麻醉剂的作用下发生扭曲，而快慢则取决于具体的药剂。其实有很多鲜为人知的扭曲时间的方法，科学家一直在探索之中。

2011 年，布莱兹 · 帕斯卡大学（位于法国克莱蒙费朗）的神经心理学家赛尔维 · 德鲁瓦 · 沃莱（Sylvie Droit-Volet）和 3 位学者联合开展了一项研究，在实验中向一组志愿者展示两位芭蕾舞者的图片。该实验就是著名的二分图判断（bisection task）。实验第一步，每位被试者会看到电脑屏幕上出现一张纯色图片，持续时间为 0.4 秒或 1.6 秒两种模式。重复显示多次后，让被试者能够辨识两种时间间隔，并形成感知。接着，屏幕上出现一张或两张芭蕾舞图片，持续时长介于两种间隔之间。在每看一张图片后，被试者需要按下按键，指出芭蕾舞图片的持续时间更接近短间隔还是长间隔。实验结果非常一致：阿拉贝斯克式舞姿，即图片中更具动感的那张感觉比实际持续时间更长。

这个实验说明了一定的问题。与之相关的多项研究也揭示出时间感知与动作之间的关联。在电脑屏幕上快速移动的圆形或三角形，似乎比屏幕中静止不动的物体持续更长的时间。图形移动速度越快，扭曲效果越明显。不过，德加的雕塑并没有移动，仅仅呈现出运动趋势。通常情况下，导致持续时间发生扭曲的是你对刺激物的特定物理属性的感知方式。如果你观察到一束光每隔 10 毫秒闪烁一次，如果同时听到一系列提示音，频率相对较低（比如 15 毫秒），那么会让你觉得光束闪烁频率降低，与提示音相符。这是神经元的一种奇怪的作用方式，许多时间错觉实际上都是视听错觉。然而，在德加雕塑的情况中并没有改变时间的属性，即感知不到动作。该属性的产生完全依赖于观察人在记忆中的激活甚至是重现。仅仅通过观看德加雕塑便能扭曲时间，充分阐明了人类生物钟的工作机制和原因。

在时间感知的研究领域中，最引人注目的内容之一是情绪对认知的影响，而德鲁瓦·沃莱已开展多项著名研究，来探索二者之间的关系。在近期的系列实验中，她要求被试者观看一组面部图片，其中包含面无表情的图片或表达喜怒哀乐等基本情绪的图片。每张图片在屏幕上的停留时间介于 0.4 秒至 1.6 秒之间。随后观察者以事先教授的两段持续时长为标准，用“长”或“短”来描述图片的持续时间。（这类实验称为二分图判断。）结果，观察者一致认为开心图片比面无表情图片持续时间更长，而愤怒和恐惧的图片持续时间也很长。（德鲁瓦·沃莱发现，3 岁小孩也认为愤怒图片的持续时间更长。）

起到关键作用的要素可能是一种叫作“觉醒”（arousal）的生理反应，这可能与你的观点有所不同。在实验心理学中，“觉醒”是指身体为执行某种行为而进行的自身准备程度，可通过测量心率和皮肤的导电率得出具体情况。有时会要求被试者与面部图片或木偶形象相对比，指出自身的觉醒程度。觉醒可被视为人类情绪的生理表现，或是身体行为的先导。在实际情况中，二者并无太大区别。从标准角度看，愤怒是觉醒度最高的情绪，因观察的人与愤怒的人相类似，其次是恐惧、高兴和悲伤。觉醒可加速起搏器的运转，使既定的时间间隔累积更多的摆动次数，进而在持续时间相同的情况下，人们会觉得情绪饱满的图片比其他图片更持久。在德鲁瓦·沃莱的研究中，悲伤的图片比面无表情的图片持续时间长，但比高兴的图片稍逊一筹。

生理学家和心理学家认为“觉醒”是一种蓄势待发的身体状态——未动却欲动。当我们看到行为或动作时，即便是静止图片中呈现的行为趋势，也能让我们的思维活跃起来，在脑海中把动作完成。在某种意义上，“觉醒”是对“换位思考”能力的一种考量。研究表明，如果你看到一个动作，例如有人用手把球捡起来，那么你的手部肌肉便会“蓄势待发”——虽然没有产生行为，但肌肉导电率会提升，你的心率也会加速，俨然“准备就绪”的状态。从生理学角度看，你已经“觉醒”了。只要看到一只手放在一个物体旁边（可能准备将物体拾起），抑或一张呈现手持物体的图片，都能产生相同的效果。

大量研究显示，这种现象在人们日常生活中随处可见。我们经常在无意识的情况下模仿他人的表情和举止。还有研究发现，在实验室特效的作用下，被试者即使没有意识到自己在看任何面孔，也会模仿出面部表情。另外，此类模仿行为还能引发生理觉醒，这似乎打开了一扇“心灵之窗”，帮助我们感知他人的情绪。研究发现，如果在挨打前做出痛苦的表情，那么真正挨打时，痛苦的感觉会加倍。观看喜剧或苦情戏时，夸张的面部表情能够加速心率，提升皮肤导电性，这些都是典型的生理觉醒表征。借助FMRI（功能性磁共振成像）进行的实验显示，无论亲身经历一种特定情绪（如愤怒），还是看到相应的面部表情，都会激活被试者大脑中的相同区域。可以说，“觉醒”在人与人的内心之间架起了桥梁。你看到朋友在发怒，无须推断，即可感同身受。她的思维和情绪迅速变成你的。

同样，这位朋友的时间感也可以变成你的。在最近几年间，德鲁瓦·沃莱和其他学者已证实：我们对他人的行为或情绪感同身受时，我们也经历了随之而来的时间扭曲。在一项实验中，德鲁瓦·沃莱让被试者观看电脑屏幕中短暂出现的无序面孔，他们之中有些人苍老，有些人则青春洋溢。她发现，面容苍老的图片的持续时长总是被被试者低估，青春面孔则不会。换言之，当观察者看到一张老年人的面孔时，他们的生物钟会放慢，仿佛要“体现出老年人特有的迟缓”，德鲁瓦·沃莱写道。通常情况下，运转缓慢的生物钟在一定间隔内的摆动次数会减少，累计数降低，进而导致人们判断的间隔时间要短于实际时长。对老年人的感知或记忆会诱发观察者再现或模仿他们的身体状况，即行动缓慢。“通过此类演绎，”德鲁瓦·沃莱写道，“我们的生物钟会顺应老年人的行为速度，进而觉得刺激的持续时间变短了。”

回顾德鲁瓦·沃莱早期的实验，参与者同样反映屏幕中生气和开心的脸庞比面无表情的脸庞持续更长时间。虽然她当时将此效果归功于“觉醒”，但又怀疑“再现”（embodiment）是否也起到一定作用。可能由于被试者曾模仿过所看到的面容，而模仿行为触发了时间扭曲。因此，她再次进行实验，并做出重大改动：要求一组参与者在观察面孔时，用嘴唇夹住一支笔，防止他们做出面部表情。结果，不用夹笔的观察者大大高估了愤怒表情的持续时长，对高兴的高估程度相对较低；反观其他观察者，即嘴唇和面部受限的一组则认为具有情绪的面孔和没有情绪的面孔的持续时间大体相同。时间扭曲就这样被一支笔终结了。

这一切可引出一个奇异又极富争议的结论：时间会传染。人们促膝长谈时，会感受对方的经历和体验，其中就包括对方对时间的感知（或根据自身的经验加以想象）。故此，不仅持续时间发生了扭曲，我们还彼此分享这种“扭曲”，它就像一种货币或社交黏合剂。“社交活动的效果取决于我们与对方建立同步行为的能力，”德鲁瓦·沃莱写道，“换言之，每个人都会顺应他人的节律，融入他人的时间。”

人们分享时间扭曲的行为，可以理解为感情共鸣的体现。毕竟，接纳他人的时间意味着换位思考。我们虽然会模仿彼此的姿态和情绪，但研究表明，人们更愿意与自己认同或想要与之分享的对象进行相互模仿。德鲁瓦·沃莱在面孔研究中证实了这一点：观察者认为老年人面孔在屏幕上的持续时间要长于年轻面孔，但前提是观察者与观察对象为同一性别。如果一位男性看到高龄女性面孔或一位女性看到年长男性面孔，则不会产生时间错觉。以种族为区分的面孔研究也得出相同的结果：与面无表情相比，被试者会高估愤怒表情的持续时间；但如果观察者和观察对象属于同一种族时，那么这种效果会显著提升。德鲁瓦·沃莱发现，那些喜欢高估愤怒表情的持续时间的观察者，在标准的同感测试中得分最高。

人们总是彼此交通，但有时对象也可以是没有生命的物体，比如面孔、手臂和它们的图片，以及其他抽象的物品，像德加的芭蕾舞者雕塑等。德鲁瓦·沃莱和联合作者在关于德加的论文中强调，更具动态属性的雕塑之所以在屏幕中显得持续时间更长，是因为“它包含对更为困难和刺激的动作的模仿再现”，这也是首先出现生理觉醒的原因。也许，德加早就知道这一点，于是将其化作邀请和诱导，即便最爱走马观花的人也要驻足观看。当我看到芭蕾舞者雕塑呈现单脚站立、身体前倾的姿态时，我会迅速与其融为一体，虽然外人看到我丝毫未动，但内心已经跳起了自己的阿拉贝斯克式舞姿，幻化成了一尊优雅的铜像。在这一切发生的片刻，时间已经扭曲了。

表情丰富的面孔、移动的身体和健硕的雕塑，所有这些事物都可以引发时间扭曲，而这种现象可以通过心理学模型（如起搏器—累加器模型）进行解释。但是，德鲁瓦·沃莱还是心存疑问。诚然，生活要求我们具备某些内在机制，以便计时和监测短暂时长。然而，一点点情绪的表达就能打乱这种机制，那么我们拥有这样不稳定的时钟到底又是为了什么呢？

德鲁瓦·沃莱认为，可能存在更好的思考角度。并不是我们的时钟出了问题，恰恰相反，我们的生物钟具备超强的适应能力，可以应对日常生活中不断变换的社会环境和情绪状态。我在社交场合感知到的时间，既不完全属于我自己，也不只拥有一种模式，我们的社交互动之所以千差万别，在一定程度上也正是因为这一点。“因此，不存在独特、单一的时间，有的只是多重时间体验，”德鲁瓦·沃莱在一篇论文中写道，“我们经历的时间扭曲直接反映出大脑和身体对多重时间的适应方式。”她引用哲学家亨利·柏格森（Henri Bergson）的话：“*On doit mettre de côté le temps unique, seuls comptent les temps multiples, ceux de l'expérience*.”即我们必须撇开单个时间的想法，全神贯注于构成经验的多重时间。

德鲁瓦 · 沃莱提出，我们最微不足道的社会交换——眼神、笑容和皱眉等——会借助我们自身的能力进行同步。我们扭曲时间，是为了在彼此间制造时间；我们经历的许多时间扭曲现象都是产生同理心的表征。人们在对方的身体和思想中看到自己的程度越深，越容易辨别对方是敌是友，抑或是患难之交。然而，同理心是一种极为复杂的品质，是心智成熟的标志，需要长时间的学习才能获得。随着儿童的成长，具备同理心之后，他们才能够更好地应对社会。换句话说，长大成人的一项重要任务是学习如何扭曲自己的时间以顺应他人。人类可能生来孤独，但在“时间传染病”的作用下，每个人在童年结束时，都融入（即同步）到了嘈杂的时钟之海中。

— 4 —

大脑测量的只是主观时间

有时，马修·马特尔（Matthew Matell）讲演自己的研究工作时，会先向观众展示一张幻灯片，上面写着一句话，他会大声读出来：

> 间隔计时对人类日常感知的作用可谓举足轻重，很难想象如果除去这种时间预期，我们的意识体验会变成什么。

不过，当他读到一半时，即在“很难想象……”处突然停顿，留出几秒钟尴尬的空白时间。此时，观众会坐立不安——怎么了？他怯场了？——直到他最终接着朗读。“我应聘维拉诺瓦大学的时候曾用过这招，”马特尔告诉我，“后来，我的担保人来了，忧心忡忡，以为我怯场，搞砸了应聘。”

不过，观众的反应却恰好印证了他的观点。由于我们完全习惯了时间一分一秒地流逝，所以几乎不考虑这件事，直到我们的预期被打破。“你们并没有对我们的间隔进行计时，”他说，“但是当停顿出现时，你们会恍然大悟，原来自己一直在计时。”早期曾有学术导师劝导他放弃研究时间：为什么要在意如此深奥的课题？“但是不能一叶障目，不见泰山，”他告诉我，“我们的一切行为中都存在计时，根本无法想象没有计时的生活。”

马特尔是位于费城郊外的维拉诺瓦大学的一名行为神经科学家。通常，当他告诉陌生人自己的研究内容是人类如何感知时间后，他们大致会提出几个常见问题：为什么我不用闹钟也能在每天的同一时间起床？为什么我总是在下午感到特别疲惫？这类问题应该由节律生物学家回答，而马特尔研究的是间隔计时，即一种对大脑实施计划、预判和决策能力的管理机制，时间跨度大致从 1 秒到几分钟不等。

不过，这种机制的本质是什么呢？大脑是否具备一种中央间隔计时器，类似于视交叉上核中的母生物钟？是否存在分散式的时钟网络，会根据当下的任务适时介入？起搏器—累加器模型成为时间感知实验的可靠平台已有 30 年的历史。显然，我们对持续时间的判断是可以被操控的，其难易程度和预判性等同于我们对声音和光线强度的判断。但是，它却是并且素来都是一种启发性设备，类似于人类出生时就使用的时钟。但问题是，在神经元中，它位于哪里？“它只是一种概念，”韦尔登曾这样对我说，“是一种数学架构，用于促进和解释学术研究。但是，是否存在一种具备相同功能的身体机制，还有待进一步考证。”而这正是马特尔所要研究的内容。

马特尔的办公室位于维拉诺瓦大学一栋古老建筑的顶层拐角处，要登上 4 段年代久远的大理石台阶。学校已经进入暑期，铺满油毡地板的走廊空无一人。这样的寂静能放大一切情感，我开始觉得自己回到了小学，抑或走在通往记忆深处的小路上。在一处左拐后，门厅开始变得狭窄，经过几扇正门之后，可以看到尽头。我四下询问，得知那扇看似是安全出口的大门可通往一处“幽静之地”，里面是布局紧凑的办公室和实验室。

马特尔出现了，身着T恤、短裤、登山鞋，精力充沛，在和我寒暄之后，他便走向他称为“鼠房”的实验室一角。由于常年接触老鼠，他患上了皮肤过敏症，碰巧专门负责管理小白鼠的研究生今天请假不在，于是他戴上一副蓝色弹力手套。虽然马特尔的语速很快，但语气和蔼，说话时会睁大眼睛。他说：“科学就是编故事，然后研究是否行得通。”

在探索时间感知领域中，前100年左右的时间基本停留在对认知表征的记录。被试者（人类或非人类）受到刺激（如闪光、愤怒的脸、德加雕塑等）后会做出何种反应；并且，在什么条件下（可卡因、从高空坠落或在水箱中骑车等）可以改变这种反应？不过，研究人员逐渐具备能力去探寻大脑中产生此类反应的位置和方式。借助微定位药物可以关闭或增强所选神经元集群在时间感知中的作用，脑成像技术能揭示被试者从事计时行为时所使用的神经元组别。时间心理学带动了时间神经学的发展，随着马特尔和其他研究人员对大脑进行深入的研究，他们遇到了一项人类之谜：细胞是如何生成与我们自身相关的记忆、思想和情感的？神经系统又是如何带动软件系统的？一位研究员曾告诉我，现在人人都是神经系统科学家，因为在大脑如何产生心智的问题面前，所有人都一无所知。

“大脑运转机制如同一家企业，”马特尔说，“涉及诸多单位，各司其职，采取的可能是自上而下的管理模式。每个单位都有自己的任务，单位内部存在大量个体——这里指的是神经元——每个个体都按部就班地工作。我倾向于将神经元拟人化，它们就是信息处理的小型配件。在某种程度上，神经元就像是机器人。但关键问题在于心理系统，比如由神经元组成的大脑，如何产生诸如意识等心理现象？人们喜欢说自己拥有自由意志，但如果你是一位神经系统学家，我断定你不会真正赞成这种观点。因为那表明我们的行为是被其他事物支配的，而不是我们的大脑。”

人类大脑是由千亿个神经元组成的集合体，每个神经元就像是一条输电线，以电化学脉冲的形式，将信息从扩展细胞体的一端传至另一端（绝大部分为单向传输）。除了某些尺寸较大的神经元（贯穿脊柱末端到大脚趾的坐骨神经大约有1米长），其他绝大部分都非常小；并且，所有神经元都异常轻薄，如果紧凑摆放，这段话末尾的句号能存放大约10 ～ 15个神经元。每个神经元都拥有接收端，由多分支突起组成，在显微镜下观看，形状类似树根。长长的细胞体或轴突能繁殖信号，而多分支末端用以传递信号。通常情况下，某个神经元从“上游”数以万计的神经元接收信息，然后传递给“下游”数量略少的神经元。神经元彼此间一般没有物理性连接，通信需要跨过狭小缝隙或突触。当信息抵达神经元末端时，会触发释放神经递质，进而穿过突触并附着在附近神经元的树突上，仿佛钥匙插入一套锁中。如果抵达神经元的信号强度极高，那么会促使该神经元产生自己的信号并一同传输。神经元有发射信号和不发射信号两种状态，当发射信号时，其动作电位时钟是相同的，能够变化的是发射速率。与轻微刺激相比，较强的刺激（如明亮的光线）会诱发神经元发射更多的信号，进而触发更多的下游神经元。即便在如此小的细胞范围内，时间（单位时间内的输入信号）也起着一定的作用。

有时，神经系统学家把神经元描述为“重合检测器”（coincidence detectors）。其实，神经元一直在接收来自上游、基准剂量的输入信号，仅在基准剂量升高，即大量信号同时涌入时，神经元才会发射信号。有人可能会问这里的“同时”指的是什么，即什么是神经元的“现在”？大脑细胞类似于水钟，来自上游的神经递质会附着在细胞膜上，并打开通道让离子（通常是带有少量正电荷的钠离子）进入。这些离子会对细胞进行去极化，当去极达到临界阈值时，神经元便会发射。输入信号速度越快，离子增长的速度越快。但是，这种水钟有漏洞，即离子可以从细胞膜渗出，并且细胞还能主动排出更多。“整个过程可以通过一只滴漏的、底座易碎的酒杯和一点马尼舍维茨酒来演示，”一位研究员对我说，“酒倒得太快，太多，都会使底座破裂，让酒洒满桌布。”

“现在”是刚进入的离子流超过现有流速所需的时间。它是一种动态的时间之窗，很大程度上受细胞控制。神经元排出离子的速度可快可慢，而细胞膜上离子通道的数量由细胞 DNA 掌控。此外，神经元也向来自上游的输入信号给出不等权数：来自距离较远的神经元树突上的信号，其强度会在通往轴突的途中大打折扣，进而削弱了对神经元发射信号的影响力。“我把神经元想象为正在处理某件事的个体，”马特尔说，“他们能够超越时空整合信息（动作电位）。”马特尔运用类比法向学生发问：“周六晚上你应该如何选择，是参加兄弟会联欢，还是待在家里学习？”“你会在各方之间做出权衡，”马特尔说，“假如你问自己的母亲，她会给出一种回答；而你的朋友会给出另一种答案。他们可能像往常一样建议你出来玩，但你已经照做过，可玩得并不开心，所以他们建议的分量变小了。”

在任何情况下，“现在”对于神经元来说都不是零点。此处和其他地方一样，需要花时间来制造时间：神经递质需要 50 微秒（二十分之一毫秒或两万分之一秒）穿过突触，从一个神经元传输到另一个神经元中；而在发射前，神经元可能需要 20 毫秒完成去极化过程；此外，自身的信号穿过整个细胞还需要大约 10 毫秒。单个神经元每秒能发射 10 ～ 20 次，当多组神经元一同定期、按时发射时，所产生的脉冲会形成电磁振荡。“在理解时间感知的过程中，遇到的挑战之一是大脑活动进程的时间单位是毫秒级。”马特尔说。而这种电路系统又是如何给予我们能力来驾驭秒钟、分钟，甚至是小时的呢？早期曾出现过一种关于小脑的模型，将小脑视为一种电路，搭配可能减慢信号传输的分支网络和延迟线。这一概念能够用来解释某些行为，如我们判断声音的方向。（当听觉信号先抵达一只耳朵时，便提供了有关声音来源的位置信息。）不过，这种方法不太适用于对几秒钟到几分钟间隔的感知。在过去几年间，马特尔一直协助探索另外一种模型，其运行机制与电话线路稍有区别，更类似于交响乐。

1995 年，马特尔从俄亥俄州立大学毕业后，便前往杜克大学攻读博士学位。他师从行为神经科学家梅克，而梅克是前一年从哥伦比亚大学来到这里的，潜心研究间隔计时的神经学基础。到目前为止，梅克已经编译出两组极具启示性的数据。其一源自对老鼠和人类的研究，得出个体对持续时间的感知，可借助管理型药物改变大脑中的多巴胺水平实现加速或减缓的效果。第二组数据主要来自对老鼠的研究，部分来自对患有帕金森病患者的研究。研究内容主要聚焦在电路方面：如果大脑中的背侧纹状体受损或被破坏、摘除，那么被试者会丧失完成标准计时任务的能力。在马特尔进校不久，梅克就把这两组数据交给了他。

“他递给我这些文件，然后说‘你的任务是研究这些内容是如何在大脑中实现的’，”马特尔和我说，“我感觉他的意思不是让我找出答案。不过，我开始大量阅读神经生物学著作，而没有看心理学方面的书籍。”

交谈期间，马特尔带我参观了他的实验室，只见每只小白鼠都装在一个小塑料室中，内部设有小型扬声器，用以播放进食提示音，还有 3 个可以容纳老鼠口鼻的进食口。“进食口比进食杠杆的效果好，因为老鼠喜欢把鼻子插进食物中。”马特尔说。凭借这种实验配置，他便可以训练小白鼠学习他设定的时间间隔。例如，如果老鼠把鼻子探进一个进食口中（每个洞口处设有红外线探测仪），那么 30 秒后便会得到一个饭团奖励。但如果 30 秒之内再次做出探鼻动作，则取消奖励。因此，对于小白鼠来说，要想获得饭团，就必须学会嗅探和等待，并掌握具体的等待时长。2007 年，佐治亚州立大学的研究人员发现，黑猩猩更善于等待 30 秒以便获得糖果奖励，前提是它们能够分散自己的注意力，即摆弄事先给它们的玩具或翻看《国家地理》（*National Geographic*）和《娱乐周刊》（*Entertainment Weekly*）杂志等。马特尔的小白鼠在等待期间则选择梳理毛发，四处嗅探。“如果它们是人类的话，可能早就拿起手机上网了。”马特尔说。

一旦动物掌握某种特定的间隔后，马特尔便开始打破这种局面。在部分实验中，他会给小白鼠喂食某种药物——可能是一定剂量的安非他命，显微镜下注射到大脑的特定位置——观察是否可以加速或减缓动物的计时，进而破译与之相关的神经结构。有时也会选择性破坏小白鼠大脑中的特定器官，以便测量计时效果的变化过程。该实验步骤要求高，而且存在不准确性，尤其是需要破坏的目标位于脑干中的某个微小区域，术语叫作黑质致密部，而小白鼠的黑质致密部比一颗BB弹还小。“和人类一样，老鼠的大脑也不尽相同，”马特尔说，“基本有点摸着石头过河。”他给我拿出一本尺寸超大的书，叫作《脑图谱集》（*Atlas of Brain Maps*），每页都有小白鼠大脑的连续切片图，尺寸可以精确到毫米，看起来就像是菜花的“格雷解剖图”（Gray’s Anatomy）。试验结束后，小白鼠会被执行安乐死，其大脑会被取出做成切片，放置在载片上与书中的图片做比较。“然后就可以说‘我们的目标是这个结构，看看结果如何？’”

研究老鼠如何学习间隔计时的另一种途径是在其大脑中嵌入电极，然后记录老鼠在执行计时任务时的神经活动。同样，这也是一个要求极高的过程。马特尔向我展示一根接近半米长的纤维剑，其中一小段类似于刀把的金属平台上伸出8条短金属丝，每个末端都有一个电极。在大脑图谱的指导下，马特尔或他的学生小心翼翼地将电极插入小白鼠的大脑中，金属丝连接着一条从实验箱顶部垂下的电缆，通向一台记录设备，这样可以保证小白鼠能够相对自由地在实验箱中移动。设备会对神经活动的峰值进行时间编码，以便后期与小白鼠的活动进行对比。

“这类似于把一只麦克风架在了一间人满为患的房间里，”马特尔说，“这些‘人’就是神经元，你可以倾听很多事情。神经元的声音各有不同，这取决于细胞大小或与电极之间的距离。”

在某一时刻，马特尔停在了一个铁皮柜旁边，拿出一个塑料材质的人脑模型。他将其放在桌子上，然后开始拆分。他将大脑皮层的右半球从左侧分开，其内位于脑干顶部的是一个外形酷似平滑伞菌的结构，叫作胼胝体（corpus callosum），即为左右脑半球提供重要连接的神经纤维。接着，马特尔指出一个镶嵌在左右脑半球中的叉形结构，即脑室（ventricles）——这是一种液囊，为其他结构提供内部缓冲。“大脑处于液体中，周围全是液体，”他说，“类似于鸡蛋的保护系统。”胼胝体下方是海马体和杏仁体，这是大脑边缘系统的组成部分，是情绪和记忆的基础；此外，还有丘脑、基底核和其他皮层下组织。

作为拥有思维能力的物种，我们习惯性认为大脑的主要工作是思考。诚然，尽管大脑担任着重要的思考任务，但其根本作用是帮助我们预判、行动，并在各种情形下为身体选出最佳行为对策。为实现这一目标，需要大脑把行为选择的不确定性降至最低，而要达到此目的则要求大脑收集外界情况的可靠数据，尤其是目前的进展情况——前期采取的行为产生何种结果？整体情况正在趋于好转还是恶化？故此，信息在大脑中来来回回。感官数据进入后（通过眼睛、耳朵或脊髓），穿过丘脑区，辐射到感官皮层区：初级视皮层位于大脑后侧的枕叶中，初级听皮层位于颞叶的两侧，躯体感觉皮层位于头部后侧的顶叶中。信息流会在此汇聚，然后流向边缘系统和大脑额叶。有时，这个线路被称为“内容通道”（What Pathway）。凭借该通道，大脑能够辨识出刺激物是什么，但对其价值一无所知。比如识别这是蛋糕还是蛇。完成这种判断之后，信息会进入包括杏仁体和海马体在内的边缘系统，完成价值编码（比如你对蛋糕的需求程度是多少），如果值得记忆，还会生成记录。随后，数据被传输到额叶皮层，完成决策的制定（比如我应该写作业之前吃，还是写完再吃），梳理优先级之后，相关性较小的信息（比如我的节食计划）就会被降级。至此，数据将进入运动前区和运动区（位于大脑的顶部，邻近感官区），并引发行为。

大约在这条路线的中间位置，有一片重要区域叫作基底核（basal ganglia），这是一种复合式结构，其中包含纹状体和黑质致密部，信号从纹状体进入（在教科书插图中，纹状体呈螺旋状，外形类似于电话听筒）。基底核是为大脑节省劳力的机构。如果我对蛋糕的一般反应是立刻吃掉，那么我的大脑会很快发现可以跳过常规的“内容通道”——看到蛋糕，识别蛋糕，想要蛋糕，抉择是否要吃，拿起蛋糕，吃掉——而直奔主题。识别皮层神经元发射了特定模式后，基底核便可以更快地实现我的愿望，进而让神经元体系结构有时间处理新的刺激。基底核旨在掌控机械行为、形成习惯，甚至是癖好。

此外，马特尔和梅克认为基底核还是大脑间隔计时时钟的重要组件。

皮层中的每个神经元都类似于一个触角。“能接收一些特定的事物”，马特尔说，“是一种可以发现某些受限状态的全局探测器。”接着，皮层将成千上万个神经元发送到基底核，而这里包含数量更多的多刺的纹状体神经元。每个纹状体神经元负责监测 1 万 ~ 3 万个皮层神经元，其中有很多重复情况；因此，很容易探测到来自上游的特定发射模式。当出现特定模式后，纹状体神经元会发射，触发附近的黑质致密部中的神经元释放多巴胺，这种神经化学物质能帮助将此特定模式标记为“值得记忆，以备后用”。信号继续传输至丘脑、运动神经元，最后回到皮层。“所有这些信号输入的意义在于基底核纹状体探测到的内容，”马特尔说，“类似于习惯养成中心。对于小白鼠来说则包含计时，因为计时是小白鼠学到的一种行为，现在已成为习惯。”

上述这些机制已经颇具规模。马特尔说，这个模型表明，间隔计时之所以能够形成，是因为一个事实：受到外部信号刺激后，皮层神经元群会以独特的模式放电。有些会显示所谓的Theta振荡，发射频率为每秒 5 ~ 8 次或 5 ~ 8 赫兹；有些振荡频率为 8 ~ 12 赫兹（α 频率），还有些为 20 ~ 80 赫兹（γ 振荡）。这些振荡会依次被背侧纹状体探测到。马特尔说，这些发射频率当然远远低于我们日常生活中接触的时间尺度。“大脑运转的时间范围是毫秒级，但我们可以对长达数小时的事情进行计时。你已经到了一个半小时了？我们不用看表就能估算出这样的时长。那么，我们是如何从大脑毫秒级的运转出发，来处理跨度为几分钟到几小时的事物呢？”

为解开这个谜题，马特尔和梅克借用了一个模型，该模型是由伯明翰大学神经系统学家克里斯·迈阿尔（Chris Miall）研发的。在马特尔要做进一步解释的空当，我们返回到了他的办公室。透过巨大的玻璃窗，初夏的阳光洒了进来，放眼望去是高楼林立的大学校园。办公室的一面墙是高大的书架，里面摆放着诸如《精神药理学》（*Psychopharmacology*）和《潮湿的心》（*The Wet Mind*）等著作。我注意到旁边的窗台上有个未拆封的新奇玩具，名叫“大脑成长记”，只需要添水就能玩。而另一面墙上挂着一块白板，马特尔找到马克笔后，便开始在上面画图了。

他画的是两排条纹，分别代表神经元的发射频率。他说，现在假设出现了某些刺激，如一声提示音。你的神经元立即开始发射，贯穿提示音的始终，但发射频率不尽相同。可能有的每隔 10 毫秒到达一次峰值，有的则 6 毫秒一次。现在假设两个神经元连接到同一个纹状体神经元，即该神经元每隔 30 毫秒就会探测到有两个神经元同时发射。

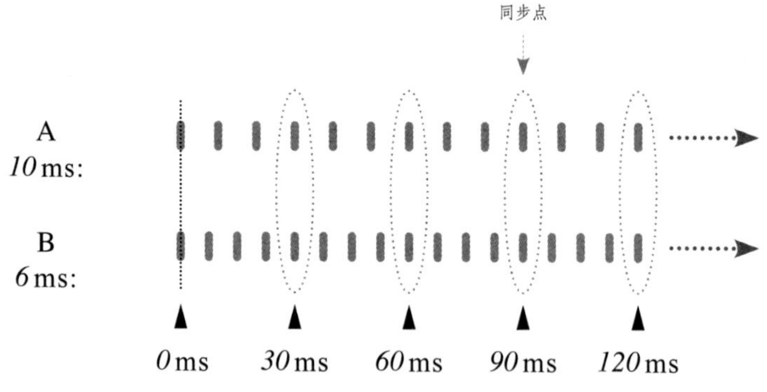

图 11　神经元 A 每 10 毫秒发射一次，神经元 B 每 6 毫秒发射一次

马特尔说，所得结果是纹状体神经元能够探测到一种间隔——30 毫秒。这

一时长比其中任何一个皮层神经元产生的间隔都长得多。此外，每个纹状体神经元所接触的皮层神经元远不止两个，而是近 30 万个，所以很有可能一次探测到数十个或上千个神经元同时发射。这样计算下来，基底核中多刺神经元能够适应的现实世界中的时间间隔便远超毫秒级。

实际上存在一种可能，即人体内的神经元能察觉到每一瞬间出现的所有可能的持续时间，只是大脑不愿费力把它们全都记住罢了。掌握一段特定的持续时间，其实是一个简单的巩固过程，比如小白鼠得到饭团，人类获得糖果、口头鼓励或其他正面奖品。（比如等了 90 秒，交通信号灯变绿，可赢得自由通行的满足感。）获得的奖励能促进黑质致密部释放大量多巴胺进入基底核，而皮层的发射模式也得到充分记录，并送达丘脑，保存在记忆中以备日后使用。

从数学角度严格来说，如果考虑到大脑中存在数以亿计的神经元，并且每时每刻都要处理数量很多的信号，那么在外部世界中生成某种计时方法则显得势在必行。但极为不可思议的是，活细胞之间的机械交互能够推动计算，并诱发一种行为，而这种行为具备与对时间间隔的驾驭能力相同的重要性和先天性。在一个猴子会打字的世界里，可能更容易复制出莎士比亚式的戏剧。

我和梅克沟通过，他曾强调，他本人、马特尔和同领域的研究员努力探索的不是“通常意义上的计时”，而是时间辨别（temporal discrimination），即判断某段持续时间比另一段更具价值的学习过程。“大脑一直在对事物计时，即使是你没有注意到的事物。”他说，“如果我们不说明 10 秒钟有多重要，那么你根本就不会在意。你一直在学习辨别好坏，以及重要的事情。要想具备辨别的能力，你需要记忆力。我真想不出来有哪件事不是时间辨别。”

马特尔和梅克将他们的间隔计时模型称为纹状体拍频模型，并借用音乐术语进行阐述：基底核是指挥，多刺神经元持续监控皮层中同步发射的神经元。在一篇论文中，梅克和马特尔将此比拟成“皮层活动协奏曲”（研究时间的科学家好像对音乐比喻情有独钟）。“犹如一支管弦乐团的成员同时演奏，指出我在乐团中的位置。”马特尔说。我让他做进一步解释，他提醒我说基底核是习惯形成的关键要素，而习惯是我们在不自觉的情况下对环境做出的反应。以开车为例，他说是“基于习惯的自动过程”。你看到某个出口标志后，知道打开转向灯准备换入右车道，然后调整双手的位置转动方向盘。

“皮层探测到出口标志，触发纹状体，纹状体将皮层中的活动辨识为基本的现实世界模式，于是决定执行这个行为交替，即亮起转向灯。”马特尔说，“皮层探测到该行为后又触发另一个行为交替，即驶入右侧车道。发现转向灯亮起，会引发又一个行为交替，即降低车速。于是你完成一系列连锁动作——探测到特定环境，做出某个特定行为，从而进入新的环境，等等。”

已掌握的持续时长源自这些相同的数据循环，并（至少在最初）与实际作业紧密相连。等候饭团的老鼠如同交响乐团中的乐手，“并非清楚具体的时间，知道的只是会有饭团”。马特尔说：“我感觉不到时间流逝，行为自然发生。”他接着说，“例如有一首交响乐你已经听了上百遍，现在你开始准备做饭，先烧上一些水，然后又播放那首交响乐，你知道听到第二乐章的第三小节时，水就会烧开了。你之所以能听出第二乐章的某个小节，凭借的是对所听内容的融合，而不是因为声音分贝比乐曲开头高。这里没有发展变化，既没有变得更为复杂，量值上也没有系统性浮动。总之不同于起搏器模型以及那种累积或减少的感觉。食物出现的时机是大脑状态达到 10，而不是 30，所以我应该继续做自己的事儿。”

他提到自己攻读研究生时遇到的一件事。那天，他和妻子正在看电影，忽然，他们要去厨房，于是暂停播放录像带。就当时的设备而言，按下暂停键并不能完全停止播放，而是会进入微型循环中——快进四分之一秒，然后再倒回，不停重复播放同一段内容。大约 5 分钟后，录像带会自动恢复播放。马特尔和他的妻子在厨房里忙了一阵子后，发现有些不对劲。“我俩面面相觑，互问道：不是已经按下暂停键了吗？”他说，“我们谁也没意识到这件事，也没有计时，因为我们一直在忙着做饭。但是，该发生的事情没有发生，着实让我们吃了一惊。在时间方面并没有出现预期的情况，这和上述的模式探测非常一致——不用累积，就能获得已经‘听到第二乐章的第三小节’的感觉。”

马特尔很快强调，无论计时的神经基础是什么，都不等同于存在时间的感知器官。耳朵能探测到声波，双眼能感知光波，鼻子能破译气味分子。“和其他感官系统不同，我们既没有相关的接收器，也不存在‘时间物质’。”马特尔说，“很显然，大脑确实能感知时间，控制我们的行为，但大脑测量的时间不是客观存在的，而是主观的时间。大脑关注的是自身的功能运转，旨在派生出一些时间信息。”从人类感知角度看，时间就是大脑在自说自话。

纹状体拍频模型（Striatal beat frequency model）逐渐在神经科学领域中站稳了脚跟，越来越多的科学家开始引用该理论，并且成为神经生理学对间隔计时的主导解释。梅克对此早有预期，他进入该领域时，生物钟概念仍是行为生物学家的禁忌词汇，而学术重点是破解生理学。不过，这个过程中明确了一个基本前提：一定存在着某种或多种计时机制，等待研究人员深入探索。“我们曾排除其他一切因素去研究计时，”梅克在提及第一代时间研究员时评价道，“尝试直接切入主题，全神贯注于时间。”在他看来，现今的研究员“更多关注现实世界中的事物，认为计时并没有那么神秘，不过是大脑在学习、投入或经历各种情绪时进行的一项活动”。

他很看好新一代研究员的研究方向，如，位于马赛市的艾克斯—马赛大学的神经系统学家詹妮弗·库尔（Jennifer Coull）致力于探索人类大脑如何优化注意力，因为优化过程需要精准的计时；此外还有针对计时能力缺陷的研究，研究对象是患有帕金森病、精神分裂症和自闭症的人群，相关研究人员包括密歇根大学的辛迪·卢斯蒂格（Cindy Lustig）、加利福尼亚大学圣迭戈分校的黛博拉·哈林顿（Deborah Harrington）和密歇根州立大学的梅丽莎·奥尔曼（Melissa

Allman）等。

但是，关于计时的故事还没有讲完。如果一篇论文引用了纹状体拍频模型，通常会声明适用范围。例如，“并没有任何确凿的证据，能够证明特定生理周期可以作为一种生物钟来断定时间”，或通过备注提到科学家“尚未能确定专门处理时间的神经机制”。其他模型也在广泛讨论中。“每年都会涌现10种全新的计时能力计算模型。”欧柏林大学的神经系统学家帕特里克·西蒙（Patrick Simen）告诉我。西蒙和他的同事于2011年推出他们自己的模型，即对立过程漂移—扩散模型（opponent process drift-diffusion model），其借鉴了一种已确立的决策制定模型，还运用了基底核的一致性探测能力。西蒙说：“在某种意义上，该模型可能有点创新性，但其基础源于现有模型，只是从不同的角度稍加融合。”沃伦·梅克曾对自己的成果给出相同的定性。“我们自身并没有拿出新想法，”他告诉我，“我喜欢这样的方式，这是IBM模式：我们借用现有的理论，然后重新融合以发挥更大的作用。”

马特尔也曾质疑过纹状体拍频模型。他说，一方面，模型要求单个皮层神经元进行振荡，但通常并不会发生。“这也许是个问题，也可能不是。”他说。神经元的发射可能会与特定振荡相吻合，但并非始终如此；或许发射类似于橄榄球赛场上的尺码标记线：它们默默地存在，但一场混乱的比赛之后却踪影全无。该模型对噪声也很敏感，这种微小、持续的性能变量存在于所有生物系统中。“如果所有神经元能一起发出噪声，就再好不过了，”马特尔说，“但是，如果振荡有快有慢，那么该模型就会分崩离析，无法计时。它对一切具有连贯性的事物都非常非常敏感，我觉得现实生活可不是这样。”

和许多科学家一样，他也着迷于所谓的时间感知的度量属性——认为时间“在生长”，或能够感知既定间隔的一部分（比如一半）。甚至实验室里的小白鼠也具备这种体验。马特尔曾在两种条件下训练一组小白鼠：播放提示音，它们会等待10秒钟获得食物；亮起灯光则会等待20秒获得食物。但出乎意料的是，如果同时给出两种提示，那么小白鼠会等待 15 秒以获得食物，即介于两种刺激的中间位置，仿佛它们能够算出两种持续时间的平均值。

“我坚信动物对时间的感知具备某些量级属性，”他告诉我，“它们做的不仅仅是求持续时间的平均值，而是能够在算出平均值的基础上衡量结果，仿佛每种情形都存在着可行性。这种行为方式表明，它们所具备的信息处理能力在某些方面具有定量、模拟的特点。我仍然看好我们建立的常规框架：纹状体监测着所有皮层神经元，当食物出现后，它会释放多巴胺脉冲，使纹状体神经元对相互作用的皮层神经元集合进行标记，然后看着纹状体神经元等候相互作用事件的发生。不过，皮层中的活动类型并没有发生变化。”

“我想说这就是研究主旨、症结所在，即是什么样的皮层活动类型允许时间在心理层面产生变化发展的感觉？是否存在一种方法，通过一种模式识别模型引发更具次序特点的行为？我相信会有的，可能会是两种想法的融合。但截至目前，我还是没有找到行之有效的办法。”

“正因为我相信这个问题可以解决，所以我不想给你留下我对此一无所知的坏印象。不过，我确实有些力不从心。目前，我对大脑如何完成这项任务尚没有确凿的结论。”如果想要获得更为满意的答案，他建议我请教梅克，“他的资历比我深，并且不像我这么轴。他更希望推广和完善，而我总是喜欢吹毛求疵。”

几天后，我打电话给梅克。“在物理学家眼中，这是个惨不忍睹的时钟。”他承认这种时钟存在巨大的不确定性，并且神经元可能有 10% ~ 20% 的不同步现象。相比之下，他指出，昼夜节律生物钟虽然也有 1% 的不确定性，“但弹性小，测量范围只有 24 小时”；而他的时钟则弹性巨大，计时范围从几秒钟到数分钟，仍保持变量等值，能够帮助解释帕金森病和精神分裂症患者身上出现的时间混乱现象。此模型并没有违背标量计时理论，而是以此为基础，融合时钟模块和存储模块，“使其更具‘生物学可行性’——这是我们惯用的表达方式”，他说。

“你看，”他最后说道，“人们很在意我会因为探索新模型，而推翻起搏器—累加器模型，因为它的地位相当于认知心理学中的启发式模型。如果你开展的研究没有更深层的要求，那么你可以保持现状。但对于我来说，作为一名学者，有责任去探索，去研究，尤其是大脑的工作原理。我的使命是坚守这片领域，充分做到大胆、心细、老练、专业，在模态差异、多重时间尺度、记忆退化等方面击败所有那些不着边际的想法。这是场持久战。”

来自卡迪夫大学的认知神经心理学家凯瑟琳 · 琼斯（Catherine Jones）持相同看法。“我对计时的理解得到了不小提升。”她说，“我是在 20 世纪 90 年代涉足此领域，那时问题已经显现——位于大脑某个区域中的生物钟问题，有点自成一体，由此也促进了思维的延展。如今，如果有人提及某事，我会判断是否与计时相关。比如，我们如何将语言和举止相结合，提升沟通效果。”

琼斯的第一份研究工作是在伦敦大学学院马里安 · 贾汉莎基实验室中观察帕金森病人在肌肉运动和计时方面的缺陷。目前，她的研究领域是自闭症，探索某些行为障碍是否可以归类为计时障碍，比如重复动作、社交困难、感官认知困难等。梅利莎 · 奥尔曼（Melissa Allman）是来自密歇根州立大学的行为与认知神经学家，这位年轻的学者曾与梅克和约翰 · 韦尔登共事，目前也致力于类似的研究领域。“如果将自闭症视作一种丧失时间感的症状，能否解释这类行为障碍（症状）引起了我的兴趣。”她这样和我说道。她和琼斯均强调此项研究领域仍处在探索阶段，对于时间感障碍与自闭症的相关性，尚无明确的理论体系或任何共识。不过，她们认为发现婴儿早期出现时间感障碍是有可能的。同时，这也可作为问题儿童的一种筛查手段。

安尼特 · 西尔莫（Annett Schirmer）是一位来自新加坡国立大学的心理学家，她最初致力于情绪和非语言交流的研究领域，但与梅克的研究生特雷弗 · 彭尼

（Trevor Penney）结婚之后，也开始着迷于计时研究。“我现在是计时大军的一员”，她向我表态。西尔莫指出，针对情绪觉醒和计时的大部分研究都涵盖视觉刺激。例如，在相同的时间段内，愤怒表情在屏幕上的持续时间貌似长于中性情绪。不过，她在自己的研究中发现，听觉刺激存在截然相反的效果：在聆听者的耳中，以惊叹的口吻发出的“啊”字要短于中性语气的“啊”。虽然声响和语音引入了包括节奏在内的不同动态变量（静图不具备），但西尔莫仍不确定其中原因。然而，无论怎样，都无法明确证实可以通过加快生物钟的运转速度，让情绪激发扭曲时间。

“这种机制具备可行性，”西尔莫说，“但也可能存在其他机制影响着我们的知觉。”比如注意力。在计时领域中，注意力的效用通常与情绪激发完全相反。愤怒表情比中性表情持续时间长，是缘于愤怒可以激发生物钟加速运转；而禁忌词汇在屏幕上的停留时间短于中性词汇，则因为这类词汇能够吸引人们的注意力，使大脑无暇计算摆动次数，导致数据丢失，进而低估间隔时间的长度。不过，很难精准区分这两种机制。从表面上看，诸如“fuck”和“asshole”等秽语既可以激发情绪，又能吸引注意力。

“这种情况很复杂，”西尔莫说，“大量证据表明，激发模型可被解释为注意力。这里存在一种可能——激发也许就是注意力。从功能的角度看，两者有着非常紧密的联系；而从进化的层面出发，凡对生存而言至关重要的事物，通常既能吸引我们的注意力，又能激发我们的行为。因为某些事物之所以重要，是因为它能及时显现，让我们能够做出行为反应，并产生记忆。”

还有一种可能，就是现有的计时研究内容存在过于宽泛的风险。“我觉得时间是个偌大的课题，没有哪位学者有能力做到全面覆盖——您也不例外。”琼斯对我说道，“去哪能找到时间分类法呢？”“时间分类法”是时间研究者梦寐以求的法宝，以此为这个“漫无边际”的研究领域带来秩序与稳定。近来，研究文献慢慢引入这个词汇，梅克与来自加利福尼亚大学伯克利分校的心理学家和神经系统学家理查德 · 伊夫里（Richard Ivry）于 2016 年联合发表的一篇论文中也有涉猎。“现代社会急需一种‘时间分类法’，”文章写道，“来自不同学科背景的研究人员趋向使用截然不同的术语和方法，有时在特定环境中所关注的问题也大相径庭。因此，随着本研究领域逐步走向成熟，有必要找到一种通用语言，以便更准确地阐述出现的问题。”

提到“通用语言”，让我回想起与菲利克塔斯 · 阿丽亚斯（位于巴黎郊外的国际计量局时间实验室的主任）会面的情景。当时，她向我展示了世界上最准确的时钟——一捆装订在一起的文字报告（如今变成无数封电邮）。这个时钟是全球通用的，帮我们在时间上达成共识。时间研究者需要相似的事物，比如新的期刊《计时与时间知觉》（*Timing & Time Perception*），或是《计时与时间知觉评论》（*Timing & Time Perception Reviews*），抑或已经出版发行的某一种刊物，所有这些期刊所要做的就是——从语言的角度找到“通用时钟”。

— 5 —

时间的质量

我再次与约翰·韦尔登碰面已是多年之后的事了，当时他说自己已经退居二线，但过一会儿又补充说退休生活“太无聊”，他已经重返讲堂了。他手中有几个项目，但大部分时间是在帮助年轻同事完成他们的研究。他的母亲已经不在了，享年 91 岁。他曾游历过埃及和韩国，还给自己买了一辆“老人车”保时捷，时速超过 80 英里时就会响起警报。

某些时间感知问题还是让他疑惑不解，其中就包括一个老生常谈的问题：为什么随着年龄的增长，人会觉得时间过得越来越快。在关于时间的所有谜题中，这可能是最常见、最基本也是最让人困惑的问题。在多项研究中，80% 的被试者表示年龄增长确实使得时间变快了。“我们变老了，相同的时间间隔却变短了——也就是说每天、每月和每年都变短了。”威廉·詹姆斯在《心理学原理》中这样写着，“小时是否缩短了还有待考证，但分钟和秒钟都保持未变。”不过，时间真的随着年龄增长而加快流逝了吗？像往常一样，答案很大程度上取决于你对“时间”的界定。

“这是个很复杂的问题，”韦尔登说，“人们说的时间变快了，到底指的是什么？症结在哪里？仅仅因为某些人认为时间变快了，或者你提出问题：年龄增长是否使得时间加速流逝？他们回答说‘是啊，确实变快了’，而这并不能证明他们是对的。因为什么事情都会有人持赞同的观点。事实上，这是个尚未进行探索的问题。我们需要找到恰当的实验工具记录现实生活，才能找到切入口。”

时间—年龄的谜题至少有两种表达方式。最常见的是对一段既定的时间跨度的表达：现在的你会认为这段跨度比你年轻时过得快。例如，你在 40 岁时的一年，比你在 10 岁或 20 岁时的一年过得要快。詹姆斯援引巴黎大学的哲学家保罗 · 珍妮特（Paul Janet）的言论：“任何人在数算自己记忆中的 5 年时，最终都会发现，最近的这 5 年要比之前同样的 5 年过得快得多。大家追忆自己最后 8 年或 10 年的学校时光时，会说漫长得像一个世纪；而回忆人生中最近 8 年或 10 年，则会说短暂得仿佛一个小时。”

在阐述印象方面，珍妮特提出一个数学准则：既定时间跨度的长度与年龄成反比。50 岁中年人对一年的时长感受，可能是 10 岁儿童的五分之一。因为一年是前者生命的五十分之一，同时是后者的十分之一。珍妮特对时间为何随年龄的增长而加速流逝的解释，带动一系列相类似的理论出现，统称为比例理论（ratio theories）。1975 年，辛辛那提大学退休的化学工程教授罗伯特 · 列姆利奇（Robert Lemlich，他可能更为人熟知的身份是工业流程泡沫分离技术的研发人之一，该技术借助流动的泡沫清除液体中的污染物）对珍妮特准则稍加改动，他提出，对一段时间跨度的主观判断与年龄的平方根成反比，具体方程式如下：

$$dS_1/dS_2=\sqrt{R_2/R_1}$$

dS_1/dS_2 是一段时间间隔与前几年相比的相对流逝速度，R_2 是当前年龄，

R_1 是目标年龄。例如，你现在 40 岁，相比 10 岁时，一年的流逝速度加快了两倍，因为 40 ÷ 10 的平方根是 2。（列姆利奇给公式做了严谨备注：假设不存在任何长期心理创伤或生理外伤抑或不寻常经历）他的方程式存在一些消极的指向，严格来说，如果你现在 40 岁，预期寿命是 70 岁，那么你已经度过了一生的 57%；但是，根据列姆利奇的方程式，则显示你已经度过了主观寿命总长的 $\sqrt{}$（40/70）或 75% 。（当然也有积极的一面，根据列姆利奇的算法，你从不会有“人生过半”的感觉。）

为测试自己的方程式，列姆利奇开展了一项实验。他召集 31 名工程系学生（平均年龄 20 岁）和教职人员（平均年龄 44 岁），要求他们以现在为出发点，对比自己人生中的两个阶段，评估时间流逝的快慢程度：这两个人生阶段分别是处在当前年龄的一半时和处在当前年龄的四分之一时。几乎所有人都反映，与两个以往人生阶段相比，现在的时间流逝得更快。几年后，马尼托巴省布兰登大学的心理学家詹姆斯 · 瓦尔克（James Walker）通过实验也得出了相同的结论。在实验中，他问一组年纪较大的学生（平均年龄 29 岁），与他们处于当前年龄的一半时或四分之一时相比，“现在一年的长度有何变化”。结果 74% 受访者认为年幼时的时间过得更慢些。1983—1991 年，北阿拉巴马大学的心理学家查尔斯 · 朱伯特（Charles Joubert）曾开展过三项更具可比性的研究，纷纷验证了珍妮特和列姆利奇的结论。

这种方法存在的问题是对人类记忆持有过于乐观的态度。我连上周三中午吃的什么都记不清，更无从将其与之前的周三午餐做比较。因此，我怎么可能准确回想 10 年、20 年或 40 年之前更为抽象的体验，即时间的流逝速度？另外，詹姆斯也曾提到，比例理论并未说明问题：珍妮特的提法“大致阐明了一种现象”，他写道，但“并不能说揭开了谜团”。詹姆斯认为，时间随年龄增长而加快的感受更可能缘于“回首往事的简单化特点”。我们年轻时，几乎所有感受和经验都是前所未有的，因此能历久弥新。随着我们长大成人，习惯和例行事物逐渐成为行为范式，新奇体验越来越少（都已历经沧桑），也就很少在意当下经历的时间了。最终，詹姆斯写道：“当我们蓦然回首时，无数的日日夜夜早已一去无影踪，那些岁岁年年也如建造在沙土上的房子般成了断瓦残垣。”

詹姆斯这种阴郁的观点与约翰·洛克的主张同属于记忆理论范畴，洛克曾表示：我们判断一段过去的时间跨度的持续时长时，依据的是发生在其中且被我们记住的事件数量。一段记忆满满的时光，流逝的速度会相对缓慢；而平静如水的日子则飞快流淌，让人猝不及防。记忆可以从多个角度对时间流速造成影响。情感经历常常在记忆中占较大比重，因此对于一位疲惫不堪的家长来说，你上中学的 4 年——第一次参加毕业舞会、购入第一辆车、中学毕业，以及剪贴簿和照片中历历在目的难忘画面——要比普通的 4 年显得漫长许多；当然，比起你自己最近 4 年的生活（疲于奔命和家庭琐事），中学 4 年同样显得更加悠长。我们似乎会记住特定的生活阶段，尤其是青春期和二十几岁，对这段时光的记忆比其他时期的更清晰，这种现象叫作“怀旧性记忆上涨”（reminiscence bump），可用于解释为什么一段既定的时间会在过去显得更长。

以记忆为基础的理论有这样一种假设：我们长大后的生活会变得相对平淡。但这种假设不仅很难证实，还与日常生活经验相冲突。在我的记忆中，遇见我妻子的那个夜晚比夏令营的初吻显得更加清晰。虽然我记不清自己学会骑车时的天气或年龄，但是我仍记着几年前的一个春光明媚的星期六，那时我 46 岁，在跟着自行车慢跑一段距离后，我松开了自行车座，看着 6 岁的儿子第一次独自骑车，摇摇晃晃地穿过棒球场的草坪。在过去的 50 年间，我游历过、爱过、迷失过，又重新来过，但越来越觉得早年记忆已不属于自己或已归还给了过去，所有重要的瞬间都发生在结婚生子之后。在这段时间里，我见证了两个孩子的茁壮成长，他们认为新奇的事物让我也从中有了“温故知新”的体会：字母表、加法运算、乘法运算、“四个问题”〔“四个问题”是犹太人在逾越节家宴上的一种活动，旨在纪念神带领他们出埃及。家宴开始时，由家中最年幼的孩子以唱歌的形式提出四个问题，歌曲为 *Ma Nishtana*（意为“为什么今晚与平时不同？”）]，以及经过在庭院里的无数次训练后，如何用左脚将皮球轻轻送入球门右上角的网窝？

时间好像确实提速了——当然，本来就很快——但这句话是什么意思呢？是近几年发生的事情比以往少吗？抑或是发现孩子们的时间体验没有那么多紧迫和负担，相比之下才显得我的时间压力更大？导致我的时间飞逝的原因绝不可能是由于缺少难忘的事，恰恰相反，可能是因为难忘的事太多，使我清晰意识到那些我想做但永远不会有时间做的事情。随着年龄增长，时间变快了，还是它其实一直以恒定的速度在流逝，只是因为我余年不多，所以感觉更珍贵？

在最早（甚至早于列姆利奇）关于这方面的研究中，有一篇 1961 年发表的研究论文，即《论年龄与主观的时间速度》（*On Age and the Subjective Speed of Time*），便是个很好的伪科学范例。研究人员注意到导致时间变快的一个要素是忙碌感。“忙碌本身就比较重要，”他们问道，“还是忙碌起来会使时间更有意义？”他们召集两组被试者：118 名在校大学生和 160 名年龄在 66 ~ 75 岁的老年人。每名被试者手中持有一个列表，里面是需要分析的 25 个短语：

飞奔的骑士
逃跑的小偷
疾驰的巴士
高速行驶的火车
陀螺
吞噬一切的怪物
飞行中的鸟儿
飞行中的宇宙飞船
壮观的瀑布
转动的线轴
跨步向前的脚

旋转的巨大车轮
沉闷的歌曲
扬沙
正在纺线的老奶奶
正在燃烧的蜡烛
一串珠子
发芽的叶子
手持拐杖的老头
飘荡的云朵
向上的楼梯
广阔的天空
翻越山冈的路
平静的海面
直布罗陀巨岩

被试者需要从“是否描绘出时间画面”的角度考虑，将这些比喻短语分类，用“1”标注出效果最佳的5个短语，用“2”标注效果次之的5个短语，直至效果最差的5个短语（用“5”标注）。结果显示，年轻人和老年人有着类似的时间体验。两组被试者均认为最具典型性的比喻是“疾驰的巴士”和“飞奔的骑士”等，而效果最差的短语是“平静的海面”和“直布罗陀巨岩”等。然而，在经过一些额外的统计学操作后（作为一名现代读者，觉得有些可疑和费解），研究人员总结得出老年人更喜欢用动态的比喻形容自己的时间体验，而年轻人则倾向于使用静态的比喻。

不过，这项研究也暴露出方法论上的缺陷。作者曾研究过哪个因素——繁忙程度或对时间的珍惜程度——更能导致人们出现时间过快的体验。研究人员对此做过详尽的论述，认为如果是前者，那么应该是年轻人感觉时间加速了，因为他们比老年人更为活跃。但结果发现反映时间变快的是老年人，研究人员故此断定：对时间的珍惜程度占比重更大，因为“留给老年人的时间不多了”。然而，除了强调“老年人没有年轻时忙碌和活跃”以外，作者并没有对此进行论证。同时，对人们惜时程度的考量，所依据的仅仅是他们对时间修辞短语的排序。和其他许多试图解释时间为何随年龄增长而变快的研究一样，此项研究并没有得出任何定论，基本属于无用功。

对于为什么时间可能随年龄增长而变快的疑问，还有一种更为简单的解释：并没有变快。诚然，可以肯定的是时间并没有真正随着年龄而加速，这只是一种感受。但很多研究人员反倒认为感受本身是假象，时间只是看起来随着年龄的增长而加快流逝。

最初，以往许多研究好像有着一致的结论：多于三分之二（介于 67% 到 82% 之间）的被试者认为年龄较小时，时间过得更慢些。但是，如果只考虑这种感受的表层意义，那么可能有人会认为时间的流逝速度会随着年龄而与日俱增。一般来说，假如 40 岁时的一年比 20 岁时的一年过得快，那么问卷调查结果应该显示 40 岁的被试者认为时间加速的人数多于 20 岁的被试者。抑或要求两组人员描绘过去一年的流逝速度时，40 岁的被试者应该给出“过得更快”的反馈。梯度分布可能比较明显，年长的调查对象对时间飞逝的感受更深。

然而，调查数据并没有如此分布。所有年龄段的受访者均有相同的印象比例：即三分之二的老年人反映时间比他们年轻时过得更快些，同样也有三分之二的年轻人这样认为。在跨年龄段的相同比例面前，人们认为时间随年龄而加速流逝。然而需要注意的是，其余的调查对象，即全年龄段中三分之一的受访者表示并未感到时间随着年龄而加快，也没觉得时间比自己年轻时消逝得快。这个结果出现一个悖论：在所有年龄段中，几乎所有人都有时间随年龄增长而加快的感受，则说明这种感受（如果确如实验结论所反映的）与年龄无太大关系。

那么到底是怎么一回事呢？很明显，许多人都有过某种体验，但体验的内容是什么？一部分困惑缘于研究人员要求被试者回答对时间的思考方式。无论采取何种手段，所有研究都提出一个没有可靠答案的问题：你在 10 年、20 年或 30 年前对时间流逝有何感受？恰恰相反，如果存在需要测量的内容，那么应该是人们当下对时间流逝的感受，因为答案的基础更坚实。总之，更能导致产生时间飞逝的感觉的因素，是忙碌程度，而非年龄。正如西蒙娜 · 德 · 波伏娃所说："我们如何感知时间流逝的方式取决于每天的生活内容。"

1991 年，多伦多新宁医疗中心的心理医生史蒂夫 · 鲍姆（Steve Baum）和其他两位同事对老年人群做了详细研究，他们采访了 300 位老年人（大部分都是退休的犹太女性），年龄在 62 岁到 94 岁之间。其中一半的受访者比较活跃，而另一半则相对安静。相对安静的人群中，有许多居住在养老机构中。研究人员首先向受访者提出一系列问题，旨在掌握他们的幸福感和情绪健康；接着提出"你现在对时间流速有何感受？"并要求受访者使用 1（较快）、2（没有变化）、3（较慢）作答。但并没有指定特定的时间间隔（如 1 周或 1 年），也不清楚"较快"或"较慢"的具体含义（更快或更慢于何事或何时）。同时，调查结果也与其他研究相一致：60% 的被试者说当下时间的流逝速度快于以往，并且这些人比他们的同龄人表现得更加活跃，认为自己比实际年龄年轻得多。还有 13% 的被试者表示当下时间的流逝速度更慢，而这些人比其他被试者表现出更为明显的忧愁情绪。"时间并没有随着年龄增加而变快。"研究人员总结道。相反，他们写道，心理健康的人会觉得时间加速了。

最能反驳"时间随年龄而变快"的是持续十余年之久的三项研究。2005 年，路德维希—马克西米利安—慕尼黑大学的马克 · 维特曼（Marc Wittmann）和桑德拉 · 伦霍夫（Sandra Lehnhoff）召集到 500 多名来自德国和奥地利的被试者，年龄跨度从 14 岁到 94 岁。他们被分为 8 个年龄组，需要回答一系列问题，例如：

通常情况下，你觉得时间的流逝速度如何？
你认为接下来的一个小时会以怎样的速度流逝？
你认为上一周过得有多快？
你认为上个月过得有多快？
你认为去年过得有多快？
你认为过去 10 年过得有多快？

被试者在作答时，需要从 5 个等级中选择答案，即从“非常慢”（–2）一直到“非常快”（+2）。与以往研究不同的是，这次并没有询问被试者对同一段时间间隔的新旧感受对比。相反，该项研究考察的是不同年龄段的被试者当下对不同时间间隔的感受，所有问题都是现在时。

调查结果也一目了然：对于每个时间间隔，每个年龄组一般都回答 1（“快”）；各年龄组不存在统计差异，无法证明认为时间变快的老年人多于年轻人。只有一项出现些许差异：与年轻的被试者相比，更多的年长被试者认为过去 10 年过得更快。但范围较小，可能截至 50 岁；介于 50 ~ 90 岁的被试者则认为过去 10 年以相同速度（“1”）流逝。

2010 年曾出现一项非常相似的实验，共有大约 1 700 名荷兰人参与其中，年龄跨度从 16 岁到 80 岁，所得的实验结果也完全一致。每个年龄组对每种时间间隔（从 1 周到 10 年）的平均反应都是“快”（“1”）。欧柏林学院的威廉 · 弗里德曼以及杜克大学和阿姆斯特丹大学的史蒂夫 · 詹森（Steve Janssen）是本次的研究员，他们发现各年龄组并不存在统计差异，也无法证实认为时间快速（“1”）流逝的老年人多于年轻人。此外，与维特曼和伦霍夫的研究相似，本次研究结果中唯一的奇异之处是有部分迹象表明：随着年龄增长，人们越来越倾向于认为过去 10 年流逝得快——至少 50 岁以下被试者持有这种观点，而 50 岁是答案呈平稳分布的临界点。

弗里德曼和詹森在调查反馈中发现这种变化并非源自年龄因素，而是取决于被试者当时在现实生活中所面临的时间压力。除了关于时间流逝的问题以外，弗里德曼和詹森还编写了一系列陈述句，用以测量被试者的忙碌感，比如“总是来不及做自己想做或需要做的事情”“经常需要抓紧时间才能做完所有事情”。被试者作答时可从 -3（“完全不符合”）到 +3（“完全符合”）的等级跨度中选择，而所得结果直接映射出他们对时间的感知：那些认为每小时、每周和每年都过得“快”或“非常快”的被试者，同时也是无法在既定时间内完成所有任务的那群人。2014 年，研究人员重做了这项研究，参与者为 800 余名不同年龄段的日本人，也得出基本相同的结果。总之，时间加速的原因可能不是年龄，而是时间压力。这就解释了为什么所有年龄段的人都认为时间在加快流逝：时间是所有人都同等缺少的唯一事物。“大家觉得时间在任何尺度上都在快速流逝。”詹森告诉我。

尽管如此，仍存在一个有趣的插曲：与维特曼的研究相同，詹森和弗里德曼的成果也显示，认为过去 10 年加速流逝的老年人多于年轻人。相对于二十几岁的人群，30 多岁的人认为过去 10 年的逝去速度更快些，而 40 多岁的人群也持有相同的观点。但是，50 岁以上的人群则认为过去 10 年和往常的速度一样。对此，詹森仍在探索可能的解释，但他认为不可能与时间压力有关：虽然人们善于估算过去一周、上个月或去年所承受的时间压力，但可能无法判断过去 10 年的时间压力。另外，一旦被试者平均年龄达到 30 岁，则说明他们在过去 10 年间非常忙碌，程度与平均年龄 50 岁的组别相同。可能由于年轻人可以期待许多人生大事，而这种期盼使得最近 10 年过得相对慢些。也可能因为 20 多岁和 30 多岁的人群所能记住的、发生在过去 10 年中的事情多于年长的人群，导致那 10 年显得相对较长。但是，如果过去 10 年，随着年龄增加而感到时间加速流逝的原因，是发生在晚年的难忘事情相对较少的话，为什么这种现象没有继续延伸，而是在 50 岁的节点处消失不见呢？

为什么 50 岁以上的人群比年轻人更容易认为过去 10 年在加速流逝，对于这个问题，詹森和弗里德曼认为还存在一个看似更为合理的解释——暗示。时间随年龄增加而加快流逝是民间流传的一种说法和感受，当评价过去 10 年的流逝速度时，相对于年轻人而言，年纪稍大的人群更容易受到这种感受的影响。重新考虑一下这个论证，所有年龄段都存在这种感受，虽然大部分人的经历并不是这样。相对于 20 岁的年轻人，40 或 50 岁的中年人不大喜欢用“快”形容过去一年（或上周、上个月）的流逝速度。这是因为我们体验的内容与年龄的关系不大，更多的是在较短的时间间隔中，我们所有人的忙碌感之间呈现出的相似度。但是，在判断过去 10 年的流逝速度时，50 岁以上的人群喜欢考虑其他方面因素，然而这些因素的效用并不会因为他们进入 80 岁或 90 岁而有所提升。在研究人员看来，该因素就是“时间随年龄增加而变快”的观念，老年人更倾向于认为这个观念影响了他们的世界观。

这种解释会陷入可怕的循环之中：时间之所以随年龄增长而变快是因为大家都这么说。不过，我发现这句话不无道理。长久以来，我一直忽略或不理会“时间随年龄增长而变快”的格言，因为我认为自己并没有那么老，所以用不上。然而，最近我开始改变自己的想法，认为这句话适用于自己。结果发现时间并没有加速，它的步伐始终未曾改变，这是我越来越痛苦意识到的事实。

— 6 —

“有限”的时间

有一天，我因为公事需要乘地铁前往位于曼哈顿市中心的中央车站。地铁站台在车站的深处，顺着台阶往上走是行人通道，不断有上班族穿过闸门进出地铁。我看到有电动扶梯通往换乘大厅，在电动扶梯下游的入口处，一位中年妇女正在散发宣传册。她身穿一件黄色 T 恤，上面写着“末日”（The End）。只听她高声呼喊：“我们都知道，上帝就要降临了，但如果你不知道具体日子，怎么能做好迎接的准备呢？”

在电动扶梯上游的出口处，有一位戴着眼镜、略微驼背的老头，也在分发宣传册。身上同样穿着一件印有“末日”字样的黄色 T 恤，但下面标有一个日期——5 月 21 日，当时距此日期还有差不多 3 周的时间。我的直接反应并不友善：如果到了 5 月 22 日，并没有出现世界末日，要如何处理剩余的 T 恤呢？但是，我很快再次陷入了“人终有一死”的想法中。如果一切真的在下个月或下周（就此事而言）甚至几分钟后毁灭，应该怎么办？末日可能是一场大洪水，可能是动脉瘤，也可能是从 10 楼掉下、正砸在我头上的大铁块，甚至可能在睡梦中死去。我准备好了吗？我留有遗憾吗？到那时，我会像现在这样吗？

1922 年，巴黎新闻报《不妥协派报》（*L'Intransigeant*）向读者提出一个问题：如果世界即将发生毁灭性灾难，你打算如何度过最后的时光？读者纷纷踊跃回答，其中就包括马塞尔·普鲁斯特，他对此持乐观态度："如果我们真的受到如题所说的威胁，那么我觉得生活会突然间变得无比美好。想想我们有多少未完成的计划、旅行、恋爱、学术研究，它们被生活琐事冲淡，被我们的懒惰拖延，并且会在未来被一拖再拖。"他的观点是：只有通过世界末日的警示才能唤起人们对当下的珍惜，是一件多么不幸的事情。我们现在做的很多事都基于条件反射，习惯是活跃思维的天敌。为什么不能好好想想我们正在经历的现在？

近来回顾我的日记，发现几年前有这样一篇内容，记录我穿行在中央车站，前往图书馆归还海德格尔的《时间概念的历史》（*The Concept of Time*）。这本书出版于 1924 年，基本上属于讲座汇编集，其中的很多观点都收录在了海德格尔的杰作《存在与时间》（*Being and Time*）中。这本书放在我手里已经数周，直至我发现归还日期就是当天。所以在前往纽约的火车上，我利用仅有的时间重温了一遍海德格尔的时间理念。

书的中心论点是一个模糊的概念，他称之为"*Dasein*"，这个德语单词的直译是"存在着"或"在那儿"，或如他定义为"存在于世""彼此存在""存在之中称为人类生活的实体"和"质疑"。对此我认为，如果你想要找出其他词来形容时间的话，那么你的努力可能是徒劳。关于 *Dasein*，海德格尔提出的最具体的观点是：只有等到全部结束，才能做出完整的定义，但结束之后却又意味着被定义的主体不存在了。"不结束，就不可能成为它应该的样式。"

海德格尔最初是神学院的一名学生（随后加入了纳粹党），他特别喜欢研究奥古斯丁，并认同他的观点。比如他认为发出一个音符或音节后，需要等到声音停止，才能测量持续时间（或长或短）；"现在"的长度只能等到后期回顾时才能得知。海德格尔将此理念类比到广泛的存在之中：只有等到事物消失之后，才能对其存在做出完整的评估。诸如“我充分利用时间了吗？”这类问题，无论指的是下一小时还是某人在世的时间，都必须承认这段时间会结束，才能得出答案。从存在主义的角度看，时间的意义源自它的有限性，“现在”是由“以后”来定义的。“时间的基本现象是未来。”海德格尔写道。

显然，海德格尔体系的痛点在于存在主义问题永远也得不到令人满意的答案。如果能的话，说明你已经死了。奥古斯丁提出，时间可能只是“意识的张力”——处于现时中的思维在记忆和预期之间来回撕扯。而海德格尔提出一个更加令人难以应对的张力，即我们永远竭力朝向未来，才能对现在的生活进行评估，仿佛只有回看才能领悟。事物的存在（*Dasein*）总是“跑在过去的前面”，而这个动作就是时间的定义。阅读海德格尔的文章足以诱发焦虑情绪：“*Dasein*，以存在的最大可能性进行架构，*就是时间本身*，而不是*在时间中*……保持自我，拥抱过去，跑在我的时间前面。”

而我快没时间了。当火车抵达中央车站后，我飞奔在车站之中，在满是印花的拱顶下，我经过信息台和那块著名的时钟，前往图书馆。头脑中留着几个疑问，以期随后可以解答。

乔舒亚和利奥 4 岁时，便开始提出一些棘手的问题：“死”是什么意思？你会死吗？你什么时候死？我会死吗？人是肉做的吗？人会腐烂吗？我死了，谁来吹我的生日蜡烛呢？蛋糕会被谁吃掉呢？

对此，我还是有所准备的。发展心理学家凯瑟琳·尼尔森（Katherine Nelson）曾说过，自我意识会在这个年龄逐渐显现。在此之前，儿童无法辨识自己的记忆与听到别人讲述的记忆。如果儿童听到别人说起逛超市的经历，那么可能会认为自己也亲自去过。回忆本身就是一个崭新的行为体验，以至于会被误认为所有回忆都是自己的。渐渐地，儿童会意识到自己的记忆只属于自己，并由此注意到记忆的连续性和时间的流逝。我是我，这个存在于细胞膜中的认知构成了我的记忆（我在昨天是我）和预期（我在明天是我）。我从前是我，将来也一直是我。

一天早晨，我在吃早饭的时候见证了这个发展变化的阶段。当时我的儿子开始讲述自己昨天晚上做的梦，这是他睡醒后记住的第一个梦。这是个噩梦，他说，他走在黑暗之中，忽然传来说话声："你是谁？"听到这里，我很清楚（他可能不知道）这声音就是他自己的。所以，两种自我在彼此对抗（每种自我都没意识到自己的存在），直到其中一种自我意识变得足够强大，提出这个最具存在主义的问题。这种问题，如果在深夜直截了当地提给任何一个成年人，可能都会诱发焦虑症。

但当新的自我认识到连续性后，会停下来问"一直"是多久？一种自我，如果有能力注意到周围一切终将终止，那么就会不可避免地认为"一直"迟早也会终止。我的两个孩子同住在一间卧室里，睡觉前，我会坐在他们中间，关上灯，讲睡前故事。有天晚上，在讲故事之前，我发现有个孩子在偷偷哭泣。我问怎么回事，他说："世界末日会发生什么？"

"我想没人能说清楚。"我说。

"但是，如果我活过了世界末日呢？"他抽泣着问。依我看来，他担忧的不是死亡，而是因为没有死而导致的终极孤独。我思考着一些既能安慰他又有事实基础的话，正在这时，他的兄弟开了口。

"不可能，"他又补充道，"如果我足够幸运，我可能会活到 103 岁，甚至是 115 岁。"

第一个孩子不再哭了，说："你不可能超过 120 岁。"他最近一直在看《吉尼斯世界纪录》。

"应该是不会的，"我说，"但没人知道自己什么时候死。"

"关键看你的运动量。"他的兄弟说。

“你没什么好担心的，”我对第一个孩子说，“没有你，地球是不会毁灭的，知道吗？”

“没有他，地球也不会毁灭，”他的兄弟说，“没有地球了，他也会毁灭。”

“爸爸，你知道地球什么时候毁灭吗？”

“我不知道地球什么时候毁灭，那是很久以后的事。”

“那是什么毁灭地球的呢？”

“这个嘛，有很多种答案。”我说。

“说一个。”

“太阳正在持续膨胀，终有一天可能会把地球吞没。不过，这是非常遥远的事情，我们没法想象。”我说。

“第二个呢？”

“黑洞会把我们都吸走。”他的兄弟说。

“对，可能是黑洞把我们吸走了。”我说。

“那第三个呢？”

我解释宇宙如何从最初的一个点，经过大爆炸成为现在的样子，但最终可能会停止膨胀，甚至会回缩成最初的点。“然后我们就被挤进那个点里去了。”我说。

“真的吗？”

“也许是真的。”我说。

“那是很久很久以后才会发生吗？”

“嗯，要很久以后。”

“那时我们不会活着了吧？”

“对，不会活着了。”我说。

“爸爸，还有什么答案？”

“我们再说一个，然后就开始讲故事。”我说。

“爸爸，地球成了一个点之后，有没有可能再次发生大爆炸？”

“当然有可能，一切都重新来过。”

“也可能不会。”他说。

“也可能不会，”我说，“但想想还是挺有意思的。”

近来，孩子们关注的问题中出现了我父母的身影。我的母亲已过了85岁，父亲也已90多岁，他们居住的地方距离我家只有几小时的路程，我是在那里长大的。他们可以说是人体生物学的奇迹，并且这种奇迹每天都在放大。他们打理花园，参加教堂唱诗班，每周会结伴去健身房，跟着私人教练健身。他们还参与丰富多彩的活动：朗读小组、摄影俱乐部、填字游戏和看电影。他们还能开车，对此我有些担心。我们努力做到经常带孩子们去拜访他们，但频率远远不够。

几年前，我和父亲、孩子一起去看国家展览会。在我小的时候，父母几乎每年都会带我去看。展览会持续多天，从8月末一直延续到9月。宽阔的露天市场中布满了展厅和摊位，里面设有公鸡鸣叫比赛、牛乳鉴别比赛、花卉展、绗缝技艺展和蝴蝶展，以及数量庞大的自家饲养的兔子和鸽子；一位大胡子工匠在做着木工游戏，旁边是商贩在销售搅拌机和槭糖口味的棉花糖；此外，展位中间还会设有让人眩晕的游乐设施和玄机重重的技巧类游戏。当然，黄油雕塑依然是每届展会的必备项目。

为了避免停车的麻烦，我们在购物城商场乘坐了班车。我的父亲开始谈起战争。他于1944年应征入伍，由于视力较差，错过了一场真枪实弹的战役，这是让我非常感激的一件事。战争结束后几个月里，他随军队驻扎在巴黎城外，并在部队医院中当一名职员。每逢周末，他和战友们会进城出售部队供给他们的香烟，并带回香水和袜子，卖给基地的伙伴们。他说自己当时一直在学习法语，在头脑中反复练习。有时，在散步时或上了公交车之后，就会突然间想起一句法语，好像在排练话剧一样。

不久前，他说自己有了新的内心独白，内容是关于自己的年龄和离开的朋友。他说的“离开”是指去世。在过去几年中，父母的多位好朋友相继离世。他提到了自己正在使用的处方类眼药水。他说自己有时会拿起药瓶，把它想象成一只眼睛，然后自己的双眼也恢复了视力。有时，他上厕所时也会想到这些，自己觉得很有趣——养料进进出出，供养着活的机器（也就是我们），直到无以复加。

几周来，钟表店的师傅一直给我发送电话留言，说我的腕表已经修好，什么时候过去取一下？而最新一条信息中，他说如果我再不去取，他就把表卖了。因此，在秋季的一天，也就是我把手表放在店里的几个月后，我乘坐火车来到中央车站，步行至第五大道，取回手表。

进店后，修表师傅正透过寸镜检查一块表。他抬起头，认出了我，然后找到装着我的手表的塑料袋，递到我的手中。因为当时没有顾客，所以我问道能不能占用他 15 分钟时间，让他讲讲自己如何成为一名修表匠。“15 分钟？”他操着浓重的口音说道，“为什么要 15 分钟？ 5 分钟我就可以讲完。”

他在乌克兰长大，15 岁时，他和父母说自己不想再上学了，想出来做事，但没有方向。有人建议他做钟表工作，因此他就照做了。当时，在战后的俄罗斯很难找到钟表零件，所以经常需要手工打造。他说，现今的钟表制造商只采用品牌专属的零件，但是偶尔需要更换零件时，他会自己手工打造，可谓易如反掌。他跨过椅子，拿出一块后盖开启的劳力士，展示出一个充满旋转齿轮的微型世界。他脸上略带骄傲的神情，指向固定手表平衡轮的小金属杆，说这是他亲手制作的。我问他工作的哪个方面最让他有成就感。他疑惑地看着我。“修钟表。”他说，“顾客把出了问题的钟表带来，经过我的修理，钟表重新工作——这就是成就感。”

我付了钱，然后返回中央车站。我的那趟车还有一段时间才能进站，于是我坐在咖啡桌旁，拿出手表。那位钟表匠说已经帮我做了防水。我注意到手表比手机上的时间快了两分钟。我把手表戴在手腕上，感受到了熟悉的重量，但又迅速将它抛在了脑后。

我环顾四周：两位年长的女士正坐在饮品柜台旁的凳子上交谈；不远处，一对法国夫妇和他们的两个孩子围坐在桌边吃着甜筒冰激凌，一位牧师匆匆经过。我看到一位女士在笔记本上写着什么；一名男子独自一人，肘部支撑在桌子上，手放在下巴下面，正在睡觉。周围的人们，有的在看手机，有的在打电话，还有的在彼此交谈。整个空间充满了嘈杂声——这是社交性极强的物种在完成相互联结和自我同步时发出的声音。

这样的观察让人舒服。因为在过去几个月，我一直在家办公，很长一段时间里，我觉得自己就是个在机械中转动的齿轮。我看了眼手表：距离火车进站还有 20 分钟。我和苏珊一直在轮流承担做晚餐和看管孩子入睡的任务，而今晚轮到我。我曾经对此很抵触，因为孩子们不配合。从洗澡、刷牙、穿睡衣到睡前故事，本应该是一篇简单的记叙文，但偏偏被他们改写成了史诗，介于荷马和冯内古特之间——既偏离主题，又让人焦躁不安。等“文章”结尾时，灯熄了，两个孩子睡了，我可能也睡着了，就躺在他们房间的地板上。

育儿书籍中提到一种理论，婴幼儿之所以抗拒睡觉，是因为恐惧。他们还不习惯第二天起床的感受，觉得晚安等同于永别。不过，情况在最近几周出现好转，孩子们开始接受睡觉这件事。这使得晚上的生活少了烦恼，多了开心。有一阵子，其中一个孩子需要拍背才能安然入睡。而现在，这个动作更多是用来让我放心。孩子会忍耐一两分钟，然后语气委婉地轻声说道：“你现在可以走了。”

当孩子们的年龄已经长到能够谈及这本书时，我知道该截稿了。“写的什么内容？为什么写这么久？”对于我每天应该写多少页，每页应该写多少字，他们有自己的见解。晚饭时，他们会问我是否完成了既定字数，然后给出评价，比如“J. K. 罗琳写得可比这快多了”。有一天，在车的后座上，他们开始推荐书名。其中一个说《混乱的时间》，我觉得很恰当，但不够引人注目。另一个建议使用《被时间遗忘的人》，听起来像是个恐怖的探险故事，也可能是一个无意中的提醒，找回了他和其他被忽略的家庭成员的身份。

几年前，那时我还没结婚生子，一位有孩子的朋友说：“有了小孩的感受是，经过一段时间之后，你就会忘了之前没有孩子时的生活。”这个观点真是不可思议，我完全无法面对未来的自己——行动严重受限，貌似非常享受孩子对你的需要。但是，一切就这样发生了，我已经进入了这个角色。有时觉得自己仿佛在拆卸一艘船，再用所得的木材为别人搭建一艘新船。我一块又一块地拆卸旧我，一块又一块地搭建新我，直到遇见从生孩子之前的生活中保留下来的唯一的事：写书。留给书籍的时间从未少得如此可怜，所以只能利用那些琐碎的时间：深夜、周末、夏季和节假日，并且毫无计划性可言，随遇而安。从这一点上看倒有些正常，因为我曾经也有过这样的经历，但不会持续太久。不过，在一个阴雨的星期六或是深夜进入写作状态，如同爬进阁楼中狭小的空间，温暖而安心。我总是忍不住设想，这个项目可能永远也不会完成了；或许有人会说一本写了这么久的书，早已变成我的另一个孩子，让我不忍放手。然而这个孩子的命运，才是我真正能掌控的。

我也在思考自己对时间的处理策略是不是过于“自以为是”。在奥古斯丁看来，正在发生的一个音节、一句话、一节诗是时间的具体表象。这些表象展开时，它介于过去与未来、记忆与期盼之间，覆盖了现在和它的承载体，即自身。“一首诗能够验证的内容，同样也适用于每节诗和每个音节。”他写道，“这一点同样适用于更为持久的工作，而一首诗可能只是其中的一小部分。”假设这同样也适用于一本书：只要这本书没写完，它的作者就会永在。顺着这种逻辑，可以说，一本书的永恒和不朽，在于它永远处于未完成的状态。

其实，一句话看似简单，却蕴含了奥古斯丁强调的所有要素。不知从何时起，我已忘记了这种观点：灵魂（此时不妨用这个词）存在于话语之中，但这种话语不是已经说完或尚未说出口，而是现在仍处于言说之中。

我只有去过海滩之后，夏季（或夏末）才算是真正开始。我所说的海滩并不是湖滨——波浪绵软、泥泞不堪，水草从湖底钻出水面。我需要的是真真切切的海滩，有白色沙滩和撕扯着救生员标志旗的猛烈海风。只要坐在那里，头发就会变得咸咸的。海浪拍打着岸边，浪花随意飞舞，让你觉得只要跨过这片海，就能抵达诺曼底。

在很长一段时间里，我的孩子对这样的海滩既着迷又恐惧（按照常理也应该是这样）。但我知道，一旦他们爱上这里，夏天的感觉会常驻心底。当时他们5岁，那是个劳动节的周末，空气中还滞留着疲惫和上司的训斥，但假期依然是假期，闪现出短暂的永恒。一场台风来了又走，留下一片狼藉和明媚的阳光。午后，孩子们在学习如何冲开海浪，不让海水涌进鼻腔。等到潮水退去，就该堆沙堡了。

这是人类本能的快乐：双手捧满沙子，堆在一起，就成了一座建筑。我们选择的搭建地点位于涨潮线以下，可谓岌岌可危。这原本是海水漫延之地——平坦，有着完美的沙土湿度，但同时也暴露在潮水之下。涨潮时，我们的作品应该会第一个被冲垮。仅仅几分钟，一个孩子就造了一排低矮、弯曲的墙，试图保护沙堆。我则在墙外挖出一条“护城河”，抵御随时会来的第一波海浪，又在护城河外面建起防浪堤。孩子看了之后喜出望外。“我们从来没有过这么多的时间！”他大喊道。我想，他的意思是说自己从未如此近距离地接触过海浪——退潮还未结束——并且感受到如此安全和轻松。我注意到沙滩高处有不少年轻父母。“快看我们的小城堡，”孩子骄傲地说着，然后又重复那句话，“我们从来没有过这么多的时间！”

尼采曾说过——其实是精神分析学家斯蒂芬·米切尔（Stephen Mitchell）说尼采曾说过——通过搭建沙堡的方式可以看出一个人与时间的关系。第一种人，他写道，做事犹豫不决：一方面想要搭建，但同时又担心潮水终究会回来，害怕自己的成果被海浪摧毁；第二种人不会动一根手指：反正迟早会被冲垮，为什么还要搭？而第三种人——在尼采看来是男子气概的典范——拥抱一切不可避免的因素，仍全身心投入到搭建中，快乐但不盲目。

我希望自己是第三种人，但如果是第一种，也实属幸运。我发现我的另一个孩子，没有听取我的建议，把他的工程——挖了洞的小型沙堆——建在了防浪堤和防护墙的前面。第一波海浪把他的作品冲成了一堆沙子，也冲出了他的眼泪。接着他开始建造第二座城堡，很快也被冲垮了，接着一个又一个。我觉得尼采应该为他开设第四个类别——不太合群，但极其着迷。现在，潮水已经开始返回，第一波低浪已经冲向海滩。他是第一个“受害者”，接着海浪漫过我的防浪堤和护城河，冲击着城墙。随后，在城墙里面形成漩涡，冲刷着街道。第一个孩子站在堡垒后面，面对着潮水，伸出双臂，脸上露出天真的笑容。

“到此为止吧！到此为止吧！”

他显得如此高大，也从未如此高兴过，这让我心生羡慕。

鸣　谢

本书特别鸣谢古根汉姆基金会与麦克道威尔文艺营的鼎力支持

文献说明

有关时间的文献可谓多如繁星。在人类历史的长河中，几乎每位作家都对这个主题留下过思考，大都是以趣谈、逸事的形式呈现出来的真知灼见，但至今仍具备科学性的却凤毛麟角。这本书主要探索人类与时间的关系，参考了海量严谨的实验和确凿的学术成果（可追溯到 150 年前），因此可能忽略了丰富的哲学和宗教思想。对此，我深知，即便初衷完全正确的实验也会存在设计缺陷，或得出模棱两可、相互矛盾的结论，抑或造成狭隘的时间体验，无法判定其适用性是否只存在于实验室条件之下。

此外，仅仅是这方面的实验成果和著作也是不计其数。前不久，我拜读了朱利叶斯·托马斯·弗雷泽（Julius T. Fraser）的所有作品，它们可能是在对时间的跨学科研究中最重要的权威著作。1966 年，弗雷泽成立了国际时间研究协会，每 3 年举办一次研讨会，汇集来自各领域的时间研究人员，包括物理学家、康德学派的哲学家、中世纪史学家、神经生物学家、人类学家和普鲁斯特学者等。弗雷泽将收集到的学术论文整理后，出版了一套 10 卷本丛书《时间的研究》（*The Study of Time*），可谓博采众长，令人叹为观止。此外，他也曾主笔或编辑过多本著作，如《时间，熟悉的陌生人》（*Time the Familiar Stranger*）和《时间之声：人文科学语境下的人类时间观合作调查》（*The Voices of Time: A Cooperative Survey of Man's View of Time as Expressed by the Humanities*）。诗人、学者弗雷德里克·特纳（Frederick Turner）将弗雷泽盛赞为“爱因斯坦、尤达、甘道夫、约翰逊博士、苏格拉底、《旧约》中的神和格劳乔·马克斯的合体”。我听说弗雷泽已经退休，居住在康涅狄格州。当我读透他的著作，鼓起勇气拜访他时，他已经去世了，享年 87 岁。

这本书不是时间百科全书。顺便说一下，《时间百科全书》（*Encyclopedia of Time*）应该至少有两版：一本出版于 1994 年，700 页；另一本出版于 2009 年，1 600 页，分 3 卷。可以肯定的是，这本《时间的质量》不会解答你对时间的所有问题。不过，考虑到读者和作者的兴趣和利益，我把自己限定在能力所及的范围中：阐述该领域中我最感兴趣的部分，希望也能激起你的兴趣。如欲深入阅读，请参阅收录在下文中的重点参考文献。小心走火入魔！

参考文献

前 言

Augustine. *The Confessions*. Translated by Maria Boulding. New York: Vintage Books, 1998.

Gilbreth, Frank B., and Lillian Moller Gilbreth. *Fatigue Study: the Elimination of Humanity's Greatest Unnecessary Waste, a First Step in Motion Study*. New York: Macmillan Company, 1919.

Gilbreth, Frank B., and Robert Thurston Kent. *Motion Study, a Method for Increasing the Efficiency of the Workman*. New York: D. Van Nostrand, 1911.

Gleick, James. *Faster: The Acceleration of Just about Everything*. New York: Pantheon Books, 1999.

James, William. "Does Consciousness Exist?" *Journal of Philosophy, Psychology and Scientific Methods* 1, no. 18 (1904).

Lakoff, George, and Mark Johnson. *Philosophy in the Flesh: The Embodied Mind and Its Challenge to Western Thought*. New York: Basic Books, 1999.

Robinson, John P., and Geoffrey Godbey. *Time for Life: The Surprising Ways Americans*

Use Their Time. University Park, PA: Pennsylvania State University Press, 1997.

小 时

Adam, Barbara. *Timewatch: The Social Analysis of Time*. Cambridge, UK: Polity Press, 1995.

Arias, Elisa Felicitas. "The Metrology of Time." *Philosophical Transactions. Series A, Mathematical, Physical, and Engineering Sciences* 363, no. 1834 (2005): 2289–2305.

Battersby, S. "The Lady Who Sold Time." *New Scientist*, February 25–March 3, 2006, 52–53.

Brann, Eva T. H. *What, Then, Is Time?* Lanham, MD: Rowman & Littlefield, 1999.

Cockell, Charles S., and Lynn J. Rothschild. "The Effects of Ultraviolet Radiation A and B on Diurnal Variation in Photosynthesis in Three Taxonomically and Ecologically Diverse Microbial Mats." *Photochemisty and Photobiology* 69 (1999): 203–10.

Friedman, William J. "Developmental and Cognitive Perspectives on Humans' Sense of the Times of Past and Future Events." *Learning and Motivation* 36, no. 2 (2005): 145–58.

Goff, Jacques Le. *Time, Work, and Culture in the Middle Ages*. Chicago: University of Chicago Press, 1980.

Koriat, Asher, and Baruch Fischhoff. "What Day Is Today? An Inquiry into the Process of Temporal Orientation." *Memory and Cognition* 2, no. 2 (1974): 201–5.

Parker, Thomas E., and Demetrios Matsakis. "Time and Frequency Dissemination:

Advances in GPS Transfer Techniques." *GPS World,* November 2004, 32–38.

Rifkin, Jeremy. *Time Wars: The Primary Conflict in Human History.* New York: H. Holt, 1987.

Rooney, David. *Ruth Belville: The Greenwich Time Lady.* London: National Maritime Museum, 2008.

Zerubavel, Eviatar. *Hidden Rhythms: Schedules and Calendars in Social Life.* Chicago: University of Chicago Press, 1981.

———. *The Seven Day Circle: The History and Meaning of the Week.* New York: Free Press, 1985.

昼 夜

Alden, Robert. "Explorer Tells of Cave Ordeal." *New York Times,* September 20, 1962.

Antle, Michael C., and Rae Silver. "Orchestrating Time: Arrangements of the Brain Circadian Clock." *Trends in Neurosciences* 28 no. 3 (2005): 145–51.

Basner, Mathias, David F. Dinges, Daniel Mollicone, Adrian Ecker, Christopher W. Jones, Eric C. Hyder, Adrian Di, et al. "Mars 520-D Mission Simulation Reveals Protracted Crew Hypokinesis and Alterations of Sleep Duration and Timing," *Proceedings of the National Academy of Sciences of the United States of America* 110, no. 7 (2012), 2635–40.

Bertolucci, Cristiano, and Augusto Foà."Extraocular Photoreception and Circadian Entrainment in Nonmammalian Vertebrates." *Chronobiology International* 21 no. 4–5 (2004): 501–19.

Bradshaw, W. E., and C. M. Holzapfel. "Genetic Shift in Photoperiodic Response

Correlated with Global Warming." *Proceedings of the National Academy of Sciences of the United States of America* 98, no. 25 (2001): 14509–11.

Bray, M. S., and M. E. Young. "Circadian Rhythms in the Development of Obesity: Potential Role for the Circadian Clock within the Adipocyte." *Obesity Reviews* 8, no. 2 (2007): 169–81.

Byrd, Richard Evelyn. *Alone: The Classic Polar Adventure*. New York: Kodansha International, 1995.

Castillo, Marina R., Kelly J. Hochstetler, Ronald J. Tavernier, Dana M. Greene, Abel Bult-ito. "Entrainment of the Master Circadian Clock by Scheduled Feeding." *American Journal of Physiology. Regulatory, Integrative and Comparative Physiology* 287 (2004): 551–55.

Cockell, Charles S., and Lynn J. Rothschild. "Photosynthetic Rhythmicity in an Antarctic Microbial Mat and Some Considerations on Polar Circadian Rhythms." *Antarctic Journal* 32 (1997): 156–57.

Coppack, Timoty, and Francisco Pulido. "Photoperiodic Response and the Adaptability of Avian Life Cycles to Environmental Change." *Advances in Ecological Research* 35 (2004): 131–50.

Covington, Michael F., and Stacey L. Harmer. "The Circadian Clock Regulates Auxin Signaling and Responses in Arabidopsis." *PLoS Biology* 5, no. 8 (2007): 1773–84.

Czeisler, C. A., J. S. Allan, S. H. Strogatz, J. M. Ronda, R. Sanchez, C. D. Rios, W. O. Freitag, G. S. Richardson, and R. E. Kronauer. "Bright Light Resets the Human Circadian Pacemaker Independent of the Timing of the Sleep-Wake Cycle." *Science* 233, no. 4764 (1986): 667–71.

Czeisler, Charles A., Jeanne F. Duffy, Theresa L. Shanahan, Emery N. Brown, F. Jude, David W. Rimmer, Joseph M. Ronda, et al. "Stability, Precision, and near-24-Hour Period of the Human Circadian Pacemaker." *Science* 284, no. 5423 (1999): 2177–81.

Dijk, D. J., D. F. Neri, J. K. Wyatt, J. M. Ronda, E. Riel, A. Ritz-De Cecco, R. J. Hughes, et al. "Sleep, Performance, Circadian Rhythms, and Light-Dark Cycles during Two Space Shuttle Flights." *American Journal of Physiology. Regulatory, Integrative and Comparative Physiology* 281, no. 5 (2001): R1647–64.

Dunlap, Jay C. "Molecular Bases for Circadian Clocks (Review)." *Cell* 96, no. 2 (1999): 271–90.

Figueiro, Mariana G., and Mark S. Rea. "Evening Daylight May Cause Adolescents to Sleep Less in Spring Than in Winter." *Chronobiology International* 27, no. 6 (2010): 1242–58.

Foer, Joshua. "Caveman: An Interview with Michel Siffre." *Cabinet Magazine* no. 30, Summer 2008, http://www.cabinetmagazine.org/issues/30/foer.php.

Foster, Russell G. "Keeping an Eye on the Time." *Investigative Ophthalmology* 43, no. 5 (2002): 1286–98.

Froy, Oren. "The Relationship between Nutrition and Circadian Rhythms in Mammals." *Frontiers in Neuroendocrinology* 28, no. 2–3, (2007): 61–71.

Golden, Susan S. "Meshing the Gears of the Cyanobacterial Circadian Clock." *Proceedings of the National Academy of Sciences* 101, no. 38 (2004): 13697–98.

———. "Timekeeping in Bacteria: The Cyanobacterial Circadian Clock." *Current Opinion in Microbiology* 6, no. 6 (2003): 535–40.

Golden, Susan S., and Shannon R. Canales. "Cyanobacterial Circadian Clocks: Timing Is Everything." *Nature Reviews. Microbiology* 1, no. 3 (2003): 191–99.

Golombek, Diego A., Javier A. Calcagno, and Carlos M. Luquet. "Circadian Activity

Rhythm of the Chinstrap Penguin of Isla Media Luna, South Shetland Islands, Argentine Antarctica." *Journal of Field Ornithology* 62, no. 3 (1991): 293–428.

Gooley, J. J., J. Lu, T. C. Chou, T. E. Scammell, and C. B. Saper. "Melanopsin in Cells of Origin of the Retinohypothalamic Tract." *Nature Neuroscience* 4, no. 12 (2001): 1165.

Gronfier, Claude, Kenneth P. Wright, Richard E. Kronauer, and Charles A. Czeisler. "Entrainment of the Human Circadian Pacemaker to Longer-than-24-H Days." *Proceedings of the National Academy of Sciences of the United States of America* 104, no. 21 (2007): 9081–86.

Hamermesh, Daniel S., Caitlin Knowles Myers, and Mark L. Pocock. "Cues for Timing and Coordination: Latitude, Letterman, and Longitude." *Journal of Labor Economics* 26, no. 2 (2008): 223–46.

Hao, H., and S. A. Rivkees. "The Biological Clock of Very Premature Primate Infants Is Responsive to Light." *Proceedings of the National Academy of Sciences of the United States of America* 96, no. 5 (1999): 2426–29.

Hellwegera, Ferdi L. "Resonating Circadian Clocks Enhance Fitness in Cyanobacteria in Silico." *Ecological Modelling* 221, no. 12 (2010): 1620–29.

Johnson, Carl Hirschie, and Martin Egli. "Visualizing a Biological Clockwork's Cogs." *Nature Structural and Molecular Biology* 11, no. 7 (2004): 584–85.

Johnson, Carl Hirschie, Tetsuya Mori, and Yao Xu. "A Cyanobacterial Circadian Clockwork." *Current Biology* 18, no. 17 (2008): R816–25.

Kohsaka, Akira, and Joseph Bass. "A Sense of Time: How Molecular Clocks Organize Metabolism." *Trends in Endocrinology and Metabolism* 18, no. 1 (2007): 4–11.

Kondo, T. "A Cyanobacterial Circadian Clock Based on the Kai Oscillator." In *Cold Spring Harbor Symposia on Quantitative Biology* 72, (2007):47–55.

Konopka, R. J., and S. Benzer. "Clock Mutants of *Drosophila Melanogastermelanogaster.*" *Proceedings of the National Academy of Sciences of the United States of America* 68, no. 9 (1971): 2112–16.

Lockley, Steven W., and Joshua J. Gooley. "Circadian Photoreception: Spotlight on the Brain." *Current Biology* 16, no. 18 (2006): R795–97.

Lu, Weiqun, Qing Jun Meng, Nicholas J. C. Tyler, Karl-Arne Stokkan, and Andrew S. I. Loudon. "A Circadian Clock Is Not Required in an Arctic Mammal." *Current Biology* 20, no. 6 (2010): 533–37.

Lubkin, Virginia, Pouneh Beizai, and Alfredo A. Sadun. "The Eye as Metronome of the Body." *Survey of Ophthalmology* 47, no. 1 (2002): 17–26.

Mann, N. P. "Effect of Night and Day on Preterm Infants in a Newborn Nursery: Randomised Trial." *British Medical Journal* 293 (November 1986): 1265–67.

McClung, Robertson. "Plant Circadian Rhythms." *Plant Cell* 18 (April 2006): 792–803.

Meier-Koll, Alfred, Ursula Hall, Ulrike Hellwig, Gertrud Kott, and Verena Meier-Koll. "A Biological Oscillator System and the Development of Sleep–Waking Behavior during Early Infancy." *Chronobiologia* 5, no. 4 (1978): 425–40.

Menaker, Michael. "Circadian Rhythms. Circadian Photoreception." *Science* 299, no. 5604 (2003): 213–14.

Mendoza, Jorge. "Circadian Clocks: Setting Time by Food." *Journal of Neuroendocrinology* 19, no. 2 (2007): 127–37.

Mills, J. N., D. S. Minors, J. M. Waterhouse, and M. Manchester. "The Circadian Rhythms of Human Subjects without Timepieces or Indication of the Alternation of Day and Night." *Journal of Physiology* 240, no. 3 (1974): 567–94.

Mirmiran, Majid, J. H. Kok, K. Boer, and H. Wolf. "Perinatal Development of Human Circadian Rhythms: Role of the Foetal Biological Clock." *Neuroscience and*

Biobehavioral Reviews 16, no. 3 (1992): 371–78.

Mittag, Maria, Stefanie Kiaulehn, and Carl Hirschie Johnson. "The Circadian Clock in *Chlamydomonas Reinhardtiireinhardtii*: What Is It For? What Is It Similar To?" *Plant Physiology* 127, no. 2 (2005): 399–409.

Monk, T. H., K. S. Kennedy, L. R. Rose, and J. M. Linenger. "Decreased Human Circadian Pacemaker Influence after 100 Days in Space: A Case Study." *Psychosomatic Medicine* 63, no. 6 (2001): 881–85.

Monk, Timothy H., Daniel J. Buysse, Bart D. Billy, Kathy S. Kennedy, and Linda M. Willrich. "Sleep and Circadian Rhythms in Four Orbiting Astronauts." *Journal of Biological Rhythms* 13 (June 1998): 188–201.

Murayama, Yoriko, Atsushi Mukaiyama, Keiko Imai, Yasuhiro Onoue, Akina Tsunoda, Atsushi Nohara, Tatsuro Ishida, et al. "Tracking and Visualizing the Circadian Ticking of the Cyanobacterial Clock Protein KaiC in Solution." *EMBO Journal* 30, no. 1 (2011): 68–78.

Nikaido, S. S., and C. H. Johnson. "Daily and Circadian Variation in Survival from Ultraviolet Radiation in *Chlamydomonas Reinhardtiireinhardtii*." *Photochemistry and Photobiology* 71, no. 6 (2000): 758–65.

O'Neill, John S., and Akhilesh B. Reddy. "Circadian Clocks in Human Red Blood Cells." *Nature* 469, no. 7331 (2011): 498–503.

Ouyang, Yan, Carol R. Andersson, Takao Kondo, Susan S. Golden, and Carl Hirschie Johnson. "Resonating Circadian Clocks Enhance Fitness in Cyanobacteria" *Proceedings of the National Academy of Sciences of the United States of America* 95 (July 1998): 8660–64.

Palmer, John D. *The Living Clock: The Orchestrator of Biological Rhythms*. Oxford: Oxford University Press, 2002.

Panda, Satchidananda, John B. Hogenesch, and Steve A. Kay. "Circadian Rhythms from Flies to Human." *Nature* 417, no. 6886 (2002): 329–35.

Pöppel, Ernst. "Time Perception." In *Handbook of Sensory Physiology*. Vol. 8, *Perception*, edited by R. Held, H. W. Leibowitz, and H. L. Teubner. Berlin: Springer-Verlag, 1978, 713–29.

Ptitsyn, Andrey A., Sanjin Zvonic, Steven A. Conrad, L. Keith Scott, Randall L. Mynatt, and Jeffrey M Gimble. "Circadian Clocks Are Resounding in Peripheral Tissues." *PLoS Computational Biology* 2, no. 3 (2006): 126–35.

Ptitsyn, Andrey A., Sanjin Zvonic, and Jeffrey M. Gimble. "Digital Signal Processing Reveals Circadian Baseline Oscillation in Majority of Mammalian Genes." *PLoS Computational Biology* 3, no. 6 (2007): 1108–14.

Ramsey, Kathryn Moynihan, Biliana Marcheva, Akira Kohsaka, and Joseph Bass. "The Clockwork of Metabolism." *Annual Review of Nutrition* 27, (2007): 219–40.

Reppert, S. M. "Maternal Entrainment of the Developing Circadian System." *Annals of the New York Academy of Sciences* 453, (1985): 162–69, fig. 2.

Revel, Florent G., Annika Herwig, Marie-Laure Garidou, Hugues Dardente, Jérôme S. Menet, Mireille Masson-Pévet, Valérie Simonneaux, Michel Saboureau, and Paul Pévet. "The Circadian Clock Stops Ticking during Deep Hibernation in the European Hamster." *Proceedings of the National Academy of Sciences of the United States of America* 104, no. 34 (2007): 13816–20.

Rivkees, Scott A. "Developing Circadian Rhythmicity in Infants." *Pediatrics* 112, no. 2 (2003): 373–81

Rivkees, Scott A., P. L. Hofman, and J. Fortman. "Newborn Primate Infants Are Entrained by Low Intensity Lighting." *Proceedings of the National Academy of Sciences of the United States of America* 94, no. 1 (1997): 292–97.

Rivkees, Scott A., Linda Mayes, Harris Jacobs, and Ian Gross. "Rest-Activity Patterns of Premature Infants Are Regulated by Cycled Lighting." *Pediatrics* 113, no. 4 (2004): 833–39.

Rivkees, Scott A., and S. M. Reppert. "Perinatal Development of Day-Night Rhythms in Humans." *Hormone Research* 37, Supplement 3 (1992): 99–104.

Roenneberg, Till, Karla V. Allebrandt, Martha Merrow, and Céline Vetter. "Social Jetlag and Obesity." *Current Biology* 22, no. 10 (2012): 939–43.

Roenneberg, Till, and Martha Merrow. "Light Reception: Discovering the Clock-Eye in Mammals." *Current Biology* 12, no. 5 (2002): R163–65.

Rubin, Elad B., Yair Shemesh, Mira Cohen, Sharona Elgavish, Hugh M. Robertson, and Guy Bloch. "Molecular and Phylogenetic Analyses Reveal Mammalian-like Clockwork in the Honey Bee (*Apis Melliferamellifera*) and Shed New Light on the Molecular Evolution of the Circadian Clock." *Genome Research* 16, no. 11 (2006): 1352–65.

Scheer, Frank A. J. L., Michael F. Hilton, Christos S. Mantzoros, and Steven A. Shea. "Adverse Metabolic and Cardiovascular Consequences of Circadian Misalignment." *Proceedings of the National Academy of Sciences of the United States of America* 106, no. 11 (2009): 4453–58.

Scheer, Frank A. J. L., Kenneth P. Wright, Richard E. Kronauer, and Charles A. Czeisler. "Plasticity of the Intrinsic Period of the Human Circadian Timing System." *PLoS ONE* 2, no. 8 (2007): e721.

Siffre, Michel. *Hors du temps: L'expérience du 16 juillet 1962 au fond du gouffrede Scarasson par celui qui l'a vécue*. Paris: R. Julliard, 1963.

———. "Six Months Alone in a Cave," *National Geographic*, March 1975, 426–35.

Skuladottir, Arna, Marga Thome, and Alfons Ramel. "Improving Day and Night Sleep

Problems in Infants by Changing Day Time Sleep Rhythm: A Single Group before and after Study." *International Journal of Nursing Studies* 42, no. 8 (2005): 843–50.

Sorek, Michal, Yosef Z. Yacobi, Modi Roopin, Ilana Berman-Frank, and Oren Levy. "Photosynthetic Circadian Rhythmicity Patterns of Symbiodinium, the Coral Endosymbiotic Algae." *Proceedings. Biological Sciences / The Royal Society* 280 (2013): 20122942.

Stevens, Richard G., and Yong Zhu. "Electric Light, Particularly at Night, Disrupts Human Circadian Rhythmicity: Is That a Problem?" *Philosophical Transactions of the Royal Society of London. Series B, Biological Sciences* 370, no. 1667 (March 16, 2015): 20140120.

Stokkan, Karl-Arne, Shin Yamazaki, Hajime Tei, Yoshiyuki Sakaki, and Michael Menaker. "Entrainment of the Circadian Clock in the Liver by Feeding." *Science* 291 (2001): 490–93.

Strogatz, Steven H. *Sync: The Emerging Science of Spontaneous Order*. New York: Hyperion, 2003.

Suzuki, Lena, and Carl Hirschie Johnson. "Algae Know the Time of Day: Circadian and Photoperiodic Programs." *Journal of Phycology* 37, no. 6 (2001): 933–42.

Takahashi, Joseph S., Kazuhiro Shimomura, and Vivek Kumar. "Searching for Genes Underlying Circadian Rhythms." *Science* 322 (November 7, 2008): 909–12.

Tavernier, Ronald J., Angela L. Largen, and Abel Bult-ito. "Circadian Organization of a Subarctic Rodent, the Northern Red-Backed Vole (*Clethrionomys Rutilusrutilus*)." *Journal of Biological Rhythms* 19, no. 3 (2004): 238–47.

United States Congress, Office of Technology Assessment. *Biological Rhythms: Implications for the Worker*. Washington, D.C. : U.S. Government Printing

Office, 1991.

Van Oort, Bob E. H., Nicholas J. C. Tyler, Menno P. Gerkema, Lars Folkow, Arnoldus Schytte Blix, and Karl-Arne Stokkan. "Circadian Organization in Reindeer." *Nature* 438, no. 7071 (2005): 1095–96.

Weiner, Jonathan. *Time, Love, Memory: A Great Biologist and His Quest for the Origins of Behavior*. New York: Knopf, 1999.

Wittmann, Marc, Jenny Dinich, Martha Merrow, and Till Roenneberg. "Social Jetlag: Misalignment of Biological and Social Time." *Chronobiology International* 23, no. 1–2 (2006): 497–509.

Woelfle, Mark A., Yan Ouyang, Kittiporn Phanvijhitsiri, and Carl Hirschie Johnson. "The Adaptive Value of Circadian Clocks: An Experimental Assessment in Cyanobacteria." *Current Biology* 14 (August 24, 2004): 1481–86.

Wright, Kenneth P., Andrew W. McHill, Brian R. Birks, Brandon R. Griffin, Thomas Rusterholz, and Evan D. Chinoy. "Entrainment of the Human Circadian Clock to the Natural Light-Dark Cycle." *Current Biology* 23, no. 16 (2013): 1554–58.

Xu, Yao, Tetsuya Mori, and Carl Hirschie Johnson. "Cyanobacterial Circadian Clockwork: Roles of KaiA, KaiB and the KaiBC Promoter in Regulating KaiC." *EMBO Journal* 22, no. 9 (2003): 2117–26.

Zivkovic, Bora, "Circadian Clock without DNA: History and the Power of Metaphor." *Observations* (blog), *Scientific American*, (2011): 1–25.

现　时

Allport, D. A. "Phenomenal Simultaneity and the Perceptual Moment Hypothesis." *British Journal of Psychology* 59, no. 4 (1968): 395–406.

Baugh, Frank G., and Ludy T. Benjamin. "Walter Miles, Pop Warner, B. C. Graves, and the Psychology of Football." *Journal of the History of the Behavioral Sciences* 42, Winter (2006): 3–18.

Blatter, Jeremy. "Screening the Psychological Laboratory: Hugo Münsterberg, Psychotechnics, and the Cinema, 1892–1916." *Science in Context* 28, no. 1 (2015): 53–76.

Boring, Edwin Garrigues. *A History of Experimental Psychology*. New York: Appleton-Century-Crofts, 1950.

———. *Sensation and Perception in the History of Experimental Psychology*. New York: Appleton-Century-Crofts, 1942.

Buonomano, Dean V., Jennifer Bramen, and Mahsa Khodadadifar. "Influence of the Interstimulus Interval on Temporal Processing and Learning: Testing the State-Dependent Network Model." *Philosophical Transactions of the Royal Society of London. Series B, Biological Sciences* 364, no. 1525 (2009): 1865–73.

Cai, Mingbo, David M. Eagleman, and Wei Ji Ma. "Perceived Duration Is Reduced by Repetition but Not by High-Level Expectation." *Journal of Vision* 15, no. 13 (2015): 1–17.

Cai, Mingbo, Chess Stetson, and David M. Eagleman. "A Neural Model for Temporal Order Judgments and Their Active Recalibration: A Common Mechanism for Space and Time?" *Frontiers in Psychology* 3 (November 2012): 470.

Campbell, Leah A., and Richard A. Bryant. "How Time Flies: A Study of Novice Skydivers." *Behaviour Research and Therapy* 45, no. 6 (2007): 1389–92.

Canales, Jimena. "Exit the Frog, Enter the Human: Physiology and Experimental Psychology in Nineteenth-Century Astronomy," *British Journal for the History of Science* 34, no. 2 (2001): 173–97.

———. *A Tenth of a Second: A History*. Chicago: University of Chicago Press, 2009.

Dierig, Sven. "Engines for Experiment: Labor Revolution and Industrial in the Nineteenth-Century City." In Osiris. Vol. 18, *Science and the City*, edited by Sven Dierig, Jens Lachmund, and Andrew Mendelsohn. University of Chicago Press, 2003, 116–34.

Dollar, John, director and producer. "Prisoner of Consciousness." *Equinox*, season 1, episode 3. Channel 4 (UK), aired August 4, 1986.

Duncombe, Raynor L. "Personal Equation in Astronomy." *Popular Astronomy* 53 (1945): 2–13, 63–76, 110–121.

Eagleman, David M. "How Does the Timing of Neural Signals Map onto the Timing of Perception?" In *Space and Time in Perception and Action*, edited by R. Nijhawan and B. Khurana. Cambridge, UK: Cambridge University Press, 2010, 216–31.

———. "Human Time Perception and Its Illusions." *Current Opinion in Neurobiology* 18, no. 2 (2008): 131–36.

———. "Motion Integration and Postdiction in Visual Awareness." *Science* 287, no. 5460 (2000): 2036–38.

———. "The Where and When of Intention." *Science* 303, no. 5661 (2004): 1144–46.

Eagleman, David M., and Alex O. Holcombe. "Causality and the Perception of Time." *Trends in Cognitive Sciences* 6, no. 8 (2002): 323–25.

Eagleman, David M., and Vani Pariyadath. "Is Subjective Duration a Signature of Coding Efficiency?" *Philosophical Transactions of the Royal Society of London. Series B, Biological Sciences* 364, no. 1525 (2009): 1841–51.

Eagleman, David M., P. U. Tse, Dean V. Buonomano, P. Janssen, A. C. Nobre, and A. O. Holcombe. "Time and the Brain: How Subjective Time Relates to Neural

Time." *Journal of Neuroscience* 25, no. 45 (2005): 10369–71.

Efron, R. "The Duration of the Present." *Annals of the New York Academy of Sciences* 138 (February 1967): 712–29.

Ekirch, A. Roger. *At Day's Close: Night in Times Past*. New York: W. W. Norton, 2006.

Engel, Andreas K., Pascal Fries, P. König, Michael Brecht, and Wolf Singer. "Temporal Binding, Binocular Rivalry, and Consciousness." *Consciousness and Cognition* 8, no. 2 (1999): 128–51.

Engel, Andreas K., Pieter R. Roelfsema, Pascal Fries, Michael Brecht, and Wolf Singer. "Role of the Temporal Domain for Response Selection and Perceptual Binding." *Cerebral Cortex* 7, no. 6 (1997): 571–82.

Engel, Andreas K., and Wolf Singer. "Temporal Binding and the Neural Correlates of Sensory Awareness." *Trends in Cognitive Sciences* 5, no. 1 (2001): 16–25.

Friedman, William J. *About Time: Inventing the Fourth Dimension*. Cambridge, MA: MIT Press, 1990.

———. "Developmental and Cognitive Perspectives on Humans' Sense of the Times of Past and Future Events." *Learning and Motivation* 36, no. 2 Special Issue (2005): 145–58.

———. "Developmental Perspectives on the Psychology of Time." In *Psychology of Time*, edited by Simon Grondin. Bingley, UK: Emerald, 2008, 345–66.

———. "The Development of Children's Knowledge of Temporal Structure." *Child Development* 57, no. 6 (1986): 1386–1400.

———. "The Development of Children's Knowledge of the Times of Future Events." *Child Development* 71, no. 4 (2000): 913–32.

———. "The Development of Children's Understanding of Cyclic Aspects of Time."

Child Development 48, no. 4 (1977): 1593–99.

———. "The Development of Infants' Perception of Arrows of Time." *Infant Behavior and Development* 19, Supplement 1 (1996): 161.

Friedman, William J., and Susan L. Brudos. "On Routes and Routines: The Early Development of Spatial and Temporal Representations." *Cognitive Development* 3, no. 2 (1988): 167–82.

Galison, Peter L. *Einstein's Clocks and Poincaré's Maps: Empires of Time*. New York: W. W. Norton, 2003.

Galison, Peter L., and D. Graham Burnett. "Einstein, Poincaré and Modernity: A Conversation." *Time* 132, no. 2 (2009): 41–55.

Gillings, Annabel, director and producer. "Daytime." *Time*, episode 1. BBC Four, aired on July 30, 2007.

Granier-Deferre, Carolyn, Sophie Bassereau, Aurélie Ribeiro, Anne-Yvonne Jacquet, and Anthony J. Decasper. "A Melodic Contour Repeatedly Experienced by Human Near-Term Fetuses Elicits a Profound Cardiac Reaction One Month after Birth." *PloS One* 6, no. 2 (2011): e17304.

Green, Christopher D., and Ludy T. Benjamin. *Psychology Gets in the Game: Sport, Mind, and Behavior*, 1880–1960. Lincoln: University of Nebraska Press, 2009.

Haggard, P., S. Clark, and J. Kalogeras. "Voluntary Action and Conscious Awareness." *Nature Neuroscience* 5, no. 4 (2002): 382–85.

Hale, Matthew. *Human Science and Social Order: Hugo Münsterberg and the Origins of Applied Psychology*. Philadelphia: Temple University Press, 1980.

Helfrich, Hede. *Time and Mind II: Information Processing Perspectives*. Toronto: Hogrefe & Huber, 2003.

Hoerl, Christoph, and Teresa McCormack. *Time and Memory: Issues in Philosophy and Psychology*. Oxford: Clarendon Press, 2001.

James, William. *The Principles of Psychology*. London: Macmillan, 1901.

Jenkins, Adrianna C., C. Neil Macrae, and Jason P. Mitchell. "Repetition Suppression of Ventromedial Prefrontal Activity during Judgments of Self and Others." *Proceedings of the National Academy of Sciences of the United States of America* 105, no. 11 (2008): 4507–12.

Karmarkar, Uma R., and Dean V. Buonomano. "Timing in the Absence of Clocks: Encoding Time in Neural Network States." *Neuron* 53, no. 3 (2007): 427–38.

Kline, Keith A., and David M. Eagleman. "Evidence against the Temporal Subsampling Account of Illusory Motion Reversal." *Journal of Vision* 8, no. 4 (2008): 13.1–13.5.

Kline, Keith A., Alex O. Holcombe, and David M. Eagleman. "Illusory Motion Reversal Is Caused by Rivalry, Not by Perceptual Snapshots of the Visual Field." *Vision Research* 44, no. 23 (2004): 2653–58.

Kornspan, Alan S. "Contributions to Sport Psychology: Walter R. Miles and the Early Studies on the Motor Skills of Athletes." *Comprehensive Psychology* 3, no. 1, article 17 (2014): 1–11.

Kreimeier, Klaus, and Annemone Ligensa. *Film 1900: Technology, Perception, Culture*. New Burnet, UK: John Libbey, 2009.

Lejeune, Helga, and John H. Wearden. "Vierordt's 'The Experimental Study of the Time Sense' (1868) and Its Legacy." *European Journal of Cognitive Psychology* 21, no. 6 (2009): 941–60.

Levin, Harry, and Ann Buckler-Addis. *The Eye-Voice Span*. Cambridge, MA: MIT Press, 1979.

Lewkowicz, David J. "The Development of Intersensory Temporal Perception: An

Epigenetic Systems/Limitations View." *Psychological Bulletin* 126, no. 2 (2000): 281–308.

———. "Development of Multisensory Temporal Perception." In *The Neural Bases of Multisensory Processes*, edited by M. M. Murray and M. T. Wallace. Boca Raton, FL: CRC Press/Taylor & Francis, 2012, 325–44.

———. "The Role of Temporal Factors in Infant Behavior and Development." In *Time and Human Cognition*, edited by I. Levin and D. Zakay. North-Holland: Elsevier Science Publishers, 1989, 1–43.

Lewkowicz, David J., Irene Leo, and Francesca Simion. "Intersensory Perception at Birth: Newborns Match Nonhuman Primate Faces and Voices." *Infancy* 15, no. 1 (2010): 46–60.

Leyden, W. von. "History and the Concept of Relative Time." *History and Theory* 2, no. 3 (1963): 263–85.

Lickliter, R., and L. E. Bahrick. "The Development of Infant Intersensory Perception: Advantages of a Comparative Convergent-Operations Approach." *Psychological Bulletin* 126, no. 2 (2000): 260–80.

Matthews, William J., and Warren H. Meck. "Time Perception: The Bad News and the Good." *Wiley Interdisciplinary Reviews: Cognitive Science* 5, no. 4 (2014): 429–46.

Matthews, William J., Devin B. Terhune, Hedderik Van Rijn, David M. Eagleman, Marc A. Sommer, and Warren H. Meck. "Subjective Duration as a Signature of Coding Efficiency: Emerging Links among Stimulus Repetition, Predictive Coding, and Cortical GABA Levels." *Timing & Time Perception Reviews* 1, no. 5 (2014): 1–5.

Münsterberg, Hugo, and Allan Langdale. *Hugo Münsterberg on Film: The Photoplay:*

A Psychological Study, and Other Writings. New York: Routledge, 2002.

Myers, Gerald E. "William James on Time Perception." *Philosophy of Science* 38, no. 3 (1971): 353–60.

Neil, Patricia A., Christine Chee-Ruiter, Christian Scheier, David J. Lewkowicz, and Shinsuke Shimojo. "Development of Multisensory Spatial Integration and Perception in Humans." *Developmental Science* 9, no. 5 (2006): 454–64.

Nelson, Katherine. "Emergence of the Storied Mind." In *Language in Cognitive Development: The Emergence of the Mediated Mind*. Cambridge, UK: Cambridge University Press, 1996, 183–291.

———. "Emergence of Autobiographical Memory at Age 4." *Human Development* 35, no. 3 (1992): 172–77.

Nichols, Herbert. *The Psychology of Time*. New York: Henry Holt, 1891.

Nijhawan, Romi. "Visual Prediction: Psychophysics and Neurophysiology of Compensation for Time Delays." *Behavioral and Brain Sciences* 31, no. 2 (2008): 179–98; discussion 198–239.

Nijhawan, Romi, and Beena Khurana. *Space and Time in Perception and Action*. Cambridge, UK: Cambridge University Press, 2010.

Pariyadath, Vani, and David M. Eagleman. "Brief Subjective Durations Contract with Repetition." *Journal of Vision* 8, no. 16 (2008): 1–6.

———. "The Effect of Predictability on Subjective Duration." *PloS One* 2, no. 11 (2007): e1264.

Pariyadath, Vani, Mark H. Plitt, Sara J. Churchill, and David M. Eagleman. "Why Overlearned Sequences Are Special: Distinct Neural Networks for Ordinal Sequences." *Frontiers in Human Neuroscience* 6 (December 2012): 1–9.

Piaget, Jean. "Time Perception in Children." In *The Voices of Time: A Cooperative*

Survey of Man's Views of Time as Expressed by the Sciences and by the Humanities, edited by Julius Thomas Fraser, Amherst, MA: University of Massachusetts Press, 1981, 202–16.

Plato. *Parmenides*. Translated by R. E. Allen. New Haven, CT: Yale University Press, 1998.

Pöppel, Ernst. "Lost in Time: A Historical Frame, Elementary Processing Units and the 3-Second Window." *Acta Neurobiologiae Experimentalis* 64, no. 3 (2004): 295–301.

———. *Mindworks: Time and Conscious Experience*. Boston: Harcourt Brace Jovanovich, 1988.

Purves, D., J. A. Paydarfar, and T. J. Andrews. "The Wagon Wheel Illusion in Movies and Reality." *Proceedings of the National Academy of Sciences of the United States of America* 93, no. 8 (1996): 3693–97.

Richardson, Robert D. *William James: In the Maelstrom of American Modernism: A Biography*. Boston: Houghton Mifflin, 2006.

Sacks, Oliver. "A Neurologist's Notebook: The Abyss." *The New Yorker*, September 24, 2007, 100–11.

Schaffer, Simon. "Astronomers Mark Time: Discipline and the Personal Equation." *Science in Context* 2, no. 1 (1988): 115–45.

Schmidgen, Henning. "Mind, the Gap: The Discovery of Physiological Time." In *Film 1900: Technology, Perception, Culture*, edited by K. Kreimeier and A. Ligensa, 53–65. New Burnet, UK: John Libbey, 2009.

———. "Of Frogs and Men: The Origins of Psychophysiological Time Experiments, 1850–1865." *Endeavour* 26, no. 4 (2002): 142–48.

———. "Time and Noise: The Stable Surroundings of Reaction Experiments,

1860–1890." *Studies in History and Philosophy of Biological and Biomedical Sciences* 34, no. 2 (2003): 237–75.

Scripture, Edward Wheeler. *Thinking Feeling Doing*. Meadville, PA: Flood and Vincent, 1895.

Solnit, Rebecca. *River of Shadows: Eadweard Muybridge and the Technological Wild West*. New York: Viking, 2003.

VanRullen, Rufin, and Christof Koch. "Is Perception Discrete or Continuous?" *Trends in Cognitive Sciences* 7, no. 5 (2003): 207–13.

Vatakis, Argiro, and Charles Spence. "Evaluating the Influence of the 'Unity Assumption' on the Temporal Perception of Realistic Audiovisual Stimuli." *Acta Psychologica* 127, no. 1 (2008): 12–23.

Wearing, Deborah. *Forever Today: A Memoir of Love and Amnesia*. London: Doubleday, 2005.

———. "The Man Who Keeps Falling in Love with His Wife." *The Telegraph*, January 12, 2005, http://www.telegraph.co.uk/news/health/3313452/The-man-who-keeps-falling-in-love-with-his-wife.html.

Wojtach, William T., Kyongje Sung, Sandra Truong, and Dale Purves. "An Empirical Explanation of the Flash-Lag Effect." *Proceedings of the National Academy of Sciences of the United States of America* 105, no. 42 (2008): 16338–43.

Wundt, Wilhelm. *An Introduction to Psychology*. Translated by Rudolf Pinter. London, 1912.

时间的质量

Alexander, Iona, Alan Cowey, and Vincent Walsh. "The Right Parietal Cortex and

Time Perception: Back to Critchley and the Zeitraffer Phenomenon," *Cognitive Neuropsychology* 22, no. 3 (May 2005): 306–15.

Allan, Lorraine, Peter D. Balsam, Russell Church, and Herbert Terrace. "John Gibbon (1934–2001) Obituary." *American Psychologist* 57, no. 6–7 (2002): 436–37.

Allman, Melissa J., and Warren H. Meck. "Pathophysiological Distortions in Time Perception and Timed Performance," *Brain* 135, no. 3 (2012): 656–77.

Allman, Melissa J., Sundeep Teki, Timothy D. Griffiths, and Warren H. Meck. "Properties of the Internal Clock: First-and Second-Order Principles of Subjective Time," *Annual Review of Psychology* 65 (2014): 743–71.

Angrilli, Alessandro, Paolo Cherubini, Antonella Pavese, and Sara Manfredini. "The Influence of Affective Factors on Time Perception" *Perception & Psychophysics* 59, no. 6 (1997): 972–82.

Arantes, Joana, Mark E. Berg, and John H. Wearden. "Females' Duration Estimates of Briefly-Viewed Male, but Not Female, Photographs Depend on Attractiveness." *Evolutionary Psychology* 11, no. 1 (2013): 104–19.

Arstila, Valtteri. *Subjective Time: The Philosophy, Psychology, and Neuroscience of Temporality*. Cambridge, MA: MIT Press, 2014.

Baer, Karl Ernst von: "*Welche Auffassung der lebenden Natur ist die richtige? und Wie ist diese Auffassung auf die Entomologie anzuwenden?*" Speech in St. Petersburg 1860. Edited by H. Schmitzdorff. St. Petersburg: Verlag der kaiser, Hofbuchhandl, 1864, 237–84.

Battelli, Lorella, Vincent Walsh, Alvaro Pascual-Leone, and Patrick Cavanagh. "The 'When' Parietal Pathway Explored by Lesion Studies." *Current Opinion in Neurobiology* 18, no. 2 (2008): 120–26.

Bauer, Patricia J. *Remembering the Times of Our Lives: Memory in Infancy and*

Beyond. Mahwah, NJ: Lawrence Erlbaum Associates, 2007.

Baum, Steve K., Russell L. Boxley, and Marcia Sokolowski. "Time Perception and Psychological Well-Being in the Elderly." *Psychiatric Quarterly* 56, no. 1 (1984): 54–60.

Belot, Michèle, Vincent P. Crawford, and Cecilia Heyes. "Players of Matching Pennies Automatically Imitate Opponents' Gestures Against Strong Incentives." *Proceedings of the National Academy of Sciences of the United States of America* 110, no. 8 (2013) : 2763–68.

Bergson, Henri. *An Introduction to Metaphysics: The Creative Mind*. Totowa, NJ: Littlefield, Adams, 1975.

Blewett, A. E. "Abnormal Subjective Time Experience in Depression." *British Journal of Psychiatry* 161 (August 1992): 195–200.

Block, Richard A., and Dan Zakay. "Timing and Remembering the Past, the Present, and the Future." In *Psychology of Time*, edited by Simon Grondin. Bingley, UK: Emerald, 2008, 367–94.

Brand, Matthias, Esther Fujiwara, Elke Kalbe, Hans-Peter Steingass, Josef Kessler, and Hans J. Markowitsch. "Cognitive Estimation and Affective Judgments in Alcoholic Korsakoff Patients." *Journal of Clinical and Experimental Neuropsychology* 25, no. 3 (2003): 324–34.

Bschor, T., M. Ising, M. Bauer, U. Lewitzka, M. Skerstupeit, B. Müller-Oerlinghausen, and C. Baethge. "Time Experience and Time Judgment in Major Depression, Mania and Healthy Subjects: A Controlled Study of 93 Subjects." *Acta Psychiatrica Scandinavica* 109, no. 3 (2004): 222–29.

Bueti, Domenica, and Vincent Walsh. "The Parietal Cortex and the Representation of Time, Space, Number and Other Magnitudes." *Philosophical Transactions of the Royal Society of London. Series B, Biological Sciences* 364, no. 1525 (2009): 1831–40.

Buhusi, Catalin V., and Warren H. Meck. "Relative Time Sharing: New Findings and an Extension of the Resource Allocation Model of Temporal Processing." *Philosophical Transactions of the Royal Society of London. Series B, Biological Sciences* 364, no. 1525 (2009): 1875–85.

Church, Russell M. "A Tribute to John Gibbon." *Behavioural Processes* 57, no. 2–3 (2002): 261–74.

Church, Russell M., Warren H. Meck, and John Gibbon. "Application of Scalar Timing Theory to Individual Trials." *Journal of Experimental Psychology Animal Behavior Processes* 20, no. 2 (1994) : 135–55.

Conway Ⅲ, Lucian Gideon. " Social Contagion of Time Perception." *Journal of Experimental Social Psychology* 40, no. 1 (2004) : 113–20.

Coull, Jennifer T., and A. C. Nobre. "Where and When to Pay Attention: The Neural Systems for Directing Attention to Spatial Locations and to Time Intervals as Revealed by Both PET and FMRI." *Journal of Neuroscience* 18, no. 18 (1998): 7426–35.

Coull, Jennifer T., Franck Vidal, Bruno Nazarian, and Françoise Macar. "Functional Anatomy of the Attentional Modulation of Time Estimation." *Science* (New York) 303, no. 5663 (2004): 1506–8.

Craig, A. D. "Human Feelings: Why Are Some More Aware than Others?" *Trends in Cognitive Sciences* 8, no. 6 (2004): 239–41.

Crystal, Jonathon D. "Animal Behavior: Timing in the Wild." *Current Biology* 16, no. 7 (2006): R252–53. http://www.ncbi.nlm.nih.gov/pubmed/16581502.

Dennett, Daniel C. "The Self as a Responding—and Responsible—Artifact." *Annals of the New York Academy of Sciences* 1001 (2003): 39–50.

Droit-Volet, Sylvie. "Child and Time." In *Lecture Notes in Computer Science (Including Subseries Lecture Notes in Artificial Intelligence and Lecture Notes in Bioinformatics)* 6789 LNAI (2011): 151–72.

Droit-Volet, Sylvie, Sophie Brunot, and Paula Niedenthal. "Perception of the Duration of Emotional Events." *Cognition and Emotion* 18, no. 6 (2004): 849–58.

Droit-Volet, Sylvie, Sophie L. Fayolle, and Sandrine Gil. "Emotion and Time Perception: Effects of Film-Induced Mood." *Frontiers in Integrative Neuroscience* 5, August (2011): 1–9.

Droit-Volet, Sylvie, and Sandrine Gil. "The Time-Emotion Paradox." *Philosophical Transactions of the Royal Society of London. Series B, Biological Sciences* 364, no. 1525 (2009): 1943–53.

Droit-Volet, Sylvie, and Warren H. Meck. "How Emotions Colour Our Perception of Time." *Trends in Cognitive Sciences* 11, no. 12 (2007): 504–13.

Droit-Volet, Sylvie, Danilo Ramos, José L. O. Bueno, and Emmanuel Bigand. "Music, Emotion, and Time Perception: The Influence of Subjective Emotional Valence and Arousal?" *Frontiers in Psychology* 4 (July 2013): 1–12.

Effron, Daniel A., Paula M. Niedenthal, Sandrine Gil, and Sylvie Droit-Volet. "Embodied Temporal Perception of Emotion." *Emotion* 6, no. 1 (2006): 1–9.

Fraisse, Paul. "Perception and Estimation of Time." *Annual Review of Psychology* 35 (February 1984): 1–36.

———. *The Psychology of Time*. New York: Harper & Row, 1963.

Fraser, Julius Thomas. *Time and Mind: Interdisciplinary Issues*. Madison, CT: International Universities Press, 1989.

———. *Time, the Familiar Stranger*. Amherst, MA: University of Massachusetts

Press, 1987.

Fraser, Julius Thomas, Francis C. Haber, and G. H. Müller. *The Study of Time: Proceedings of the First Conference of the International Society for the Study of Time*, Oberwolfach (Black Forest), West Germany. Berlin: Springer-Verlag, 1972.

Fraser, Julius Thomas, ed. *The Voice of Time. A Cooperative Survey of Man's Views of Time as Expressed by the Sciences and by the Humanities*. New York: George Braziller, 1966.

Friedman, William J., and Steve M. J. Janssen. "Aging and the Speed of Time." *Acta Psychologica* 134, no. 2 (2010): 130–41.

Gallant, Roy, Tara Fedler, and Kim A. Dawson. "Subjective Time Estimation and Age." *Perceptual and Motor Skills* 72 (June 1991): 1275–80.

Gibbon, John. "Scalar Expectancy Theory and Weber's Law in Animal Timing." *Psychological Review* 84, no. 3 (1977): 279–325.

Gibbon, John, and Russell M. Church. "Representation of Time." *Cognition* 37, no. 1–2 (1990): 23–54.

Gibbon, John, Russell M. Church, and Warren H. Meck. "Scalar Timing in Memory." *Annals of the New York Academy of Sciences* 423 (May 1984): 52–77.

Gibbon, John, Chara Malapani, Corby L. Dale, and C. R. Gallistel. "Toward a Neurobiology of Temporal Cognition: Advances and Challenges." *Current Opinion in Neurobiology* 7, no. 2 (1997): 170–84.

Gibson, James J. "Events Are Perceivable but Time Is Not." In *The Study of Time II: Proceedings of the Second Conference of the International Society for the Study of Time, Lake Yamanaka, Japan*, edited by J. T. Fraser and N. Lawrence. New York: Springer-Verlag, 295–301.

Gil, Sandrine, Sylvie Rousset, and Sylvie Droit-Volet. "How Liked and Disliked Foods Affect Time Perception." *Emotion* (Washington, D.C.) 9, no. 4 (2009): 457–63.

Gooddy, William. "Disorders of the Time Sense." In *Handbook of Clinical Neurology*. Vol. 3, edited by P. J. Vinken and G. W. Bruyn. Amsterdam: North Holland Publishing, 1969, 229–50.

———. *Time and the Nervous System*. New York: Praeger, 1988.

Grondin, Simon. "From Physical Time to the First and Second Moments of Psychological Time." *Psychological Bulletin* 127, no. 1 (2001): 22–44.

———. *Psychology of Time*. Bingley, UK: Emerald, 2008.

Gruber, Ronald P., and Richard A. Block. "Effect of Caffeine on Prospective and Retrospective Duration Judgements." *Human Psychopharmacology* 18, no. 15 (2003): 351–59.

Gu, Bon-mi, Mark Laubach, and Warren H. Meck. "Oscillatory Mechanisms Supporting Interval Timing and Working Memory in Prefrontal-Striatal-Hippocampal Circuits." *Neuroscience and Biobehavioral Reviews* 48 (2015): 160–85.

Heidegger, Martin. *The Concept of Time*. Translated by William McNeill. Oxford, UK: B. Blackwell, 1992.

Henderson, Jonathan, T. Andrew Hurly, Melissa Bateson, and Susan D. Healy. "Timing in Free-Living Rufous Hummingbirds, *Selasphorus Rufusrufus*." *Current Biology* 16 (March 7, 2006): 512–15.

Hicks, R. E., G. W. Miller, and M. Kinsbourne. "Prospective and Retrospective Judgments of Time as a Function of Amount of Information Processed." *American Journal of Psychology* 89, no. 4 (1976): 719–30.

Hoagland, Hudson. "Some Biochemical Considerations of Time." In *The Voices of Time: A Cooperative Survey of Man's Views of Time as Expressed by the*

Sciences and by the Humanities, edited by Julius Thomas Fraser. New York: George Braziller, 1966, 321–22.

———. "The Physiological Control of Judgments of Duration: Evidence for a Chemical Clock." *Journal of General Psychology* 9, (December 1933): 267–87.

Hopfield, J. J., and C. D. Brody. "What Is a Moment? 'Cortical' Sensory Integration over a Brief Interval." *Proceedings of the National Academy of Sciences of the United States of America* 97, no. 25 (2000): 13919–24.

Ivry, Richard B., and John E. Schlerf. "Dedicated and Intrinsic Models of Time Perception." *Trends in Cognitive Sciences* 12, no. 7 (2008): 273–80.

Jacobson, Gilad A., Dan Rokni, and Yosef Yarom. "A Model of the Olivo-Cerebellar System as a Temporal Pattern Generator." *Trends in Neurosciences* 31, no. 12 (2014): 617–19.

Janssen, Steve M. J., William J. Friedman, and Makiko Naka. "Why Does Life Appear to Speed Up as People Get Older?" *Time and Society* 22, no. 2 (2013): 274–90.

Jin, Dezhe Z., Naotaka Fujii, and Ann M. Graybiel. "Neural Representation of Time in Cortico-Basal Ganglia Circuits." *Proceedings of the National Academy of Sciences of the United States of America* 106, no. 45 (2009): 19156–61.

Jones, Luke A., Clare S. Allely, and John H. Wearden. "Click Trains and the Rate of Information Processing: Does 'Speeding Up' Subjective Time Make Other Psychological Processes Run Faster?" *Quarterly Journal of Experimental Psychology* 64, no. 2 (2011): 363–80.

Joubert, Charles E. "Structured Time and Subjective Acceleration of Time." *Perceptual and Motor Skills* 59, no. 1 (1984): 335–36.

———. "Subjective Acceleration of Time: Death Anxiety and Sex Differences." *Perceptual and Motor Skills* 57 (August 1983): 49–50.

———. "Subjective Expectations of the Acceleration of Time with Aging." *Perceptual and Motor Skills* 70 (February 1990): 334.

Lamotte, Mathilde, Marie Izaute, and Sylvie Droit-Volet. "Awareness of Time Distortions and Its Relation with Time Judgment: A Metacognitive Approach." *Consciousness and Cognition* 21, no. 2 (2012): 835–42.

Lejeune, Helga, and John H. Wearden. "Vierordt's 'The Experimental Study of the Time Sense' (1868) and Its Legacy." *European Journal of Cognitive Psychology* 21, no. 6 (2009): 941–60.

Lemlich, Robert. "Subjective Acceleration of Time with Aging." *Perceptual and Motor Skills* 41 (May 1975): 235–38.

Lewis, Penelope A., and R. Chris Miall. "The Precision of Temporal Judgement: Milliseconds, Many Minutes, and Beyond." *Philosophical Transactions of the Royal Society of London. Series B, Biological Sciences* 364, no. 1525 (2009): 1897–1905.

———. "Remembering the Time: A Continuous Clock." *Trends in Cognitive Sciences* 10, no. 9 (2006): 401–6.

Lewis, Penelope A., and Vincent Walsh. "Neuropsychology: Time out of Mind." *Current Biology* 12, no. 1 (2002): 12–14.

Lui, Ming Ann, Trevor B. Penney, and Annett Schirmer. "Emotion Effects on Timing: Attention versus Pacemaker Accounts." *PLoS ONE* 6, no. 7 (2011): e21829.

Lustig, Cindy, Matthew Matell, and Warren H. Meck. "Not 'Just' a Coincidence: Frontal-Striatal Interactions in Working Memory and Interval Timing." *Memory* 13, no. 3–4 (2005): 441–48.

Macdonald, Christopher J., Norbert J. Fortin, Shogo Sakata, and Warren H. Meck. "Retrospective and Prospective Views on the Role of the Hippocampus in

Interval Timing and Memory for Elapsed Time." *Timing & Time Perception* 2, no. 1 (2014): 51–61.

Matell, Matthew S., Melissa Bateson, and Warren H. Meck. "Single-Trials Analyses Demonstrate That Increases in Clock Speed Contribute to the Methamphetamine-Induced Horizontal Shifts in Peak-Interval Timing Functions." *Psychopharmacology* 188, no. 2 (2006): 201–12.

Matell, Matthew S., George R. King, and Warren H. Meck. "Differential Modulation of Clock Speed by the Administration of Intermittent versus Continuous Cocaine." *Behavioral Neuroscience* 118, no. 1 (2004): 150–56.

Matell, Matthew S., Warren H. Meck, and Miguel A. L. Nicolelis. "Integration of Behavior and Timing: Anatomically Separate Systems or Distributed Processing?" In *Functional and Neural Mechanisms of Interval Timing*, edited by Warren H. Meck. Boca Raton, FL: CRC Press, 2003, 371–91.

Matthews, William J. "Time Perception: The Surprising Effects of Surprising Stimuli." *Journal of Experimental Psychology: General* 144, no. 1 (2015): 172–97.

Matthews, William J., and Warren H. Meck. "Time Perception: The Bad News and the Good." *Wiley Interdisciplinary Reviews: Cognitive Science* 5, no. 4 (2014): 429–46.

Matthews, William J., Neil Stewart, and John H. Wearden. "Stimulus Intensity and the Perception of Duration." *Journal of Experimental Psychology: Human Perception and Performance* 37, no. 1 (2011): 303–13.

Mauk, Michael D., and Dean V. Buonomano. "The Neural Basis of Temporal Processing." *Annual Review of Neuroscience* 27 (January 2004): 307–40.

McInerney, Peter K. *Time and Experience*. Philadelphia: Temple University Press, 1991.

Meck, Warren H. “Neuroanatomical Localization of an Internal Clock: A Functional Link Between Mesolimbic, Nigrostriatal, and Mesocortical Dopaminergic Systems. ”*Brian Research* 1109, no. 1 (2006): 93–107.

———. “Neuropsychology of Timing and Time Perception. “*Brain and Cognition* 58, no. 1 (2005): 1–8.

Meck, Warren H. , and Richard B. Ivey. “Editorial Overview : Time in Perception and Action. “ *Current Opinion in Behavioral Sciences* 8 (2016) : vi–x.

Merchant, Hugo, Deborah L. Harrington, and Warren H. Meck. “Neural Basis of the Perception and Estimation of Time.” *Annual Review of Neuroscience* 36 (June 2013): 313–36.

Michon, John A. “Guyau’s Idea of Time: A Cognitive View.” In *Guyau and the Idea of Time*, edited by John A. Michon, Viviane Pouthas, and Janet L. Jackson. Amsterdam: North-Holland Publishing, 1988, 161–97.

Mitchell, Stephen A. *Relational Concepts in Psychoanalysis: An Integration*. Cambridge: Harvard University Press, 1988.

Naber, Marnix, Maryam Vaziri Pashkam, and Ken Nakayama. “Unintended Imitation Affects Success in a Competitive Game.” *Proceedings of the National Academy of Sciences of the United States of America* 110, no. 50 (2012): 20046–50.

Nather, Francisco C., José L. O. Bueno, Emmanuel Bigand, and Sylvie Droit-Volet. “Time Changes with the Embodiment of Another’s Body Posture.” *PloS One* 6, no. 5 (2011): e19818.

Nather, Francisco Carlos, José L. O. Bueno. “Timing Perception in Paintings and Sculptures of Edgar Degas.” *KronoScope* 12, no. 1 (2012): 16–30.

Nather, Francisco Carlos, Paola Alarcon Monteiro Fernandes, and José L. O. Bueno.

"Timing Perception Is Affected by Cubist Paintings Representing Human Figures." *Proceedings of the 28th Annual Meeting of the International Society for Psychophysics* 28 (2012): 292–97.

Nelson, Katherine. "Emergence of Autobiographical Memory at Age 4." *Human Development* 35, no. 3 (1992): 172–77.

———. *Narratives from the Crib*. Cambridge, MA: Harvard University Press, 1989.

———. *Young Minds in Social Worlds: Experience, Meaning, and Memory*. Cambridge, MA: Harvard University Press, 2007.

Noulhiane, Marion, Viviane Pouthas, Dominique Hasboun, Michel Baulac, and Séverine Samson. "Role of the Medial Temporal Lobe in Time Estimation in the Range of Minutes." *Neuroreport* 18, no. 10 (2007): 1035–38.

Ogden, Ruth S. "The Effect of Facial Attractiveness on Temporal Perception." *Cognition and Emotion* 27, no. 7 (2013): 1292–1304.

Oprisan, Sorinel A., and Catalin V. Buhusi. "Modeling Pharmacological Clock and Memory Patterns of Interval Timing in a Striatal Beat-Frequency Model with Realistic, Noisy Neurons." *Frontiers in Integrative Neuroscience* 5, no. 52 (September 23, 2011).

Ovsiew, Fred. "The Zeitraffer Phenomenon, Akinetopsia, and the Visual Perception of Speed of Motion: A Case Report." *Neurocase* 4794 (April 2013): 37–41.

Perbal, Séverine, Josette Couillet, Philippe Azouvi, and Viviane Pouthas. "Relationships between Time Estimation, Memory, Attention, and Processing Speed in Patients with Severe Traumatic Brain Injury." *Neuropsychologia* 41, no. 12 (2003): 1599–1610.

Pöppel, Ernst. "Time Perception." In *Handbook of Sensory Physiology*. Vol. 8, *Perception,* edited by R. Held, H. W. Leibowitz, and H. L. Teubner. Berlin:

Springer-Verlag, 1978, 713–29.

Pouthas, Viviane, and Séverine Perbal. "Time Perception Depends on Accurate Clock Mechanisms as Well as Unimpaired Attention and Memory Processes." *Acta Neurobiologiae Experimentalis* 64, no. 3 (2004): 367–85.

Rammsayer, T. H. "Neuropharmacological Evidence for Different Timing Mechanisms in Humans." *Quarterly Journal of Experimental Psychology. B, Comparative and Physiological Psychology* 52, no. 3 (1999): 273–86.

Roecklein, Jon E. *The Concept of Time in Psychology: A Resource Book and Annotated Bibliography*. Westport, CT: Greenwood Press, 2000.

Sackett, Aaron M., Tom Meyvis, Leif D. Nelson, Benjamin A. Converse, and Anna L. Sackett. "You're Having Fun When Time Flies: The Hedonic Consequences of Subjective Time Progression." *Psychological Science* 21, no. 1 (2010): 111–17.

Schirmer, Annett. "How Emotions Change Time." *Frontiers in Integrative Neuroscience* 5 (October 5, 2011): 1–6.

Schirmer, Annett, Warren H. Meck, and Trevor B. Penney. "The Sociotemporal Brain: Connecting People in Time." *Trends in Cognitive Sciences* 20, no. 10 (2016): 760–72.

Schirmer, Annett, Tabitha Ng, Nicolas Escoffier, and Trevor B. Penney. "Emotional Voices Distort Time: Behavioral and Neural Correlates." *Timing & Time Perception* 4, no. 1 (2016): 79–98.

Schuman, Howard, and Willard L. Rogers. "Cohorts, Chronology, and Collective Memory." *Public Opinion Quarterly* 68, no. 2 (2004): 217–54.

Schuman, Howard, and Jacqueline Scott. "Generations and Collective Memories." *American Sociological Review* 54, no. 3 (1989): 359–81.

Suddendorf, Thomas. "Mental Time Travel in Animals?" *Trends in Cognitive Sciences*

7, no. 9 (2003): 391–96.

Suddendorf, Thomas, and Michael C. Corballis. "The Evolution of Foresight: What Is Mental Time Travel, and Is It Unique to Humans?" *Behavioral and Brain Sciences* 30, no. 3 (2007): 299–313; discussion 313–51.

Swanton, Dale N., Cynthia M. Gooch, and Matthew S. Matell. "Averaging of Temporal Memories by Rats." *Journal of Experimental Psychology* 35, no. 3 (2009): 434–39.

Tipples, Jason. "Time Flies When We Read Taboo Words." *Psychonomic Bulletin and Review* 17, no. 4 (2010): 563–68.

Treisman, Michel. "The Information-Processing Model of Timing (Treisman, 1963): Its Sources and Further Development." *Timing & Time Perception* 1, no. 2 (2013): 131–58.

Tuckman, Jacob. "Older Persons' Judgment of the Passage of Time over the Life-Span." *Geriatrics* 20(February 1965): 136–40.

Walker, James L. "Time Estimation and Total Subjective Time." *Perceptual and Motor Skills* 44, no. 2 (1977): 527–32.

Wallach, Michael A., and Leonard R. Green. "On Age and the Subjective Speed of Time." *Journal of Gerontology* 16, no. 1 (1961): 71–74.

Wearden, John H. "Applying the Scalar Timing Model to Human Time Psychology: Progress and Challenges." In *Time and Mind II: Information Processing Perspectives*, edited by Hede Helfrich. Cambridge, MA: Hogrefe & Huber, 2003, 21–29.

———. "'Beyond the Fields We Know . . .': Exploring and Developing Scalar Timing Theory." *Behavioural Processes* 45 (April 1999): 3–21.

———. "'From That Paradise . . .': The Golden Anniversary of Timing." *Timing &*

Time Perception 1, no. 2 (2013): 127–30.

———. “Internal Clocks and the Representation of Time.” In *Time and Memory: Issues in Philosophy and Psychology*, edited by Christoph Hoerl and Teresa McCormack. Oxford: Clarendon Press, 2001, 37–58.

———. *The Psychology of Time Perception*. London: Palgrave Macmillan, 2016.

———. “Slowing Down an Internal Clock: Implications for Accounts of Performance on Four Timing Tasks.” *Quarterly Journal of Experimental Psychology* 61, no. 2 (2008): 263–74.

Wearden, John H., H. Edwards, M. Fakhri, and A. Percival. “Why ‘Sounds Are Judged Longer than Lights’: Application of a Model of the Internal Clock in Humans.” *Quarterly Journal of Experimental Psychology. B, Comparative and Physiological Psychology* 51, no. 2 (1998): 97–120.

Wearden, John H., and Luke A. Jones. “Is the Growth of Subjective Time in Humans a Linear or Nonlinear Function of Real Time?” *Quarterly Journal of Experimental Psychology* 60, no. 9 (2006): 1289–1302.

Wearden, John H., and Helga Lejeune. “Scalar Properties in Human Timing: Conformity and Violations.” *Quarterly Journal of Experimental Psychology* 61, no. 4 (2008): 569–87.

Wearden, John H., and Bairbre McShane. “Interval Production as an Analogue of the Peak Procedure: Evidence for Similarity of Human and Animal Timing Processes.” *Quarterly Journal of Experimental Psychology* 40, no. 4 (1988): 363–75.

Wearden, John H., Roger Norton, Simon Martin, and Oliver Montford-Bebb. “Internal Clock Processes and the Filled-Duration Illusion.” *Journal of Experimental Psychology. Human Perception and Performance* 33, no. 3 (2007): 716–29.

Wearden, John H., and I. S. Penton-Voak. "Feeling the Heat: Body Temperature and the Rate of Subjective Time, Revisited." *Quarterly Journal of Experimental Psychology. Section B: Comparative and Physiological Psychology* 48, no. 2 (1995): 129–41.

Wearden, John H., J. H. Smith-Spark, Rosanna Cousins, and N. M. J. Edelstyn. "Stimulus Timing by People with Parkinson's Disease." *Brain and Cognition* 67 (2008): 264–79.

Wearden, John H., A. J. Wearden, and P. M. A. Rabbitt. "Age and IQ Effects on Stimulus and Response Timing." *Journal of Experimental Psychology: Human Perception and Performance* 23, no. 4 (1997): 962–79.

Wiener, Martin, Christopher M. Magaro, and Matthew S. Matell. "Accurate Timing but Increased Impulsivity Following Excitotoxic Lesions of the Subthalamic Nucleus." *Neuroscience Letters* 440 (2008): 176–80.

Wittmann, Marc, Olivia Carter, Felix Hasler, B. Rael Cahn, Ulrike Grimberg, Philipp Spring, Daniel Hell, Hans Flohr, and Franz X. Vollenweider. "Effects of Psilocybin on Time Perception and Temporal Control of Behaviour in Humans." *Journal of Psychopharmacology* 21, no. 1 (2007): 50–64.

Wittmann, Marc, and Sandra Lehnhoff. "Age Effects in Perception of Time." *Psychological Reports* 97, no. 3 (2005): 921–35.

Wittmann, Marc, David S. Leland, Jan Churan, and Martin P. Paulus. "Impaired Time Perception and Motor Timing in Stimulant-Dependent Subjects." *Drug and Alcohol Dependence* 90, no. 2–3 (2007): 183–92.

Wittmann, Marc, Alan N. Simmons, Jennifer L. Aron, and Martin P. Paulus. "Accumulation of Neural Activity in the Posterior Insula Encodes the Passage of Time." *Neuropsychologia* 48, no. 10 (2010): 3110–20.

Wittmann, Marc, and Virginie van Wassenhove. "The Experience of Time: Neural Mechanisms and the Interplay of Emotion, Cognition and Embodiment." *Philosophical Transactions of the Royal Society of London. Series B, Biological Sciences* 364, no. 1525 (2009): 1809–13.

Wittmann, Marc, David S. Leland, Jan Churan, and Martin P. Paulus. "Impaired Time Perception and Motor Timing in Stimulant-Dependent Subjects." *Drug and Alcohol Dependence* 90, no. 2–3 (2007):183–92.

Wittmann, Marc, Tanja Vollmer, Claudia Schweiger, and Wolfgang Hiddemann. "The Relation between the Experience of Time and Psychological Distress in Patients with Hematological Malignancies." *Palliative & and Supportive Care* 4, no. 4 (2006): 357–63.

享讀者

WONDERLAND